Barbara-Amina Gereben-Krenn
Joachim Jaenicke
Wolfgang Jungbauer

2

BIO LOGISCH

E DORNER

Bausteine des Lebens

Wirbellose Tiere

Einzeller

Bakterien

Ökosysteme

Seitenblicke bieten interessante Informationen über den Kernstoff hinaus.

Pinnwände stellen wichtige Tier- und Pflanzenarten mit Text und Bild vor.

Übungen enthalten spannende Anleitungen zu Versuchen.

Die Bestimmungsbücher geben einen Einblick in die Fauna und Flora Österreichs.

Bausteine des Lebens

1 ***Wasserpest.*** ***A*** *mit bloßem Auge;* ***B*** *mit einer Lupe betrachtet*

1 Wir betrachten Zellen

Die Wasserpestpflanze wächst in Bächen und Teichen. Sie ist auch eine beliebte Aquarienpflanze, die unter der Wasseroberfläche lebt. Ihre Blätter sind zart ausgebildet und können Wasser und Mineralsalze direkt aufnehmen. Wie sind solche Blätter aufgebaut?

Lupe

Betrachte ein Blatt näher! Es ist grün gefärbt und hat eine längliche Blattspreite mit kurzer Spitze. Nimmst du eine **Lupe** zu Hilfe, entdeckst du Einzelheiten, die du mit bloßem Auge nur ungenau siehst. Eine Lupe ist eine *Linse*, mit der du das Blatt der Wasserpest um bis zu 20 Mal vergrößert betrachten kannst.

Mikroskop

Legt man zwei Linsen in einem bestimmten Abstand übereinander, erhält man eine noch stärkere Vergrößerung.

Sind die Linsen z. B. in einer Metallröhre befestigt, hat man ein einfaches **Mikroskop**. In der Röhre, dem *Tubus*, bezeichnet man jene Linse als *Okular* (lateinisch „oculus" = Auge), die dem Auge zugewandt ist. Die andere Linse ist das *Objektiv*, da sie sich vor dem zu beobachtenden Gegenstand, dem Objekt, befindet. Das Okular vergrößert wie eine Lupe, z. B. 10 × (× = mal). Diese Zahl findest du auf dem Okular. Auch die Vergrößerung des Objektivs ist durch eine eingravierte Zahl angegeben. Verwendest du z. B. ein zehnfach (10 ×) vergrößerndes Okular und ein vierzigfach (40 ×) vergrößerndes Objektiv, erhältst du eine **Gesamtvergrößerung** des Mikroskops von 400 × (40 × 10).

Untersuchen wir ein Blatt der Wasserpest mit dem Mikroskop! Dazu stellen wir uns zunächst ein **Präparat** her wie in Abbildung 2.

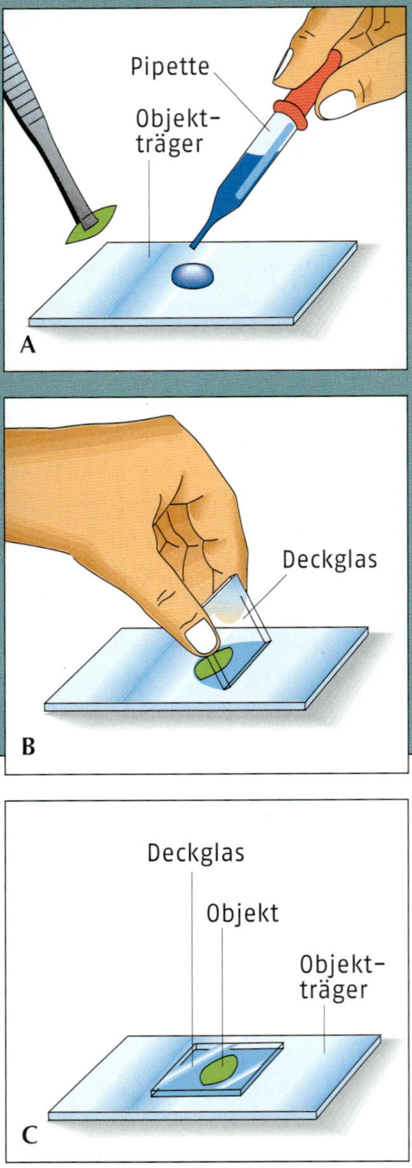

2 Herstellung eines Präparates des Blattes der Wasserpest.
A *Mit einer Pipette wird ein Tropfen Leitungswasser auf die Mitte eines Glasstreifens, des Objektträgers, gegeben. Dann wird das abgezupfte Blatt, das Objekt, mit einer Pinzette in den Tropfen gelegt.*
B *Ein dünnes Glasplättchen, das Deckglas, wird seitlich an den Wassertropfen gesetzt und vorsichtig aufgelegt. Das Deckglas bedeckt das Objekt und schützt es vor dem Austrocknen.*
C *Überschüssiges Wasser wird mit einem Streifen Filterpapier seitlich abgesaugt. Das Frischpräparat ist fertig zur mikroskopischen Untersuchung.*

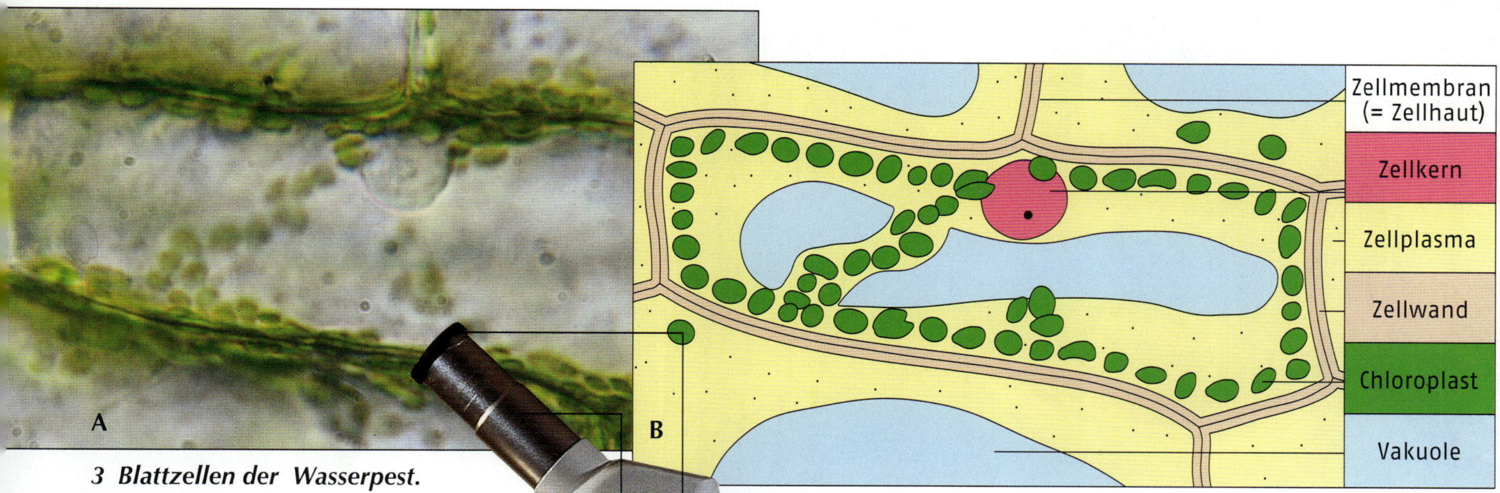

3 ***Blattzellen der Wasserpest.***
A *Foto;* ***B*** *Schema*

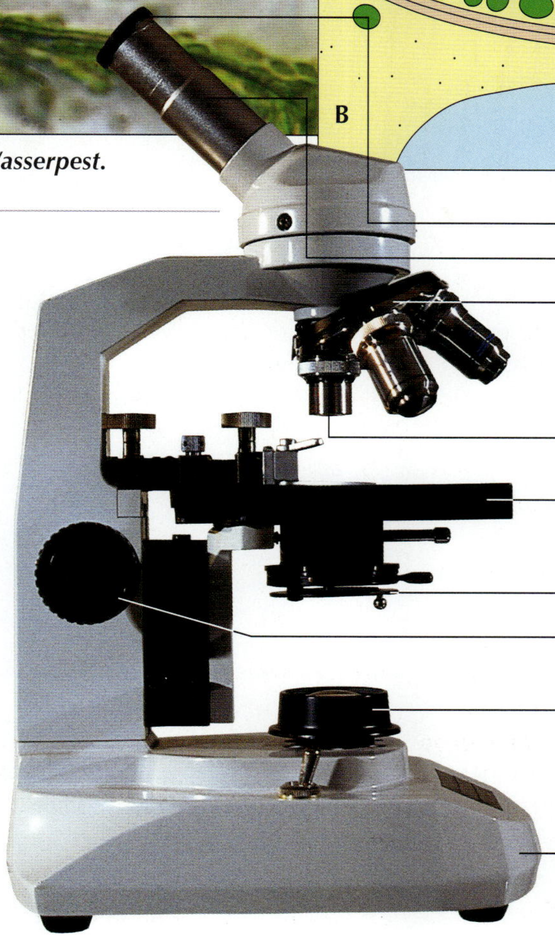

① **Okular.** Das Okular ist die dem Auge zugewandte Linse. Es ist auswechselbar und vergrößert wie eine Lupe.
② **Tubus.** Der Tubus ist eine Röhre, die Okular und Objektiv in richtiger Lage und im richtigen Abstand hält.
③ **Objektivrevolver.** Hier sind verschiedene Objektive eingeschraubt, die durch Drehen des Objektivrevolvers gewechselt werden können.
④ **Objektiv.** Die Linse im Objektiv ist dem Objekt zugewandt.
⑤ **Objekttisch.** In der Mitte des Objekttisches befindet sich eine Öffnung, über die das Präparat gelegt wird.
⑥ **Blende.** Mit der Blende können Helligkeit und Kontrast reguliert werden.
⑦ **Triebrad.** Mit dem Grobtrieb und dem Feintrieb kann das Objekt scharf eingestellt werden.
⑧ **Beleuchtung.** Vom Licht wird das Objekt durchstrahlt.
⑨ **Stativ.** Am Stativ sind alle wesentlichen Teile des Mikroskops befestigt.

4 Bau eines Lichtmikroskops

Bei schwacher Vergrößerung sieht man im Mikroskop ein Muster eckig verlaufender Linien, das an Kästchen erinnert. Wir nennen diese Gebilde **Zellen**.

Bau einer Pflanzenzelle

Jede Zelle ist von einer **Zellwand** umgeben. Sie sorgt für Festigkeit und bestimmt ihre Gestalt. Das Innere der Zelle ist von einer zähen Flüssigkeit erfüllt, dem **Zellplasma**. Dieses wird von einer noch zäheren Schicht, der **Zellmembran**, begrenzt. Im Zellplasma fallen grüne Körner auf. Sie enthalten den Farbstoff *Chlorophyll (Blattgrün)*. Diese grünen Körner heißen **Chloroplasten**. Sie haben die Aufgabe, Nährstoffe für die Pflanze aufzubauen. Zwischen den Chloroplasten kann man den rundlichen, durchscheinenden **Zellkern** entdecken. Jede Zelle enthält einen Zellkern. Er steuert alle Lebensvorgänge in der Zelle. Außerdem liegt im Zellplasma eine mit Zellsaft gefüllte Blase, die **Vakuole**. Der Zellsaft ist eine Flüssigkeit, die bei manchen Pflanzen Farbstoffe enthalten kann. Die Zellen der Schuppenblätter von Zwiebeln hingegen sind farblos. Sie enthalten weder Chloroplasten noch einen Farbstoff in ihren Vakuolen.

5 ***Zwiebelschuppenblatt. A*** *mit einer Lupe betrachtet;* ***B*** *Zellen (Foto);* ***C*** *Zellen (Schema)*

Ob wir Blätter, Zwiebeln oder andere Teile von Pflanzen untersuchen, immer werden wir feststellen, dass sie aus Zellen bestehen. Trifft dies auch auf Tiere und Menschen zu?

Bau tierischer Zellen

Untersuchen wir die Leber eines Rindes! Dazu zerdrücken wir ein erbsengroßes Stück in wenig Wasser so lange, bis wir eine braune Flüssigkeit erhalten. Davon geben wir einen Tropfen auf einen Objektträger und stellen ein Präparat her. Im Mikroskop erkennen wir, dass die Leber aus Zellen besteht. Durch das Zerreiben sind einige Zellen voneinander getrennt worden. Im Gegensatz zu Pflanzenzellen besitzen Leberzellen keine festen Zellwände. Ihr **Zellplasma** wird von einer elastischen Schicht, der **Zellmembran**, begrenzt. Im Zellplasma liegt der **Zellkern**.

In Leberzellen finden wir weder Vakuolen noch Chloroplasten. Dies ist ein Merkmal aller tierischen und auch menschlichen Zellen.

> Pflanzen, Tiere, der Mensch und viele andere Lebewesen sind aus Zellen aufgebaut. Jede Zelle besteht aus Zellmembran, Zellplasma und Zellkern. Pflanzliche Zellen haben außerdem eine Zellwand und eine Vakuole. Grüne Pflanzenteile enthalten zusätzlich Chloroplasten in ihren Zellen.

1 Auf der Seite 7 sind verschiedene Zellen eines Blattes und der menschlichen Mundschleimhaut abgebildet. Worin unterscheiden sich die Zellen?

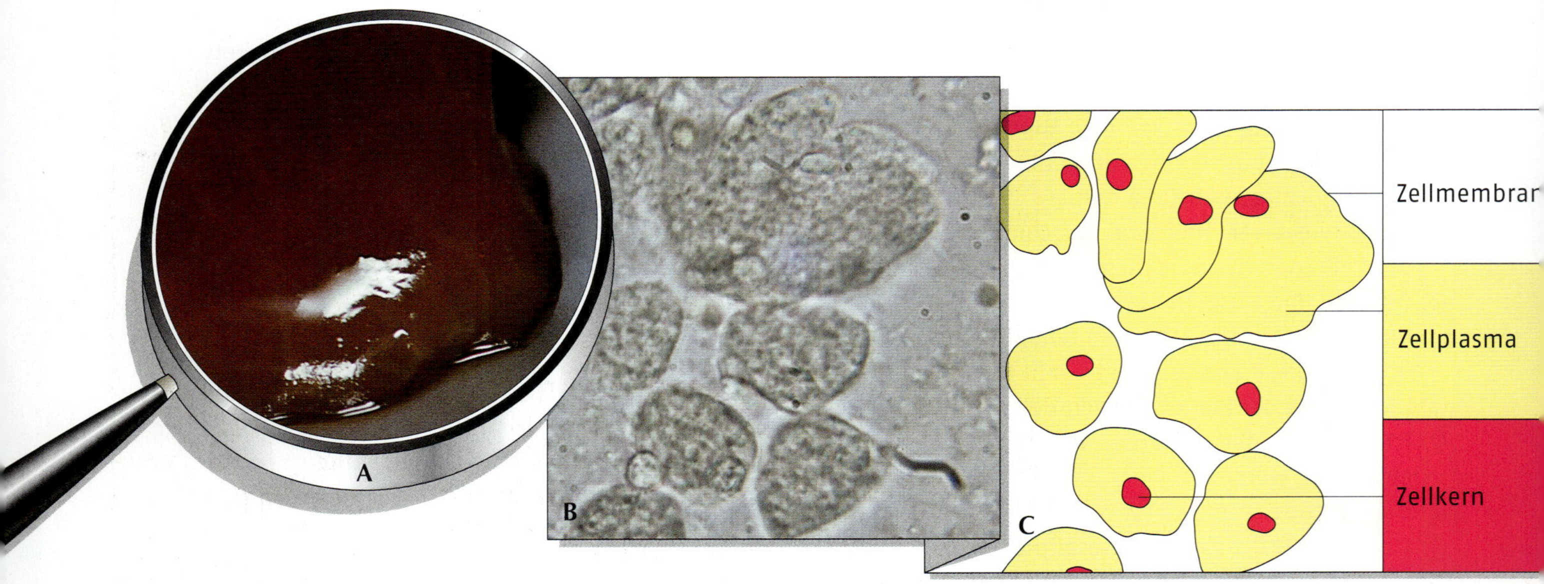

6 ***Leber. A*** *mit einer Lupe betrachtet;* ***B*** *Zellen (Foto);* ***C*** *Zellen (Schema)*

Mikroskop und Zelltypen

Seitenblicke

Richtige Bedienung eines Mikroskopes

1. Zu Beginn des Mikroskopierens ist die **kleinste Vergrößerung** eingestellt.
2. Lege das Präparat mitten über die Objekttischöffnung und klammere es fest.
3. Schalte die Mikroskoplampe ein.
4. Schaue durch das Okular. Stelle durch vorsichtiges Drehen des Triebrades das Objekt scharf ein.
5. Reguliere gegebenenfalls mit der Blende Helligkeit und Kontrast.
6. Willst du die Vergrößerung ändern, vergrößere zunächst den Abstand zwischen Objektiv und Objekttisch.
7. Stelle eine stärkere Vergrößerung durch Drehen des Objektivrevolvers ein.
8. Bewege Objekttisch und Objektiv mithilfe des Triebrades vorsichtig aufeinander zu. Kontrolliere von der Seite, dass das Objektiv das Präparat nicht berührt. Verfahre weiter nach 4 und 5.
9. Fasse **nie mit Fingern auf die Linsen**. Säubere die Linsen mit einem weichen Lappen.
10. Stelle nach dem Mikroskopieren die **kleinste Vergrößerung** ein. Nimm das Präparat vom Objekttisch. Schalte die Lampe aus.

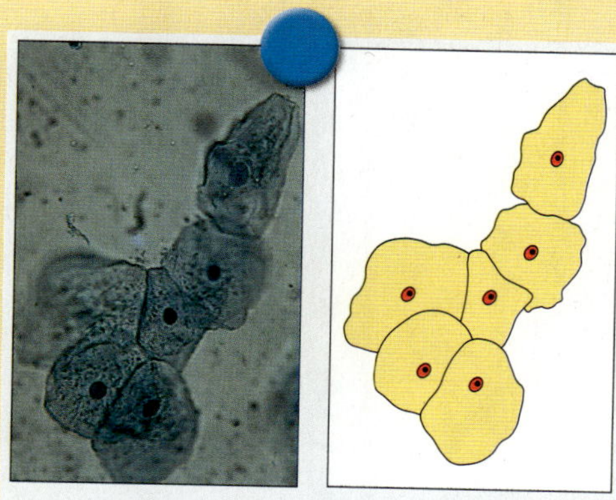

Name: ***Mundschleimhautzellen***
Vorkommen: Innenseite der Wangen
Aufgabe: Auskleidung der Mundhöhle; Schutz vor Verletzungen

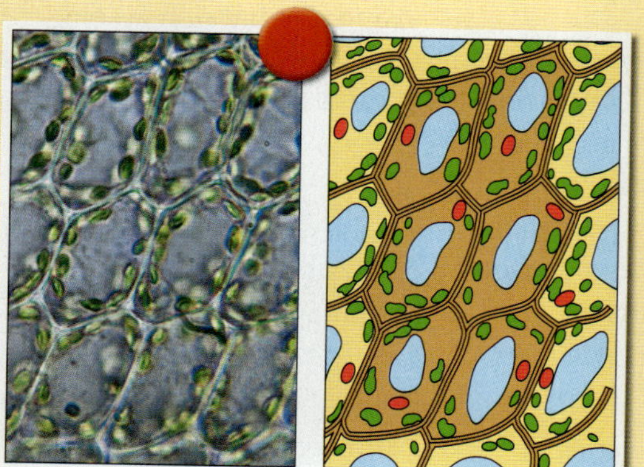

Name: ***Blattzellen***
Vorkommen: in den Blättern aller grünen Pflanzen
Aufgabe: Aufbau von Nährstoffen (Stärke)

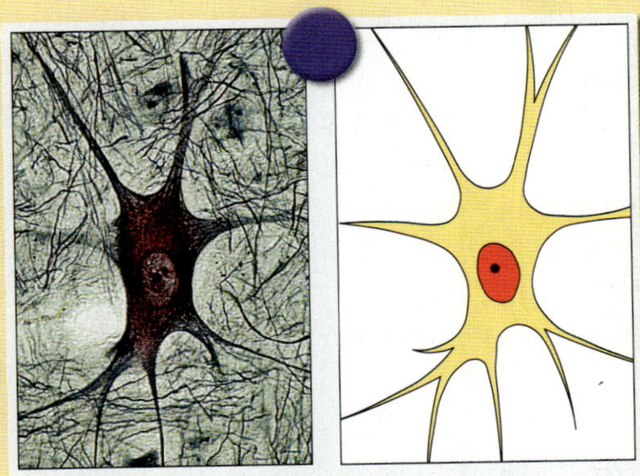

Name: ***Nervenzelle***
Vorkommen: z. B. Gehirn
Aufgabe: Verarbeitung und Weiterleitung von Erregungen, die durch Reize entstanden sind

Gewebe erfüllen bestimmte Aufgaben

Die Zwiebelhaut setzt sich aus vielen gleichartig gebauten Zellen zusammen, die eng nebeneinander liegen und untereinander verbunden sind. Einen solchen Zellverband gleichartiger Zellen bezeichnet man als **Gewebe**. Ein Gewebe erfüllt eine bestimmte Aufgabe. Die Zwiebelhaut schützt zum Beispiel das Innere des Zwiebelschuppenblattes. Auch die menschliche Mundschleimhaut besteht aus einem Verband gleichartiger Zellen. Sie ist also ein Gewebe, das die Mundhöhle auskleidet und schützt.

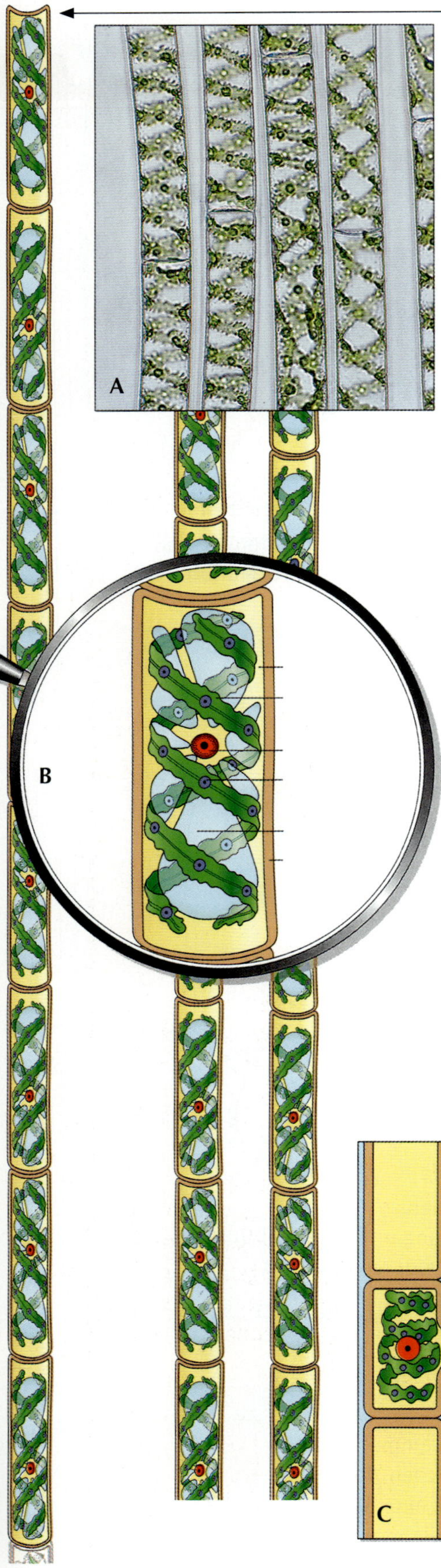

2 Algen

Grünalgen sind Lagerpflanzen

In Teichen, Tümpeln und Gräben schweben oft dicht unter der Wasseroberfläche während der wärmeren Jahreszeit grüne, watteähnliche Gebilde dünner, langer Fäden. Es sind **Grünalgen**, unter denen die *Schraubenalge* häufig zu finden ist. Nimmt man einige Fäden aus dem Wasser, fallen sie in sich zusammen.

Am Pflanzenkörper lassen sich weder Spross noch Wurzeln erkennen. Solche Pflanzen heißen **Lagerpflanzen**. Die Untersuchung einer Schraubenalge im Mikroskop zeigt, dass sie aus einer Reihe zylinderförmiger Zellen besteht. Auffallend im Zellplasma ist der bandartige, schraubig gewundene Chloroplast. Davon hat die Alge ihren Namen bekommen. Oft enthält eine Zelle mehrere derartige Schraubenbänder.

Ungeschlechtliche Vermehrung

Die Fäden der Schraubenalge brechen leicht auseinander. Die Bruchstücke wachsen dann zu neuen Pflanzen heran. Das Wachstum erfolgt durch Teilung einer jeden Fadenzelle. Diese *ungeschlechtliche Vermehrung* ist es, die zum massenhaften Auftreten der Grünalgen führt.

Geschlechtliche Vermehrung

Im Herbst sehen Schraubenalgen flockig aus. Untersucht man eine Pflanze im Mikroskop, findet man Entwicklungsstufen der *geschlechtlichen Fortpflanzung*. Es ist erkennbar, dass je zwei Fäden dicht nebeneinander liegen. Dann wölben sich gegenüberliegende Zellwände vor. Sobald sie sich berühren, lösen sie sich an dieser Stelle auf. Es entsteht ein kleiner Kanal zwischen den beiden Zellen. Da er wie ein Brückenbogen, ein Joch, aussieht, spricht man von **Jochalgen**.

Über das Joch wandert der Zellinhalt der einen Zelle, man spricht von der männlichen Zelle, in die andere, die weibliche Zelle. Dies entspricht der Befruchtung einer Eizelle durch eine männliche Geschlechtszelle. Das Verschmelzungsprodukt heißt *Zygote*. Die Zygote rundet sich ab und umgibt sich mit einer festen Wand: Sie hat sich zu einer *Spore* entwickelt. Im Frühjahr keimen Sporen unter günstigen Bedingungen zu neuen Fäden aus.

> Algen sind Lagerpflanzen von unterschiedlicher Gestalt. Die fadenförmigen Jochalgen vermehren sich ungeschlechtlich durch Teilung und geschlechtlich durch Bildung von Zygoten.

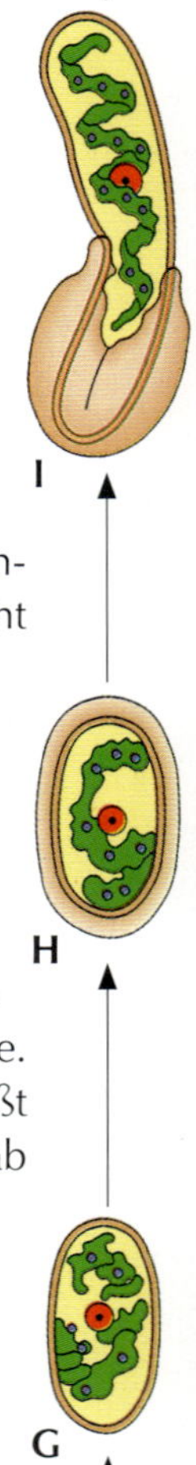

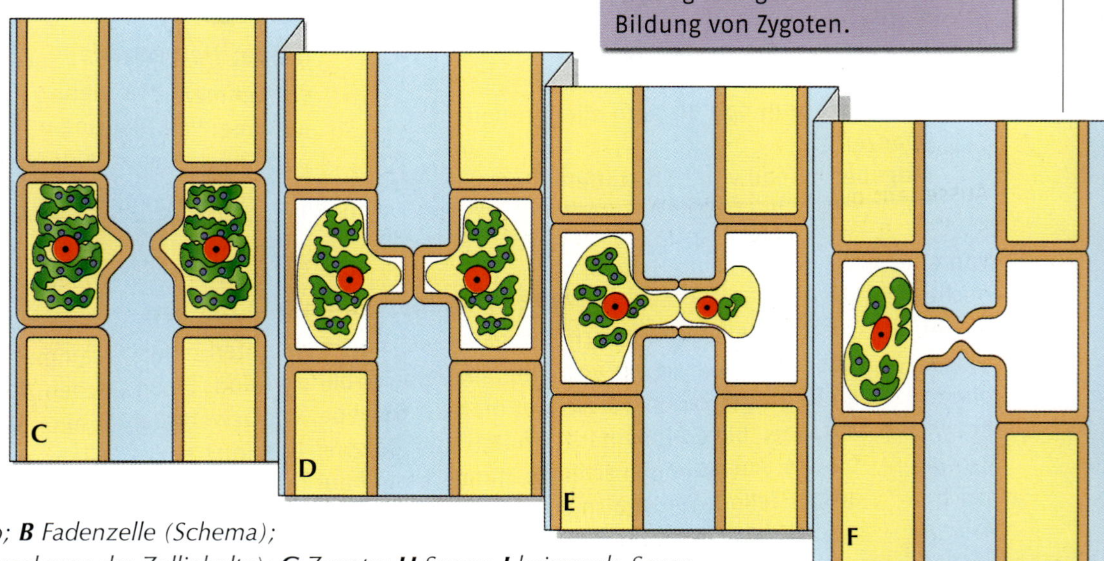

***1 Schraubenalge. A** Foto; **B** Fadenzelle (Schema);*
***C-F** Jochbildung (Verschmelzung der Zellinhalte); **G** Zygote; **H** Spore; **I** keimende Spore*

Einzellige und vielzellige Grünalgen

Pinnwand

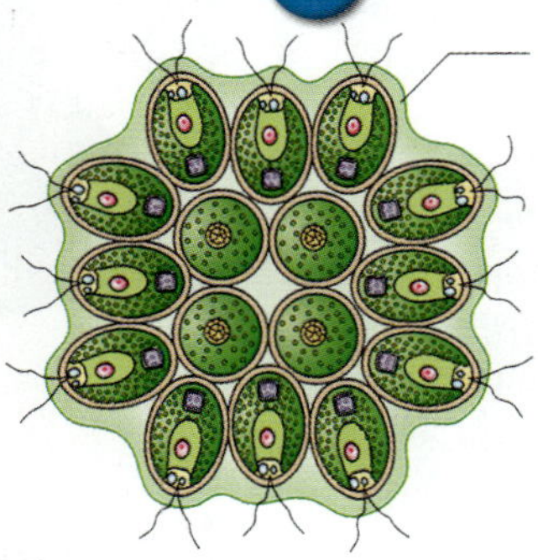

Mosaik-Grünalge

Aussehen: koloniebildende Grünalge aus 4, 8 oder 16 zweigeißeligen Zellen; scheibenförmige Anordnung in einer Gallerthülle um einen quadratisch ausgefüllten Innenraum.
Vorkommen: im Plankton mineralstoffreicher, stehender Gewässer
Besonderheit: schwebt frei im Wasser; dreht sich um die eigene Achse; ungeschlechtliche Vermehrung und geschlechtliche Fortpflanzung

Plankton

Unter Plankton (= das Umhergetriebene) versteht man die Gesamtheit der im Wasser schwebenden Lebewesen. Man unterscheidet tierisches und pflanzliches Plankton. Die Lebewesen sind durch Schwebefortsätze, die Ausbildung von Gallerte, durch Geißeln und den Zusammenschluss von Zellen zu Zellverbänden an ihre besondere Lebensweise angepasst.

Zellkolonie

Unter einer Zellkolonie versteht man einen Verband von Einzellern, die ihre Eigenständigkeit beibehalten haben. So werden bei der Mosaik-Grünalge 16 Zellen in einer Gallerthülle zusammengehalten. Jede Zelle ist gleichwertig. Das heißt, jede losgelöste Zelle kann eine neue Kolonie gründen.

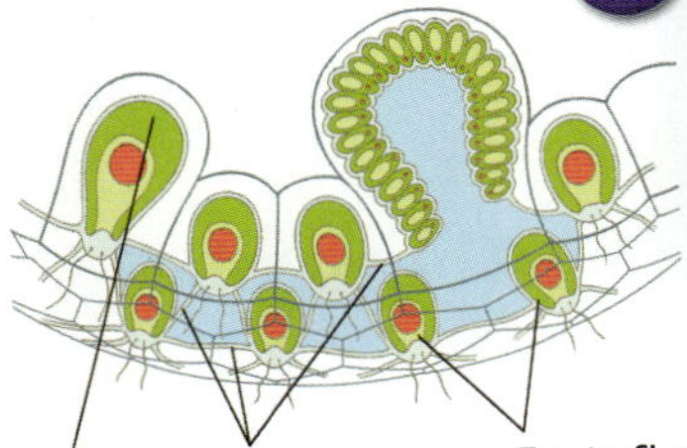

Kugelalge

Aussehen: kugelartige Grünalge aus einigen hundert bis einigen tausend Zellen; die Kugel (Durchmesser etwa ½ mm) besteht aus Gallerte; die Zellen sitzen in der festeren Außenschicht und sind durch Plasmafäden verbunden.
Vorkommen: im Plankton stehender und langsam fließender Gewässer; im Herbst oft massenhaft
Besonderheit: treibt rollend im Wasser; Arbeitsteilung zwischen den Einzelzellen; die meisten Körperzellen dienen der Fortbewegung und der Ernährung; 4 bis 10 Fortpflanzungszellen bilden entweder ungeschlechtlich Tochterkugeln oder Geschlechtszellen aus, entweder nur männliche Geschlechtszellen oder nur Eizellen. Diese einfache Arbeitsteilung der Zellen kennzeichnet die Kugelalge als Übergangsform zu höher entwickeltem, vielzelligem Leben.

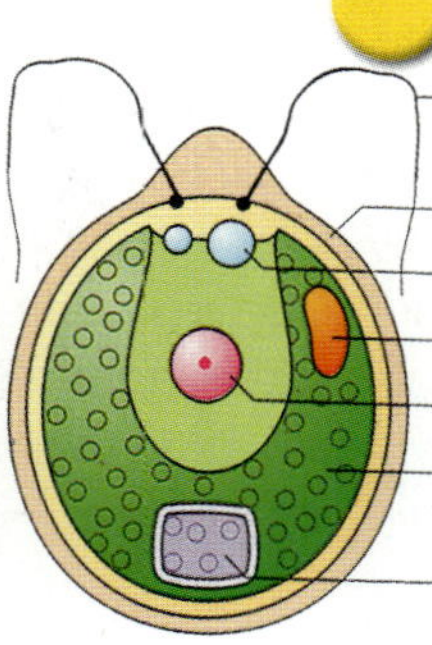

Einzellige Grünalgen

Aussehen: ovaler Einzeller; zwei Geißeln zur Fortbewegung; Zellwand von einer Schleimschicht umhüllt; becherförmiger Chloroplast; roter Augenfleck (siehe auch Seite 56)
Vorkommen: vor allem im Plankton mineralstoffreicher, stehender Gewässer
Besonderheit: ungeschlechtliche Vermehrung durch Zweiteilung; geschlechtliche Fortpflanzung durch Ausbildung von Geschlechtszellen

1 Bei Grünalgen lässt sich die Entwicklung vom Einzeller zum Vielzeller beispielhaft nachvollziehen. Zeige diese Entwicklung auf. Die einzelnen Steckbriefe sind dir dabei eine Hilfe.

2 Die Kugelalge ist im Gegensatz zur Mosaik-Grünalge ein echter Vielzeller. Was bedeutet dieser Satz?

Wirbellose Tiere

1 Tiere des Waldes. A *Buchenspießbock;* ***B*** *Rote Waldameise;* ***C*** *Bläuling;* ***D*** *Waldgrille;* ***E*** *Heuschrecke*

2 Maikäfer. A *auf einem Blatt;* ***B*** *Gliederung (Schema)*

1 Insekten

1.1 Insekten sind wirbellose Tiere

Bei einem Waldspaziergang im Frühjahr kann man verschiedene Tiere beobachten: ein Eichhörnchen, ein Reh, eine Kröte, einen Sperber, einen Specht oder einen Feuersalamander. Sie haben alle ein knöchernes Innenskelett mit einer Wirbelsäule. Sie sind Wirbeltiere. Aber auch Tiere ohne ein solches Skelett leben mit ihnen in der *Lebensgemeinschaft Wald*. Da eilen Ameisen auf dem Waldboden hin und her. Ein Waldbrettspiel wärmt sich an einem Sonnenfleck, ein Buchenspießbock fliegt am Waldrand umher und die Waldgrille sowie die Waldschabe krabbeln zwischen den Laubblättern.

Käfer gehören zu der Klasse der Insekten

Nimmt man einen *Maikäfer* in die Hand, fühlt er sich hart und trocken an. Das liegt an der harten, schützenden Hülle aus **Chitin**. Dieser Gerüststoff umgibt den Körper wie ein Panzer und bildet das **Außenskelett** des Maikäfers. Allerdings ist der Körper nicht starr. Der Körper des Maikäfers ist in drei Abschnitte – **Kopf**, **Brust** und **Hinterleib** – gegliedert. Diese sind durch Gelenkhäute beweglich miteinander verbunden. Der Körper scheint eingekerbt. Deshalb nennt man diese Tiere *Kerbtiere* oder nach dem lateinischen Wort „insectum" **Insekten**.

Der Kopf trägt die *Augen* und davor die gegliederten *Fühler* mit fächerförmigen Blättchen an den Enden. Mit ihnen kann der Maikäfer riechen. Auf der Unterseite des Kopfes befinden sich die *Mundwerkzeuge*. Sie sind bewegliche scharfkantige Platten, mit denen der Maikäfer Blätter zerbeißen kann.

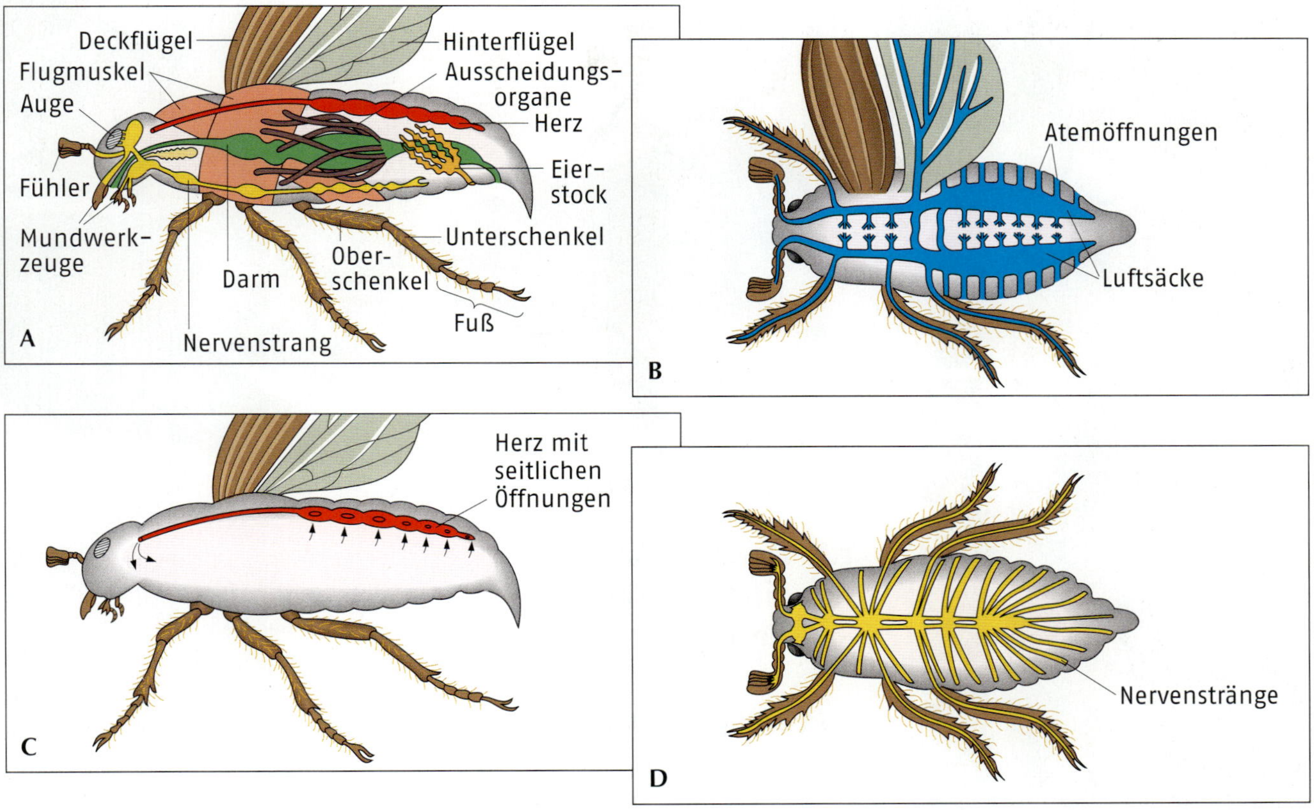

***3 Innerer Bau des Maikäfers (schematische Darstellungen). A** Längsschnitt; **B** Atemsystem in Aufsicht; **C** Herz, offener Kreislauf; **D** Strickleiter-Nervensystem von der Bauchseite*

Die Insekten gehören zum Stamm der Gliederfüßer

Die Brust besteht aus drei Segmenten. Jeder der drei Brustringe trägt ein Beinpaar. Diese Zahl von sechs Beinen ist für alle Insekten charakteristisch. Die Beine sind gegliedert. Der Maikäfer ist ein **Gliederfüßer**.
Zweites und drittes Brustsegment tragen Flügel. Die harten *Vorderflügel* am zweiten Brustsegment der Käfer bedecken und schützen die häutigen *Hinterflügel* und werden deshalb auch als Deckflügel bezeichnet. Sie werden während des Fluges schräg nach oben gestellt. Die Hinterflügel am dritten Brustsegment können schnell auf- und abbewegt werden und dienen dem Fliegen. Der Hinterleib besteht aus mehreren Segmenten.

Tracheen-Atmer mit offenem Blutkreislauf

Als guter Flieger bewegt der Maikäfer seine Muskeln schnell. Der notwendige Sauerstoff gelangt mit der Luft durch ein röhrenförmiges Atemsystem direkt bis zu den Zellen. Der Sauerstoff wird also nicht wie bei den Wirbeltieren im Blut transportiert. Das Atemsystem durchzieht mit Verzweigungen den ganzen Körper und mündet mit Atemöffnungen nach außen. Die Atemröhren heißen **Tracheen**.

Der Nährstofftransport erfolgt mit einer farblosen Körperflüssigkeit, die von einem schlauchförmigen Herzen durch den Körper gepumpt wird. Es saugt diese durch seitliche Öffnungen an und drückt sie vorne wieder hinaus. Die Körperflüssigkeit fließt nicht durch Adern, sondern frei durch den Körper. Maikäfer haben wie alle Insekten einen **offenen Kreislauf**.

Strickleiter-Nervensystem

Die Hauptnervenstränge verlaufen in Längsrichtung und sind durch Nervenknoten miteinander verbunden. Man nennt das ein **Strickleiter-Nervensystem**.

! Insekten haben ein festes Außenskelett aus Chitin. Ihr Körper ist in Kopf, Brust und Hinterleib gegliedert. Sie haben drei gegliederte Beinpaare, ein Tracheensystem, einen offenen Kreislauf und ein Strickleiter-Nervensystem. Die meisten Insekten haben Flügel.

1 Welche Funktion hat jeder der drei Körperabschnitte der Insekten?

2 Welche Unterschiede fallen dir zwischen Insekten und Wirbeltieren ein? Erstelle eine Tabelle.

1 ***Entwicklung des Mehlkäfers.***
A *Eier;* ***B*** *Larve;* ***C*** *Puppe;*
D *erwachsenes Insekt*

2 ***Mehlkäfer. A*** *im Mehl;* ***B*** *Kopf des Käfers*

1.2 Der Mehlkäfer zeigt eine vollkommene Verwandlung

Ein Vorratsschädling

In Mühlen, Getreidespeichern, Bäckereien und Stallungen kann ein kleiner, etwa 15 mm langer, braunschwarzer Käfer zu einem Problem werden. Der Käfer frisst nämlich Getreide, Mehl, Kleie und Brot. Er ist also ein *Vorratsschädling*. Sein ursprünglicher Lebensraum waren Baumstümpfe, wo er in vermoderndem Holz lebte.
Mehlkäfer werden in Tierhandlungen als Futter für Terrarientiere, Vögel und Fische gezüchtet. Man kann sich auch selbst eine Zucht dieser Käfer anlegen und die Entwicklung der Tiere beobachten.

Der „Mehlwurm" – eine Insektenlarve

Schüttelt man Mehl aus einer Mehlkäferzucht durch ein Sieb, so findet man neben den Käfern noch weitere Tiere in unterschiedlicher Größe, die *Mehlwürmer*. Der braune Mehlwurm hat eine trockene, feste Außenhaut aus Chitin. Sein Körper ist in **Segmente** gegliedert. Außerdem lassen sich drei Körperabschnitte unterscheiden: Vorne hat er einen kleinen Kopf. Auf ihn folgt ein *Brustabschnitt* mit drei Beinpaaren. Der *Hinterleib* ist lang und hat die größte Zahl an Segmenten. Dies ist der typische Aufbau eines *Insekts*. Der Mehlwurm sieht zwar wurmähnlich aus, ist jedoch ein Jugendstadium des Mehlkäfers. Man bezeichnet solche Jugendstadien als **Larven**.

Larven häuten sich mehrmals

Larven schlüpfen aus **Eiern**, die der Mehlkäfer legt. Sie fressen fast ständig und nehmen an Gewicht zu. Der Außenpanzer kann sich aber nicht dehnen. Deshalb müssen sich die Larven von Zeit zu Zeit häuten. Unter dem alten Panzer wird eine neue Haut angelegt. Dann platzt der Panzer auf und wird abgestreift. Die frische Haut dehnt sich aus und erhärtet. Jetzt kann die Larve bis zur nächsten Häutung weiterwachsen.

Puppe: von der Larve zum Käfer

Bei der letzten Larvenhäutung tritt eine Veränderung auf: Aus der alten Haut befreit sich ein anders gestaltetes Entwicklungsstadium. Dieses wird als **Puppe** bezeichnet. Die Puppe frisst nicht und ist unbeweglich. Innerhalb weniger Tage werden in der Puppenhülle die Organe der Larve abgebaut und die Organe des Käfers aufgebaut. Der Käfer ist nun ausgewachsen und häutet sich nicht mehr. Er schlüpft als fortpflanzungsfähiges Tier aus der Puppe.

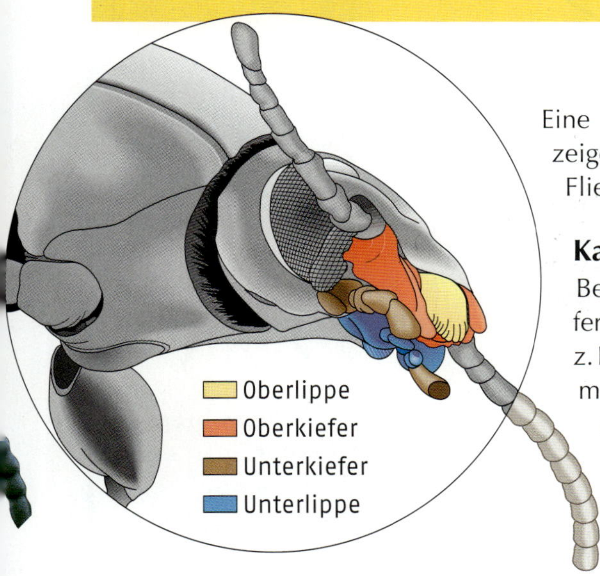

3 Kauende Mundwerkzeuge des Käfers *(Schema)*

Vollkommene Verwandlung

Die Entwicklung des Mehlkäfers führt also vom *Ei* über mehrere Larvenstadien und die Puppe zum *erwachsenen Insekt*, dem *Käfer*. Man spricht deshalb von einer vollkommenen Verwandlung oder einer **vollkommenen Metamorphose**.

Eine vollkommene Metamorphose zeigen auch andere Insekten, z. B. Fliegen und Schmetterlinge.

Kauende Mundwerkzeuge

Beobachtet man einen Mehlkäfer im Zuchtglas beim Fressen z. B. an einem Brotrest, so kann man erkennen, dass sich unter dem Kopf zangenartige Gebilde von der Seite zur Mitte und zurück bewegen. Diese kleinen Zangen sind die *Mundwerkzeuge* des Käfers.

Man erkennt zunächst die **Oberlippe**. Sie überdeckt drei Paar Mundwerkzeuge. Das erste Paar, die **Oberkiefer**, stellt zwei kräftige seitliche Zangen dar. Mit ihnen kann der Käfer Teile vom Brot abbeißen. Das zweite Paar bildet die darunter liegenden **Unterkiefer**. Sie haben jeweils einen inneren „Kauteil" und einen äußeren Kiefertaster. Mit den **Kiefertastern** können die Tiere schmecken.

Die Grundglieder des dritten Paares von Mundwerkzeugen sind zur **Unterlippe** verschmolzen. Sie bedeckt Ober- und Unterkiefer von unten. Der Mehlkäfer zerkleinert also seine Nahrung, indem er die Ober- und Unterkiefer beim Kauen seitlich bewegt. Der Mehlkäfer hat *kauende Mundwerkzeuge*.

! Der Mehlkäfer entwickelt sich aus einem Ei über mehrere Larvenstadien und ein Puppenstadium zum geschlechtsreifen Vollinsekt. Eine solche Verwandlung heißt vollkommene Metamorphose.

1. Ordne die Käfer der Pinnwand von Seite 14 in Schad- und Nutzinsekten für den Menschen.
   Begründe deine Entscheidungen.
2. Erkläre den Begriff „vollkommene Verwandlung".

Das Stereomikroskop

Seitenblicke

Das **Stereomikroskop** wird auch als Stereolupe oder **Binokular** bezeichnet. Durch das Binokular können Gegenstände mit beiden Augen betrachtet werden. Es ermöglicht, Dinge vergrößert zu sehen, die mit freiem Auge nicht erkennbar sind. Lege eine Blüte, einen Käfer, einen Stein oder deinen Finger unter das Objektiv des Stereomikroskops. Damit kannst du genau die Oberflächen des Objektes betrachten und entdeckst Details, die du vorher nicht gesehen hast.

Binokulare haben meist eine 10- bis 40-fache Vergrößerung. Das Bild durch das Stereomikroskop erscheint dreidimensional. Im Gegensatz zum Durchlichtmikroskop steht das Bild „weder am Kopf", noch ist es seitenverkehrt. Bewegt man das Objekt nach rechts, wandert auch das Bild nach rechts.

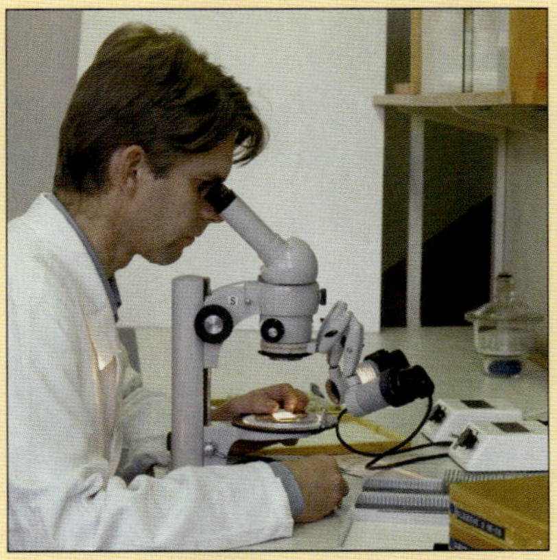

Mit einem Stereomikroskop kann daher leicht gearbeitet werden. Die Gegenstände werden mit einer Lampe von oben beleuchtet. Am besten verwendet man eine Kaltlichtleuchte, die kleine Flächen sehr hell bestrahlt. Sie produziert dabei kaum Wärme. Das Stereomikroskop kann auch im Freien eingesetzt werden. Das Sonnenlicht ist für die Betrachtung des Objektes stark genug. Im Notfall kann man auch eine Taschenlampe verwenden.

Stereomikroskope erlauben es auch, Tiere lebend zu beobachten. Zum Beispiel kannst du einen Wasserkäfer in eine kleine Schale geben und so unter dem Binokular seine Schwimmbeine genau betrachten. Versuche die verschiedenen Entwicklungsstadien des Mehlkäfers, die du mit dem Stereomikroskop beobachtest, zu zeichnen.

Pinnwand

Käfer

Name: ***Apfelblütenstecher***
Größe: 3 bis 4 mm
Lebensweise: Eier werden in Blütenknospen abgelegt, die absterben; Käfer lebt von Blättern
Besonderheit: verdorrte Knospen mit Puppen fallen nicht ab

Name: Großer Eichenbock
Größe: 30 bis 55 mm
Lebensweise: die Larven leben in der Rinde, später auch im Holz und nagen fingerbreite Gänge
Besonderheit: vom Aussterben bedroht

Name: ***Rosenkäfer***
Größe: 14 bis 20 mm
Lebensweise: auf Blüten, frisst Pollen
Besonderheit: die Larven leben in morschem Holz

Name: ***Siebenpunktmarienkäfer***
Größe: 5 bis 8 mm
Lebensweise: Käfer und Larven vertilgen Blattläuse
Besonderheit: für biologische Schädlingsbekämpfung genutzt

Name: ***Hirschkäfer***
Größe: bis 75 mm
Lebensweise: lange Oberkiefer des Männchens dienen dem Kampf um Weibchen; Käfer ernähren sich von Baumsaft und Kirschen
Besonderheit: nach Roter Liste stark gefährdet

Name: ***Schnellkäfer***
Größe: bis 12 mm
Lebensweise: im Herbst oft auf Doldenblütlern
Besonderheit: Larven (Drahtwürmer) fressen Wurzeln von Kulturpflanzen

Käfer

Artenreichste Ordnung der Insekten; sehr festes Außenskelett
Vorderflügel: harte Flügeldecken
Hinterflügel: häutig, dienen dem Fliegen;
kauende Mundwerkzeuge

Name: ***Goldlaufkäfer***
Größe: 20 bis 27 mm
Lebensweise: frisst auf Feldern und in Gärten Schnecken und Käferlarven
Besonderheit: sehr nützlich

Name: ***Nashornkäfer***
Größe: bis 40 mm
Lebensweise: in alten Baumstümpfen und Komposthaufen entwickeln sich die Larven
Besonderheit: Larven fast 10 cm lang

Name: ***Kartoffelkäfer***
Größe: 6 bis 11 mm
Lebensweise: lebt mit seinen Larven von Kartoffellaub und anderen Nachtschattengewächsen
Besonderheit: aus Nordamerika eingeschleppt

Name: ***Gelbrandkäfer***
Größe: 30 bis 35 mm
Lebensweise: räuberisch lebender Wasserkäfer
Besonderheit: kann schnell schwimmen; holt Luft mit Hinterende, Luftvorrat unter den Deckflügeln

1 Grünes Heupferd in seinem Lebensraum

2 Entwicklungsstadien des Grünen Heupferdes. ***A*** *eierlegendes Weibchen;* ***B*** *und* ***C*** *unterschiedliche Larvenstadien;* ***D*** *erwachsenes Insekt*

1.3 Insekten ohne Puppenstadium

In Wiesen und Gebüschen lebt das **Grüne Heupferd**. Es gehört zu den *Laubheuschrecken*. Auffallend am Grünen Heupferd sind die langen Fühler. Sie sind etwa so lang wie der Körper. Vom länglichen Kopf leitet sich der Name „Heupferd" ab. An der Gliederung des Körpers in Kopf, Brust und Hinterleib erkennt man, dass das Grüne Heupferd ein Insekt ist.

So entstehen die Zirpgeräusche

Die Hinterbeine sind auffällig kräftig und gewinkelt. Mit diesen *Sprungbeinen* können die Tiere weit springen.
Die Flügel ragen über den Hinterleib hinaus. Das Männchen erzeugt mit ihnen zirpende Geräusche. Dazu streicht es mit einem sogenannten Schrillkamm des linken Flügels über eine Schrillkante des anderen Flügels. Das erzeugte Zirpgeräusch wird durch eine schwingende Membran im Flügel verstärkt. Das Zirpen hat Bedeutung für die Paarung. Die Männchen locken damit die Weibchen an. Diese besitzen eine lange Legeröhre, mit der sie ihre Eier in den Erdboden legen. Hier überwintern die Eier.

Unvollkommene Verwandlung

Im darauf folgenden Frühjahr schlüpfen die Larven. Sie sind noch sehr klein und haben keine Flügel, sehen aber den Elterntieren schon sehr ähnlich. Sie wachsen von Häutung zu Häutung. Die Flügel werden zunächst als Stummel sichtbar. Nach weiteren Häutungen werden sie immer länger. Nach der letzten Larvenhäutung ist die Entwicklung zum geschlechtsreifen Insekt abgeschlossen. Heuschrecken haben kein *Puppenstadium*. Man spricht deshalb von einer **unvollkommenen Verwandlung**.

Viele andere Insektengruppen, z. B. Libellen und Wanzen, haben ebenfalls eine unvollkommene Verwandlung – siehe die Seiten 16, 17, 104 f.

! Insekten, deren Jugendformen dem erwachsenen Insekt schon sehr ähnlich sehen und eine Entwicklung ohne Puppenstadium durchlaufen, haben eine unvollkommene Verwandlung.

1▸ Vergleiche die Entwicklung von Grünem Heupferd und Mehlkäfer.

Seitenblicke

Wanzen – immer und überall

Wanzen haben unter anderem wegen der Bettwanze ein schlechtes Image. Diese Wanze saugt menschliches Blut. Der Großteil der Wanzen ernährt sich jedoch von Pflanzensäften. Sie gehören zu den interessantesten und farbenprächtigsten Insekten. Auf diesen beiden Seiten werden sie vorgestellt.

Typische Merkmale von Wanzen

Du erkennst die meisten Wanzen leicht an ihren **typisch gebauten Vorderflügeln**. Diese bestehen aus einem härteren vorderen Teil und einem fast durchsichtigen hinteren Teil.
Wanzen haben **Duftdrüsen**, die ein Sekret absondern. Dieses hat unterschiedliche Funktionen bei der Verteidigung, bei der Fortpflanzung und beim Zusammenhalt von Gruppen.
Wie Heuschrecken machen Wanzen eine **unvollständige Verwandlung** durch. Die jüngeren Entwicklungsstadien der Wanzen haben noch keine Flügel, bei den älteren sind diese schon zu erkennen. Die ausgewachsene Wanze hat einen stechend-saugenden Rüssel, mit dem sie die Nahrung aufsaugt.
Wanzen besiedeln die verschiedensten Lebensräume. Aufgrund der Lebensweise können sie in drei Gruppen eingeteilt werden: In Arten, die im Wasser, auf der Wasseroberfläche und an Land leben. Es gibt sogar Arten, die am offenen Meer leben!

Wanzen im Wasser

Zwei sehr auffällige im Wasser lebende Arten sind der **Wasserskorpion** und die **Stabwanze**. Sie besitzen ein langes Atemrohr an der Hinterleibsspitze, das sie über die Wasseroberfläche halten. Damit nehmen sie sauerstoffreiche Luft auf und geben sauerstoffärmere Luft ab. Diese beiden Arten haben keine ausgeprägten Schwimmbeine. Sie schreiten am schlammigen Gewässergrund entlang oder klettern auf den Wasserpflanzen. Sie sind Lauerjäger. Die Vorderbeine sind als Fangbeine ausgebildet, mit denen die Beutetiere ergriffen werden.

Die meisten anderen im Wasser lebenden Wanzen haben einen stromlinienförmigen Körper. Eines der Beinpaare ist als Schwimmbeinpaar ausgebildet. Die **Rückenschwimmer** kannst du gut beobachten, wie sie unter der Wasseroberfläche schwebend auf ihre Beute warten. Nachdem diese entdeckt wurde, wird das Beutetier schnell angeschwommen und mit den Vorderbeinen ergriffen.

Das Besondere: Auf der Unterseite des Hinterleibs befinden sich vier Reihen dichter Haare. Sie bilden zwei Luftkammern für die Atmung. Diese Luftkammern haben aber auch den Effekt, dass sie das Tier umdrehen. So schwimmt der Rückenschwimmer (Name!) mit der Bauchseite nach oben. Der Rücken weist hingegen zum Gewässergrund.
Mit seinem Rüssel kann der Rückenschwimmer stechen. Der Stich ist auch für uns Menschen schmerzhaft. Das Tier wird daher auch „Wasserbiene" genannt.

Wanzen auf dem Wasser

Alle Wanzen, die auf der Wasseroberfläche leben, sind Räuber. Die zarten **Teichläufer** haben einen stabförmigen Körper und einen langen Kopf. Die Körperunterseite und die Beine sind fein behaart und Wasser abstoßend. Sie bewegen sich langsam über die freie Wasseroberfläche, auf Wasserpflanzen oder am Ufer stehender Gewässer.

1 ***Wasserwanzen.*** ***A*** *Wasserskorpion;* ***B*** *Rückenschwimmer;* ***C*** *Wasserläufer*

Die **Wasserläufer** hingegen bewegen sich schnell über die Wasseroberfläche. Das vordere Beinpaar dient dem Festhalten der Nahrung, das mittlere Paar der Fortbewegung. Mit dem hinteren Beinpaar wird gesteuert. Damit die Wasserläufer an der Wasseroberfläche bleiben und nicht untergehen, haben sie auf der Bauchseite einen feinen Wasser abweisenden Haarfilz. Die Fußglieder sind von einer Wasser abstoßenden Substanz überzogen, die wahrscheinlich vom Rüssel abgegeben wird.

Wanzen auf dem Land

Die meisten am Land lebenden Wanzen saugen Pflanzensäfte. Sie stechen Samen, Beeren und die verschiedenen Pflanzenteile an. Aber auch unter den landlebenden Wanzen gibt es räuberische Arten. Manche von ihnen sind unangenehm, weil sie parasitisch auf anderen Tieren leben und deren Blut saugen.

Eine parasitische Wanze ist zum Beispiel die **Bettwanze.** Sie hat einen breiten, sehr abgeflachten Körper. Die Flügel sind winzige Schuppen. Daher kann sie nicht fliegen. Die Bettwanze lebt in Gebäuden und hält sich tagsüber in kleinen Ritzen auf. In der Nacht wird sie durch die Wärme des Menschen angelockt. Sie versucht dann, Blut zu saugen. Sie kann aber auch bis zu sechs Monate hungern!

Die *Rote Mordwanze* gehört zu den meist kräftig gebauten **Raubwanzen.** Diese haben einen starken, bogenförmigen Saugrüssel, mit dem die Beutetiere ausgesaugt werden. Manche Raubwanzen können mit dem Rüssel auch Geräusche machen. Dabei wird der Rüssel über eine Rinne am Brustabschnitt gerieben.

Die meist länglich-ovalen **Bodenwanzen** leben auf der Bodenoberfläche, in der Streuschicht oder klettern auf Pflanzen. Viele Arten sind düster gefärbt. Es gibt jedoch auch auffällig rot-schwarz gefärbte Arten wie die *Ritterwanze.* Diese Art lebt bevorzugt an der Schwalbenwurz. Aufgrund der ähnlichen Färbung wird sie gerne mit der häufig auftretenden **Feuerwanze** verwechselt. Die Vorderflügel sind jedoch oft verkürzt. Als Nahrung dienen großteils am Boden liegende Samen.

Die *Grüne Stinkwanze* gehört zu den robust gebauten **Baumwanzen.** Sie lebt bevorzugt an Waldrändern und auf Wiesen. Sie saugt gerne an Beeren. Dabei bekommen die Früchte einen so unangenehmen „Wanzengeschmack", dass sie für uns ungenießbar werden.

1 Recherchiere im Internet nach weiteren Wanzen, die im Wasser, auf der Wasseroberfläche und an Land leben.

2 In welcher Insektengruppe gibt es eine ähnliche Vielfalt an Lebensformen?

1 ***Landwanzen. A*** *Bettwanze;* ***B*** *Rote Mordwanze;* ***C*** *Feuerwanzen;* ***D*** *Ritterwanzen;* ***E*** *Grüne Stinkwanze*

1.4 Insekten sehen anders als Wirbeltiere

Gelb leuchtet die Blüte des Gänse-Fingerkrautes. Eine Schwebfliege landet auf der Blüte. Die großen Augen nehmen nahezu den ganzen Kopf ein. Im Verhältnis zur Kopfgröße sind die Augen der Schwebfliege größer als zum Beispiel bei einem Hasen. Sieht die Fliege mit ihren Augen auch besser als ein Hase?

Insekten haben Komplexaugen

Betrachtet man das Auge einer Schwebfliege mit der Lupe, macht man eine interessante Entdeckung: Die Oberfläche des Auges ist nicht einheitlich gebaut, sondern zeigt ein netzartiges Muster. Jede Masche gehört zu einem einzelnen Auge. Das Auge der Schwebfliege besteht aus mehreren tausend **Einzelaugen**. Das Netzauge wird auch als **Komplexauge** bezeichnet.

Wirbeltierauge – Insektenauge: ein Vergleich

Im Längsschnitt kann man gut den Aufbau eines Einzelauges erkennen: Auf die außen liegende **Linse** folgt nach innen ein **Glaskörper**. Noch weiter innen bilden acht lichtempfindliche **Sehzellen** eine Röhre. Vergleicht man den Aufbau eines solchen Einzelauges mit dem eines Wirbeltierauges, so erkennt man vergleichbare Bauteile: Hinter der vorderen *Augenkammer* des Wirbeltierauges befindet sich eine Linse. Die vordere Augenkammer ist mit Flüssigkeit gefüllt und wird nach außen von der durchsichtigen *Hornhaut* abgegrenzt. Hinter der Linse liegt ein mit einer gallertigen Flüssigkeit gefüllter Hohlraum, der *Glaskörper*. Er grenzt an die Sehzellen, die zusammen die *Netzhaut* bilden.
Ein Wirbeltierauge und ein Einzelauge im Komplexauge sind also ähnlich aufgebaut.

*1 **Schwebfliege mit Komplexaugen***

2 Bild der Blüte durch das Auge der Schwebfliege gesehen

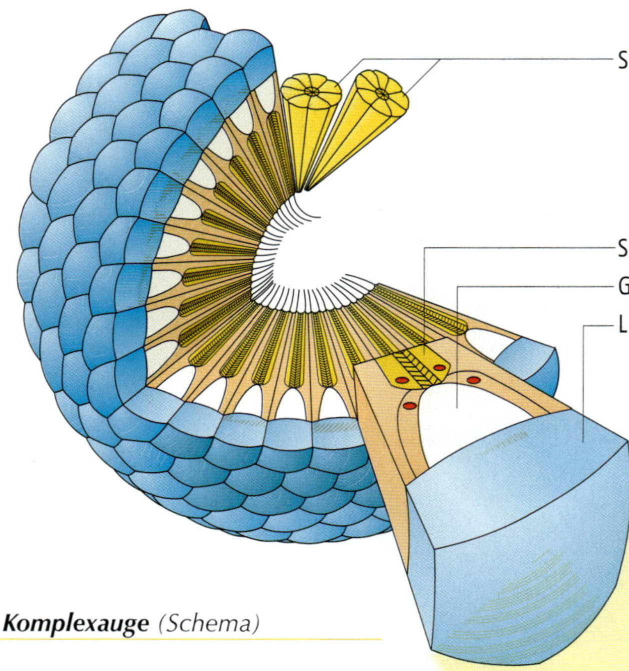

*3 **Komplexauge** (Schema)*

„Rasterbilder"

Wie sieht die Schwebfliege mit ihren vielen Einzelaugen die Blüte des Gänse-Fingerkrautes? Jedes Einzelauge übermittelt nur einen Bildpunkt der Blüte an das Gehirn. Aus den verschiedenen Bildpunkten der vielen tausend Einzelaugen entsteht dann im Gehirn ein Rasterbild, das dem Druckraster eines Zeitungsfotos vergleichbar ist. Betrachtet man ein solches Foto mit der Lupe, sieht man die einzelnen Rasterpunkte.
Aus größerer Entfernung gesehen, verschmelzen sie zu einem Bild.

Alle Insekten haben Komplexaugen und nehmen ihre Umgebung vermutlich „gerastert" wahr. Allerdings gibt es bei verschiedenen Insektengruppen auch Unterschiede. So ist jedes Komplexauge der Roten Waldameise aus 600 Einzelaugen zusammengesetzt.

***4 Blüte** (Gänse-Fingerkraut)*

5 ***Bild der Blüte durch das Auge des Hasen gesehen***

6 ***Wirbeltierauge des Hasen***

Bei der Stubenfliege sind es 3200. Bei der Libelle, die in der Luft Insekten jagt, sind es sogar bis zu 28 000 Einzelaugen.
So viele Einzelaugen liefern dem Gehirn wesentlich mehr einzelne Bildpunkte als die geringere Anzahl an Einzelaugen bei der Waldameise.
Vermutlich sieht die Libelle schärfer als die Ameise.

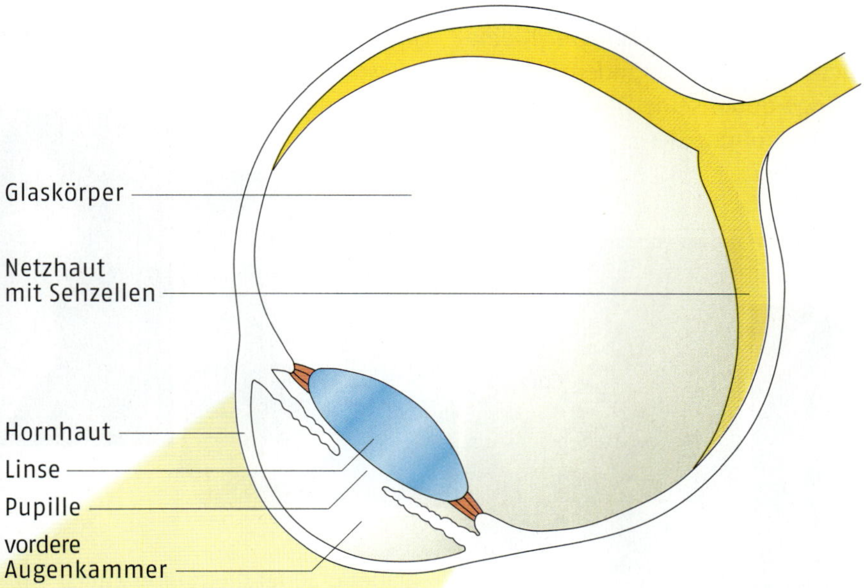

7 ***Wirbeltierauge*** *(Schema)*

Der Hase sieht schärfer – die Fliege sieht Bewegungen besser

Das Auge eines Wirbeltieres, wie z. B. das des Hasen, ist nicht aus Einzelaugen zusammengesetzt. Die *Linse* erzeugt auf der Netzhaut, ähnlich wie bei der Kamera, ein einheitliches Bild. Die Netzhaut der Wirbeltiere enthält mehrere Millionen Sehzellen.
Von diesen wird das Bild in mehrere Millionen Bildpunkte zerlegt. Jede Sehzelle schickt über den Sehnerv Impulse zum Gehirn. Dieses verarbeitet die eintreffenden Impulse zur Wahrnehmung eines scharfen Bildes.

Der Hase sieht die Umgebung schärfer als eine Schwebfliege. Untersuchungen haben aber ergeben, dass die Schwebfliege mehr Einzelbilder in der Sekunde wahrnehmen kann als der Hase. Die Schwebfliege kann also Bewegungsabläufe besser sehen. Sie ist somit an die fliegende Lebensweise gut angepasst.

Farbensehen

Auch das Farbensehen von Insekten und Wirbeltieren ist unterschiedlich. Der österreichische Bienenforscher und Nobelpreisträger Karl von Frisch (1886–1982) stellte zur Überprüfung des Farbensehens bei Bienen Gefäße mit Zuckerwasser auf farbige Unterlagen. Nachdem die Bienen das Futter z. B. auf einem blauen Untergrund gefunden hatten, stellte er Gefäße auf blaue und andersfarbige Unterlagen. Die Bienen suchten ihr Futter nur auf blauen Bereichen. Sie hatten sich die Farbe gemerkt. Durch weitere Untersuchungen fand Frisch heraus, dass Bienen alle Farben wie der Mensch sehen können, mit Ausnahme von Rot. Im Gegensatz zum Menschen nehmen sie aber auch ultraviolettes Licht wahr. Eine für den Menschen rote Mohnblume ist für Bienen unauffällig. Manche Blüten reflektieren ultraviolettes Licht und sind für Bienen auffällig, für uns aber nicht bunt.

! Die Komplexaugen der Insekten sind aus vielen Einzelaugen zusammengesetzt. Ihre Bilder sind „unschärfer" als die der Wirbeltiere. Insekten können aber mehr Einzelbilder pro Sekunde unterscheiden als Wirbeltiere.

1› Fertige eine Tabelle an, in der Wirbeltierauge und Komplexauge einander gegenübergestellt werden.

1 Kleiner Fuchs

1.5 Schmetterlinge gaukeln durch die Luft

Mit flatternden Flügelbewegungen gaukelt ein *Kleiner Fuchs* durch den Garten. Jetzt setzt er sich auf eine stark duftende Blüte. Wenn er dabei die Flügel ausbreitet, kann man deren auffällige Färbung und Musterung gut erkennen. Die vier Flügel sind mit winzig kleinen **Schuppen** bedeckt, die sich wie Dachziegel teilweise überlappen.

2 Entwicklung beim Kleinen Fuchs

Die Musterung wird durch unterschiedliche Farbstoffe in diesen Schuppen hervorgerufen. Alle **Schmetterlinge** haben solche beschuppten Flügel.

Saugende Mundwerkzeuge

Beobachtet man den Kleinen Fuchs aus nächster Nähe auf der Blüte, so erkennt man das Ausrollen eines Rüssels, mit dem er bis zum Grund der Blütenkelche eintauchen kann. Dort liegen die Nektardrüsen. Mit den als **Saugrüssel** ausgebildeten Mundwerkzeugen saugt der Kleine Fuchs den Nektar als Nahrung auf. Am Kopf sitzen zwischen den großen Komplexaugen **zwei lange Fühler** mit keulenartig verdickten Enden. Diese sind dicht mit Geruchsorganen besetzt, sodass der Falter den Duft von Blüten riechen kann.

Bestäubung von Blüten

Der Körper ist mit einem dichten Haarpelz versehen, in dem beim Nektarsaugen Pollenkörner hängen bleiben, die auf andere Blüten übertragen werden können. Der Kleine Fuchs trägt wie viele andere Schmetterlinge durch seine Blütenbesuche zur Bestäubung der Blüten bei.

> Stichwort
>
> **Futterpflanzen**
>
> Die meisten Schmetterlinge legen ihre Eier auf einer ganz bestimmten Pflanzenart ab, von der sich dann die Raupen ernähren. Die Zerstörung von Lebensräumen durch den Menschen hat dazu geführt, dass viele Schmetterlinge keine geeigneten Pflanzen mehr zur Eiablage finden und dadurch selten geworden sind.

Vollkommene Verwandlung

Im Mai legt das Weibchen unter den Blättern von Brennnesseln seine Eier ab. Sie sehen wie winzige Stachelbeeren aus. Nach wenigen Tagen schlüpfen die Larven. Diese **Raupen** können gut klettern, denn sie haben außer sechs gegliederten Beinen am Brustabschnitt noch acht Bauchfüße und ein Paar „Nachschieber" am Hinterleib. Bauchfüße und Nachschieber sind keine echten Gliedmaßen, sondern Hautausstülpungen. Die Raupen haben beißende Mundwerkzeuge. Sie häuten sich während des Wachstums mehrfach. Nach einigen Wochen sind sie ausgewachsen und verpuppen sich zwischen den Brennnesseln.

Dabei erzeugt die Raupe zuerst ein lockeres Gespinst aus einem Seidenfaden, der aus Spinndrüsen am Kopf austritt. Dann kriecht sie über dieses Gespinst, verankert sich mit den Nachschiebern und lässt die anderen Beine los. Die Raupe hängt nun mit dem Kopf abwärts und wird durch die Spinnfäden gehalten.
Anschließend häutet sie sich zur **Puppe**, die wegen ihrer Körperhaltung *Stürzpuppe* genannt wird. In der Puppenhülle erfolgt innerhalb von etwa zwei Wochen die Verwandlung zum erwachsenen Insekt. Am Ende dieser sogenannten Puppenruhe platzt die Puppenhülle auf und der Schmetterling schlüpft.
Der Kleine Fuchs legt zwei- bis dreimal im Jahr Eier ab.

Die Falter der letzten Sommergeneration überwintern an geschützten Orten wie Holzspalten, Felsritzen oder Dachböden.

Tagfalter – nachtaktive Falter

Der Kleine Fuchs gehört zu den Schmetterlingen, die tagsüber aktiv sind. Er ist ein **Tagfalter**. Alle Arten dieser Gruppe haben keulenförmig verdickte Fühlerenden und schlagen die Flügel in Ruhe über dem Körper zusammen.
Andere Schmetterlinge sind vorwiegend in der Dämmerung oder nachts aktiv.

Den Tag über halten sich diese **nachtaktiven Falter** meist gut getarnt auf der Borke von Bäumen oder in Verstecken auf. Nachtfalter haben keine gekeulten Fühler. Häufig sind die Fühler jedoch mit kammartigen Fortsätzen versehen – siehe Seite 23!

Schmetterlinge haben farbige Schuppen auf den Flügeln und einen Saugrüssel als Mundwerkzeug. Die Entwicklung erfolgt über eine vollkommene Verwandlung. Die Larven heißen Raupen.

1 Beschreibe die Entwicklung des Kleinen Fuchses.

2 Ordne in einer Tabelle den auf der Seite 22 abgebildeten Tagfalter-Raupen die entsprechenden Nahrungspflanzen zu.

Die Seidenstraße

Seitenblicke

Seide war eine der ersten Waren, mit denen im Altertum ein regelmäßiger Fernhandel betrieben wurde. In China erzeugt, wurde die Seide auf staubigen Pfaden über eine Entfernung von 6500 km zum Mittelmeer transportiert und von dort per Schiff nach Italien gebracht. Die Route durch Asien auf der Seidenstraße war mühsam und gefährlich. Sie führte durch Wüsten und über hohe Gebirgspässe. Überfälle auf die Karawanen kamen immer wieder vor. Einige Städte, die an der Route der Seidenstraße lagen, kamen durch den Handel zu Wohlstand und Ansehen.

Jahrhundertelang beherrschten ausschließlich die Chinesen die Herstellung von Seide. Deshalb waren Stoffe aus Seide sehr teuer. Diese Faser gewinnt man durch die Zucht der Raupe eines Schmetterlings, der **Seidenspinner** heißt. Die Raupen ernähren sich von den Blättern des Maulbeerbaums. Zur Verpuppung spinnen sie sich in einen Kokon ein. Dieser besteht aus einem bis zu 3,5 km langen, sehr dünnen Faden aus Eiweiß, der Seide.

Schon vor 4000 Jahren hielten Chinesen Seidenspinner als Haustiere. Die Ausfuhr dieser Tiere war unter Androhung der Todesstrafe verboten. 555 n. Chr. gelang es jedoch zwei persischen Mönchen, einige Eier zum Kaiser Justinian I. nach Konstantinopel zu schmuggeln. Mit diesen Eiern und dem „gestohlenen" Wissen aus China war ab da auch eine Seidenproduktion außerhalb Chinas möglich. Heute hat China seine führende Stellung im Seidenhandel verloren.

*3 **Seidenspinner. A** Schmetterling; **B** Raupen; **C** Puppe mit Kokon*

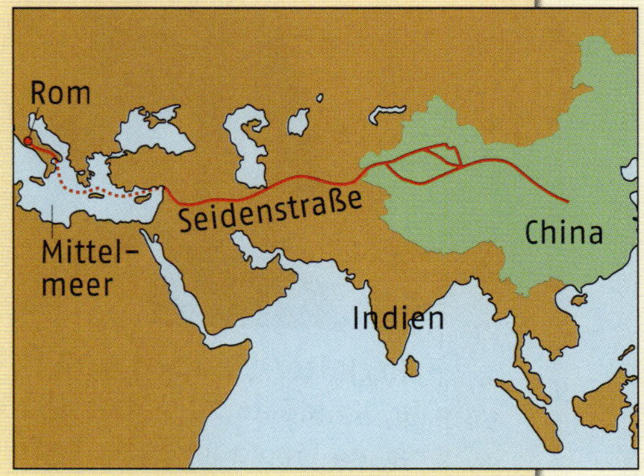

*4 **Seidenstraße***

Pinnwand

Tagfalter

Tagfalter, Raupen und Futterpflanzen. 1 Trauermantel, **1a** Raupe; **2, 2a** Distelfalter; **3, 3a** Zitronenfalter; **4, 4a** Bläuling (♂ Männchen, ♀ Weibchen); **5, 5a** Schwalbenschwanz; **6, 6a** Admiral; **7, 7a** Aurorafalter; **8, 8a** Tagpfauenauge; **9, 9a** Kohlweißling. Abgebildet sind jeweils die Männchen (Ausnahme: Bläuling). Die Weibchen sind oft anders gezeichnet. **A** Sal-Weide; **B** Faulbaum; **C** Kohl; **D** Klee; **E** Wiesen-Schaumkraut; **F** Doldengewächs (z. B.: Kerbel, Wilde Karotte); **G** Brennnessel

Nachtaktive Falter

Pinnwand

Name: ***Ligusterschwärmer (Familie: Schwärmer)***
Größe: Spannweite des Falters bis 10 cm; Länge der Raupe bis 7 cm
Lebensweise: Raupen auf Ligusterhecken, Flieder oder Schneeball; Überwinterung als Puppe in der Erde; Falter in offenen Wäldern, Gärten und Parklandschaften
Besonderheit: unbehaarte Raupen mit Horn am Körperende; in Drohstellung Aufrichten des Vorderkörpers („Sphinxstellung"); Falter legen die Flügel in Ruhe dachartig an den Körper an; gewandte Flieger, die Geschwindigkeiten von 50 km/h erreichen

Name: ***Rotes Ordensband (Familie: Eulenfalter)***
Größe: Spannweite des Falters bis 8 cm; Länge der Raupe bis 6 cm
Lebensweise: unbehaarte Raupen auf Weiden und Pappeln; Verpuppung in zusammengesponnenen Blättern; Falter in Ufergebieten von Gewässern, auf Wiesen, in Gärten und Parklandschaften
Besonderheit: Körper der Falter dicht behaart; legen die Flügel in Ruhe dachförmig über dem Körper zusammen

Name: ***Nonne (Familie: Spinner)***
Größe: Spannweite des Falters bis 7,5 cm; Länge der Raupe bis 8 cm
Lebensweise: behaarte Raupen auf Kiefern oder anderen Nadelbäumen; sie überwintern im Moos unter ihren Fressbäumen; Falter ebenfalls in Nadel- oder Mischwäldern
Besonderheit: Raupen legen zur Verpuppung in Astgabeln oder an Baumstämmen einen Kokon aus Spinnfäden an; Forstschädlinge; Falter legen in Ruhe ihre Flügel dachartig zusammen

Name: ***Apfelwickler (Familie: Wickler)***
Größe: Spannweite des Falters etwa 1,5 cm; Länge der Raupe bis 1 cm
Lebensweise: Eier werden meist an jungen Äpfeln abgelegt;
Raupen ernähren sich vom Fruchtfleisch und von unreifen Kernen;
sie überwintern im Boden oder in Rindenspalten und verpuppen sich im folgenden Frühjahr; Falter vorwiegend in Gärten oder an Waldrändern
Besonderheit: Obstschädling; Äpfel mit Raupenbefall sind von Fraßgängen durchzogen, die mit Kot gefüllt sind; meist fallen diese „wurmstichigen" Äpfel vorzeitig ab und faulen; die Wickler gehören zur Gruppe der Kleinschmetterlinge, zu denen auch die Motten gezählt werden

Name: ***Kiefernspanner (Familie: Spanner)***
Größe: Spannweite des Falters 3,5 cm;
Länge der Raupe bis 4,5 cm
Lebensweise: unbehaarte Raupen auf Kiefern oder anderen Nadelbäumen; Falter in Nadelwäldern
Besonderheit: Raupen haben nur zwei Bauchfüße und bewegen sich „spannend" fort, indem sie sich abwechselnd strecken und dann den Hinterkörper so nah an den Vorderkörper ziehen, dass sich die Mitte aufwölbt; Forstschädlinge;
Falter ähnelt Tagfaltern

Seitenblicke

Blüten – ein Treffpunkt für Insekten

Warum brauchen sich Blütenpflanzen und Insekten gegenseitig?

Im Frühjahr und Sommer kannst du viele verschiedene Insekten auf Blüten beobachten. Insekten sind für die Fortpflanzung vieler Pflanzen unverzichtbar. Die Insekten saugen *Nektar* oder sammeln *Pollen* der Blüten. Dabei bleibt Blütenstaub an ihnen haften. Fliegen sie zur nächsten Blüte, gelangt der Blütenstaub auf die Narbe dieser Blüte. Es kommt zur **Bestäubung**.

Im Laufe der Erdgeschichte haben sich bei den Blütenpflanzen unterschiedliche Mechanismen entwickelt, die alle einen Zweck haben: Die Insekten zu den Blüten zu locken. Manche Blüten geben einen Duft ab. In besonderen Fällen wird eine *Behausung* für die Fortpflanzung geboten. Nur wenige Insekten *legen* ihre *Eier* in die Blüten ab, sodass dann die Pflanze den Insektenlarven als Nahrung dient.

Insekten als Pollen- und Nektarfresser

Blütenbesuchende Käfer fressen Pollen, manchmal auch Blütenteile oder die ganze Blüte. Im Frühjahr kannst du oft die grün schillernden **Rosenkäfer** in den Blüten von Rosengewächsen finden. Ihre Mundwerkzeuge sind stark beborstet und durch Speichel feucht. Dadurch haftet leicht Blütenstaub auf den Mundwerkzeugen, der dann zwischen den Oberkiefern zerquetscht wird. Die Weibchen von **Weichkäfern** wiederum fressen oft Pollen von den Blüten von Doldenblütlern. Das nützen die Männchen aus und versuchen sich mit dem fressenden Weibchen fortzupflanzen. Einige **Blütenbockkäfer** haben einen verschmälerten Kopf und eine verschmälerte Brust. Diese Käfer können so tiefer in die Blüten eindringen und Nektar lecken.

Die wichtigsten Blütenbestäuber bilden bei uns die **Bienen** (s. S. 26 f.), die mit mehreren hundert verschiedenen Arten heimisch sind. Die Bienen haben einen **leckend-saugenden Rüssel**, mit dem sie den Nektar aufnehmen. Bei manchen Hummelarten kann der Rüssel über 20 mm lang sein. Er ist somit länger als der Körper! Bienen sammeln aber auch den Pollen von den Blüten, mit dem sie ihre Brut versorgen. Beim Blütenbesuch bleibt Pollen am Körper einer Biene oder Hummel hängen. Dieser wird dann mit den Beinen in besondere Sammelorgane gebürstet und so in das Nest transportiert.

Auch viele Fliegen besuchen Blüten auf der Suche nach Nahrung. Die Mundwerkzeuge bilden bei **Schwebfliegen** ebenfalls einen **leckend-saugenden Rüssel**. Sie geben zuerst Speichel ab und saugen dann verdünnten Nektar ein. Oder sie tupfen Pollenkörner auf und saugen die Pollenkörner mit der Speichelflüssigkeit ein. **Wollschweber** stehen wie Hubschrauber vor der Blüte in der Luft und können mit ihrem langen Saugrüssel auch Nektar aus tiefen, röhrenförmigen Blüten saugen.

***1 Blütenbesucher. A** ein Blütenbockkäfer; **B** ein Wollschweber; **C** ein Rosenkäfer*

Schmetterlinge gehören zu den attraktivsten Insekten in der einheimischen Fauna. Sie haben einen einrollbaren **Saugrüssel**, mit dem sie Nektar aus Blüten aufsaugen. **Tagfalter** werden durch Farben angelockt und brauchen einen relativ großen Landeplatz auf den Blüten. Sie sind oft auf Blütenständen zu beobachten. Viele Schmetterlinge sind jedoch nachtaktiv und werden in der Dunkelheit durch den Blütenduft angelockt. Viele **Schwärmer** benötigen keinen Landeplatz, sondern stehen im Rüttelflug vor der Blüte. Sie saugen im Flug Nektar mit ihrem langen Rüssel.

2 Schwärmer im Rüttelflug vor einer Blüte. A *Rüssel noch eingerollt;* ***B*** *Rüssel ausgestreckt*

Insekten brüten in Blüten

Die **Trollblume** ist der *Brutplatz* einer kleinen Fliege. Die kugelige Blüte der Trollblume wird von gelben Blütenblättern gebildet. Sie öffnen sich nicht und bilden nur eine kleine Öffnung zwischen den Blütenblättern. Die Öffnung wird von einer kleinen Fliege benutzt, um in die Blüte einzudringen. Während des Herumkriechens zwischen den Staubblättern wird der Fliegenkörper mit Pollen regelrecht eingepudert. Die Fliege sucht die nächste Trollblume auf, in der sie wieder zwischen den Blütenhüllblättern nach Nahrung sucht. Dabei wird die Pflanze mit dem mittransportierten Pollen bestäubt.
Die Fliege sucht aber in der Blüte der Trollblume nicht nur nach Nahrung. Sie legt auch ihre Eier in den Fruchtknoten ab. Die Larven ernähren sich von den wachsenden Samenanlagen der Pflanze. So ist die Trollblume für die Fliege nicht nur Nahrungsquelle, sondern auch ihr Brutplatz. Die Fliege wiederum ist der Bestäuber der Trollblume.

Insekten finden Schutz in Blüten

Insekten suchen in Blüten auch **Schutz**. Manche Bienen verbringen dort kalte Tage und Nächte. In den glockenförmigen Blüten der Tollkirsche finden viele kleine Insekten Schutz. Der Nektar der Tollkirsche ist durch kleine Borsten vor diesen Besuchern geschützt. Nur Hummeln mit ihrem langen Rüssel erreichen den Nektar.

Getäuschte Insekten

Manche Blüten bieten jedoch ihren Bestäubern nichts und werden doch von Insekten besucht. Das funktioniert nur, wenn die Blütenbesucher zuvor an ähnlich aussehenden Blüten gelernt haben, dass sie dort Nahrung finden könnten. Manche **Orchideenblüten** haben ein besonderes Lockmittel: Sie täuschen ein Bienen-Weibchen vor. Die Männchen suchen die Blüten auf und wollen sich mit dem vermeintlichen Weibchen paaren. Sie übertragen dabei den Pollen von einer Blüte auf die andere.

3 Trollblumen

4 Die Orchideenblüte *täuscht der Sandbiene ein Weibchen vor.*

1.6 Bienen leben in einem Staat

Bereits in der Steinzeit lieferten Bienen dem Menschen Honig. Lange war dies der einzige verfügbare Süßstoff. Das Sammeln an schwer zugänglichen Baumhöhlen oder Felsspalten, in denen die Bienen ursprünglich lebten, war jedoch schwierig. Honig war daher kostbar. Bereits vor einigen tausend Jahren versuchten Menschen deshalb die Bienen in künstlichen Behausungen anzusiedeln, um den Honig leichter erreichen zu können. Die **Honigbiene** wurde so zu einem der ältesten Nutztiere.

Wie sieht es in einem Bienenstock aus?

Heute werden Honigbienen in Holzkästen gehalten, die die Bienenzüchter, die *Imker*, aufstellen. In jedem dieser Kästen lebt ein Volk von etwa 30 000 bis 80 000 Tieren. Bei manchen Imkern kann man das Leben in einem Bienenstock durch eine Glasscheibe beobachten: Dicht nebeneinander hängen die *Waben*. Sie werden von den Bienen aus Wachs gebaut. Jede Wabe besteht aus einigen tausend sechseckigen *Zellen*. Als Hilfe für den Wabenbau setzen die Imker Holzrahmen in den Bienenstock ein. So lassen sich später die mit Honig gefüllten Waben leicht herausnehmen und auswechseln.

Aufgabenteilung im Bienenstaat

In einem Bienenvolk gibt es eine Aufgabenteilung zwischen den Tieren. Deshalb spricht man auch von einem **Bienenstaat**. Das größte Tier ist die **Bienenkönigin**. Sie hält durch die Abgabe von Duftstoffen das Volk zusammen. Dazu bewegt sie sich ständig durch den gesamten Stock, wobei sie von jungen **Arbeitsbienen**, dem „Hofstaat", gefüttert und gepflegt wird.

Aufgaben einer Arbeitsbiene

Arbeitsbienen sind unfruchtbare Weibchen mit verkümmerten Eierstöcken. Nach dem Schlüpfen verrichtet eine Arbeitsbiene im Laufe ihres etwa sechs Wochen dauernden Lebens verschiedene Aufgaben. Sie versorgt die Bienenbrut, baut Waben, säubert den Stock, reguliert die Temperatur oder verteidigt den Stockeingang.
Den größten Teil ihres Lebens verbringt sie jedoch als **Sammelbiene** außerhalb des Stockes.

Sammelbienen

Mit ihren vier Hautflügeln kann eine Biene ausdauernd fliegen und sich mehrere Kilometer vom Stock entfernen. Während eines Sammelfluges besucht die Biene oft viele 100 Blüten. Sie sammelt dabei sowohl Pollen als auch Nektar. Dabei bleibt Pollen auch im Haarpelz haften. Er wird mit dem Borstenkamm am ersten Fußglied der Hinterbeine abgestreift und im Körbchen, einer Vertiefung außen am Unterschenkel, gesammelt. Die Pollenballen an den Hinterbeinen nennt man *„Höschen"*. Bei ihren Blütenbesuchen kommen die Bienen immer wieder in Kontakt mit der Narbe, an der Pollenkörner haften bleiben.
Da die Bienen meist viele Blüten der gleichen Pflanzenart nacheinander besuchen, tragen sie bei der Nektarsuche auch zur **Bestäubung von Pflanzen** bei.

***1 Honigbiene. A** Imker mit Waben;*
***B** Königin (markiert) mit Hofstaat;*
***C** Sammelbiene mit „Höschen";*
***D** Sammelbein von innen:*
① Oberschenkel, ② Unterschenkel,
③ Pollenschieber, ④ Ferse mit

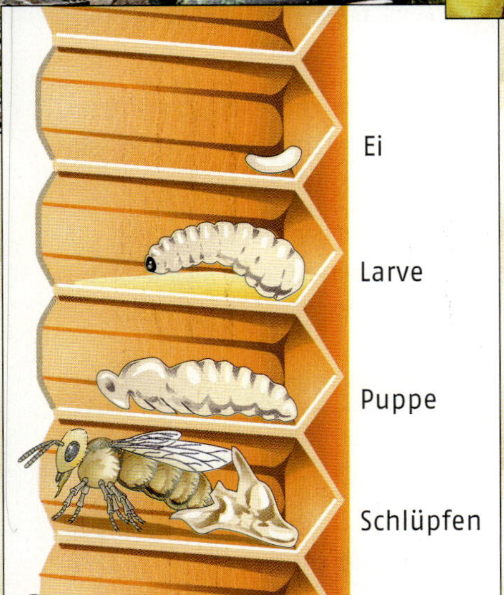

Pollenbürste, ⑤ Fuß; ***E*** *Königin und Arbeiterin sind weibliche Bienen, die Drohne ist männlich;* ***F*** *Brutwabe (Zellen mit älteren Larven und Puppen sind mit Wachs verschlossen);* ***G*** *Entwicklung (Schema)*

Mundwerkzeuge: beißend – leckend – saugend

Nektar wird mit der Unterlippe aufgeleckt und dann mit dem Rüssel aufgesaugt. Außer dem Saugrüssel verfügt die Biene noch über zwei zangenartige Oberkieferteile, mit denen sie z. B. Wachs formen kann. Die Mundwerkzeuge der Biene nennt man *beißend–leckend–saugend*.

Vom Nektar zum Honig

Der Nektar gelangt zunächst in einen besonderen Abschnitt des Verdauungssystems, den *Honigmagen*. Dort wird er bei Bedarf mit Drüsensäften vermengt.

Nur ein kleiner Teil des aufgenommenen Nektars dient der Sammelbiene zur eigenen Ernährung. Im Stock gibt sie den Inhalt des Honigmagens an andere Bienen ab, die der Flüssigkeit weitere Drüsensäfte zusetzen und sie später eindicken. So entsteht aus dem Nektar Honig, der als Nahrungsreserve für den Winter in besonderen Waben, den *Honigwaben*, gelagert wird.

Brutpflege durch Ammen

Die Königin ist das einzige fortpflanzungsfähige Weibchen. Sie legt in bestimmte Zellen jeweils ein Ei ab, im Sommer bis zu 2000 am Tag.
Aus den Eiern in diesen *Brutwaben* entwickeln sich Larven, die noch keine Augen und Beine haben. Diese **Maden** werden von *Ammenbienen* zunächst mit einem Futtersaft gefüttert, der sich in *Futtersaftdrüsen* im Kopf bildet. Später werden die Maden mit Honig und Pollen gefüttert.

Königinnen wachsen in Weiselzellen heran

Die Königin kann befruchtete oder unbefruchtete Eier ablegen. Aus befruchteten Eiern entstehen immer Weibchen, nämlich meist **Arbeiterinnen** und einige wenige Königinnen. Königinnen wachsen in **Weiselzellen** aus Larven heran, die mit einem besonders eiweißreichen Futtersaft ernährt werden. Aus unbefruchteten Eiern entstehen im Frühjahr einige hundert männliche Bienen, die **Drohnen**.

Bienen „schwärmen"

Wenn ein Stock gut mit Nahrung versorgt ist und junge Königinnen gebildet wurden, dann verlässt die alte Königin mit etwa der Hälfte des Volkes den Stock. Die Bienen *„schwärmen"*. Sie sammeln sich in einer Traube z. B. an einem Zweig. „Kundschafterbienen" suchen einen neuen Nistplatz.

Hochzeitsflug der neuen Königin

Im alten Stock schlüpft in der Zwischenzeit aus einer Weiselzelle eine neue Königin. Auf ihrem Hochzeitsflug lässt sie sich von mehreren Drohnen begatten. Dabei empfängt sie einen ausreichenden Spermavorrat für ihr vier- bis fünfjähriges Leben. Dann kehrt sie in den alten Stock zurück. Die Drohnen werden nach dem Hochzeitsflug nicht mehr gefüttert und sterben.
Von Zeit zu Zeit nehmen die Imker die Honigwaben aus dem Stock. Sie geben diese in eine Honigschleuder, in der der Honig vom Wachs getrennt wird. Als Ersatz für den Honig erhalten die Bienen für den Winter Zuckerwasser.

Bienen haben eine Zeichensprache

An blühenden Obstbäumen oder auf Rapsfeldern kann man folgende Beobachtung machen: Einzelne Bienen besuchen die Blüten und saugen Nektar, anschließend fliegen sie wieder zu ihrem Stock zurück. Wenig später treffen am selben Futterplatz mehrere Bienen fast gleichzeitig ein, als ob sie herbeigerufen worden wären.

Der österreichische Biologe und Nobelpreisträger Karl von Frisch (1886–1982) erforschte dieses Verhalten der Bienen genauer. Nach jahrelangen Versuchen hatte er Gewissheit: Sammelbienen können sich tatsächlich untereinander verständigen. Dazu verwenden sie eine Art Zeichensprache, die **Bienentänze**.

Schwänzeltanz

Hat eine Sammelbiene eine reiche Futterquelle gefunden, so teilt sie dies einer größeren Zahl von Stockgenossinnen mit. Um welche Art von Blüten es sich handelt, erfahren diese durch den Blütenduft, der der heimkehrenden Biene anhaftet. Außerdem gibt die Sammelbiene Kostproben aus ihrem Honigmagen ab.

Die Sammelbiene führt nun auf der Wabe Tanzbewegungen aus, bei denen sie den Hinterleib hin und her bewegt. Die Biene *„schwänzelt"*. Der Tanz wird deshalb **Schwänzeltanz** genannt.

Erklärung des Schwänzeltanzes

Karl von Frisch fand heraus, dass die Bienen die Lagebeziehungen zwischen Stock, Futterplatz und Sonne, wie sie sie im Freien vorfinden, beim Tanz auf der hängenden Wabe darstellen.

Dies geschieht auf folgende Weise: Liegt die Futterquelle vom Stock aus gesehen genau in Richtung zur Sonne, so tanzt die Biene auf der Wabe in einer Linie nach oben und schwänzelt dabei. In Bögen abwechselnd nach links oder nach rechts kehrt sie immer wieder an den Ausgangspunkt dieser Linie zurück. Liegt der Futterplatz vom Stock aus entgegengesetzt zur Sonne, schwänzelt die Biene mit dem Kopf nach unten.

Liegt der Futterplatz in der Landschaft beispielsweise um 30° rechts von der Sonne, wird auch die Schwänzellinie um 30° aus der Lotrechten nach rechts gedreht. Ist die Futterquelle nahe gelegen, tanzt die Biene schneller als bei einer weiter entfernten.

Zusätzliche Informationen gibt die tanzende Biene durch surrende Flügelgeräusche, die die anderen Bienen mit Sinnesorganen in ihren Fühlern hören.

Weil die Bienen im dunklen Stock die Tänzerin nicht sehen können, tasten sie nach ihr und folgen den Bewegungen, um die Information des Tanzes verstehen und auf die Gegebenheiten in der Landschaft übertragen zu können.

> **!** Im Bienenstaat leben viele tausend Arbeitsbienen, eine Königin und im Frühjahr einige hundert Drohnen. Die Arbeitsbienen verrichten zunächst verschiedene Tätigkeiten im Stock, später sammeln sie draußen Nektar und Pollen. Gute Futterquellen teilen sie im Stock durch Schwänzeltänze mit.

1. Gib Beispiele für die Arbeitsteilung im Bienenstaat. Verwende dazu auch die Abbildung 1.
2. Erkläre, welche Informationen beim Schwänzeltanz mit welchen Mitteln weitergegeben werden.
3. Vergleiche den Bienenstaat mit einem Ameisenstaat. Arbeite dazu mit der Pinnwand auf Seite 30.

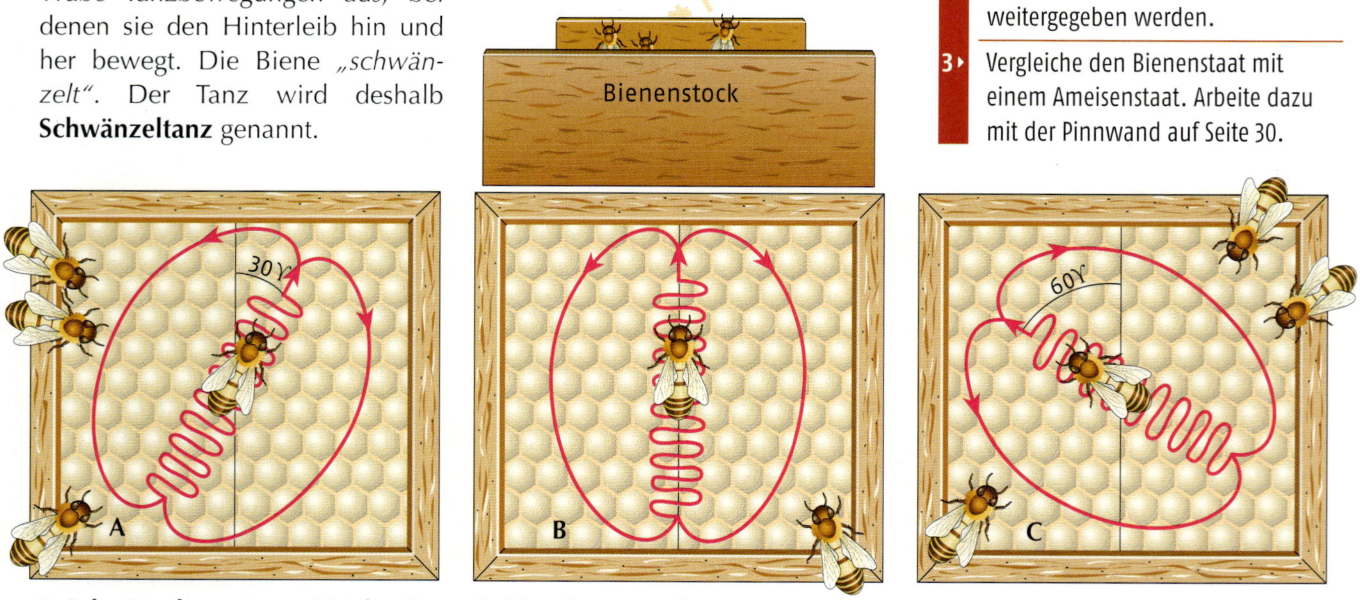

2 ***Schwänzeltanz. A*** *um 10 Uhr;* ***B*** *um 12 Uhr;* ***C*** *um 16 Uhr*

Nisthilfen für Wildbienen

Seitenblicke

Honigbiene und Wildbienen

Jeder von uns kennt die Honigbiene, von der wir Honig und Wachs gewinnen. Nur wenige Menschen wissen, dass es außer der Honigbiene in Österreich noch über 670 weitere wildlebende Bienenarten gibt. Diese werden als „Wildbienen" bezeichnet. Viele der Wildbienen bauen Nester im Boden oder im morschen Holz. Sie leben im Gegensatz zur Honigbiene einzeln („solitär"). Ein Weibchen baut ihr Nest und versorgt die Brut ohne Mithilfe von anderen Individuen.

Not an Nistplätzen

In der heutigen Landschaft, speziell in Städten, gibt es nur noch wenige Plätze, die sich als Nistplätze für Wildbienen eignen. Einigen Arten können wir helfen, indem wir ihnen künstliche Nistplätze anbieten. Die Nisthilfen können im Garten oder auf dem Balkon vor Regen geschützt aufgestellt werden.

Wildbienen, die **im Holz** brüten, brauchen angebohrte Hartholzklötze, Baumscheiben oder Stämme. Die Bohrlöcher sollen unterschiedliche Durchmesser von 2 bis 10 mm und eine Tiefe von 5 bis 10 cm haben. So siedeln sich verschiedene Arten an.

Auch den Bewohnern von lehmigen Steilwänden kann geholfen werden. Du kannst eine kleine **Lehmwand** bauen. Befülle dafür eine Holzkiste, eine Mörtelwanne oder andere Gefäße mit feuchter Erde. Nachdem die Erde gut getrocknet ist, stellst du den Behälter so auf, dass die Erde eine Wand darstellt. Damit die Ansiedlung schneller geht, können in die feuchte Erde Löcher gebohrt werden.

Arten, die in **Pflanzenstängeln** brüten, nehmen Schilfhalme oder Bambusröhrchen als Nistplätze an. Die zugeschnittenen Halme und Röhrchen werden in einen Behälter, z. B. eine leere Dose, geschlichtet. Du kannst aber auch einen Holzrahmen machen, in den du die Röhrchen einschlichtest.

Beobachtung der Brutzellen

Wenn du einige durchsichtige Plastikröhrchen zwischen die Schilfhalme und den Bambus gibst, kannst du die Larven darin heranwachsen sehen. Die Weibchen legen für jedes Ei eine eigene Brutzelle an. Darin wird ein Futtervorrat aus Pollen und Nektar angelegt. Darauf legt das Weibchen dann ein Ei ab. Die Brutzellen sind durch eine Wand voneinander getrennt. Nach wenigen Tagen schlüpft aus dem Ei die Larve, die dann den Futtervorrat verzehrt und selbst immer größer wird. Nach etwa einem Monat spinnt die Larve im Nest einen Kokon und verpuppt sich. Die Puppe überwintert. Daraus schlüpft dann im darauf folgenden Frühjahr oder Sommer eine Wildbiene. Der Kreislauf beginnt von Neuem.

1 Verschiedene Nisthilfen für Bienen (A–D)

Pinnwand

Staatenbildende Insekten

Bedeutung für den Wald

Wien, den 17. Mai

Nach Angaben der Bundesforste kommt es in deren Wäldern immer wieder zu mutwilligen Zerstörungen von Ameisennestern. Jetzt sollen noch mehr Ameisenhaufen durch stabile Drahtgitter geschützt werden. Ein Volk der Kleinen Roten Waldameise kann pro Tag bis zu 100 000 Schadinsekten vertilgen, z. B. die Larven von Kiefernspannern. Dadurch leisten Ameisen einen wichtigen Beitrag, unsere Forste vor Kahlfraß durch Schädlinge zu bewahren.

Ameisennest

Ameisen

Nest: bei Waldameisen bis zu 2 m hoher Hügel aus Fichten- und Kiefernnadeln sowie anderen Pflanzenteilen; innen zahlreiche Kammern und Gänge, die auch tief in den Boden reichen; Nesteingänge (①) werden abends und bei kaltem, regnerischen Wetter geschlossen

Volk: 200 000 bis 2 Millionen unfruchtbare und flügellose Arbeiterinnen; sie verrichten alle Tätigkeiten im Staat (Bau, Reparatur und Reinigung des Nestes; Temperaturregulation, Nahrungsbeschaffung, Fütterung und Pflege der Larven); viele Königinnen (②), als Jungtiere mit Flügeln; werden auf dem Hochzeitsflug befruchtet, werfen dann die Flügel ab und beginnen mit der Eiablage (③); im Frühjahr treten auch geflügelte Männchen auf, die nach dem Hochzeitsflug sterben.

Entwicklung: Larven sind Maden (④); Puppen in weißen, eiförmigen Kokons (⑤).

Lebensweise: Arbeiterinnen sammeln außerhalb des Nestes Nistmaterial und ölhaltige Anhängsel bestimmter Samen; als Nahrung dienen aber vor allem Insekten und deren Larven; lebende Beute wird oft von mehreren Arbeiterinnen überwältigt (⑥); dabei beißen die Ameisen mit ihren Oberkiefern tiefe Wunden, in die sie ätzende Ameisensäure aus Giftdrüsen im Hinterleib spritzen; Transport über Ameisenstraßen (⑦), die mit Duftmarken gekennzeichnet sind.

Neugründung von Staaten: Ein Teil der Arbeiterinnen verlässt mit einigen Königinnen das Nest und beginnt an einer geeigneten Stelle mit dem Bau eines neuen Ameisenhügels.

Besonderheit: Zur Verständigung dienen Duftsignale und das gegenseitige Betrillern mit den Fühlern (Fühlersprache; ⑧).

Ameisen und Blattläuse

Blattläuse scheiden einen zuckerhaltigen Saft aus, den *Honigtau*. Dieser wird von den Ameisen gern verzehrt. Oft betrillern die Ameisen den Hinterleib der Blattläuse mit ihren Fühlern, um diese zur Abgabe von Honigtau anzuregen. Man sagt, die Ameisen „melken" die Blattläuse. Als Gegenleistung verteidigen Ameisen Blattläuse gegen Feinde.

Hummeln

Nest: oft in Erdlöchern, Baumhöhlen oder verlassenen Vogelnestern; mehrere Brutzellen aus Wachs, in denen die Larven heranwachsen; zur Verpuppung spinnen sich die Larven in Seidenkokons ein, die nach dem Schlüpfen als Speicher für Nektar und Pollen dienen
Volk: wenige hundert Tiere; eine Königin, viele Arbeiterinnen; im Sommer auch Drohnen; Volk besteht nur einen Sommer; es überwintern junge begattete Königinnen
Lebensweise: Nestgründung durch eine Königin im Frühjahr; die ersten Arbeiterinnen sind sehr klein, später entwickeln sich normal große Tiere; Sammeln von Nektar und Pollen zur Ernährung der Larven und erwachsenen Insekten

Wespen

Nest: oft in dunklen Verstecken; kugelig mit mehreren Hüllschichten, innen mehrere Stockwerke Waben; Baumaterial papierartig aus zerkautem und mit Speichel vermischtem Holz (Papiernest)
Volk: meist viele hundert Tiere; eine Königin, viele Arbeiterinnen; im Sommer auch Drohnen; Volk besteht nur einen Sommer; es überwintern bereits begattete, junge Königinnen
Lebensweise: Nestgründung und Aufzucht erster Arbeiterinnen im Frühjahr durch eine Jungkönigin; Arbeitsteilung bei den Arbeiterinnen; Nahrung für die Larven sind Insekten, die erbeutet und mit dem Giftstachel getötet werden; Nahrung der erwachsenen Insekten sind Früchte und süße Säfte von Pflanzen

Termitenbau

Termiten

Bau: häufig mehrere Meter hoch; aus Erde, zerkautem Pflanzenmaterial, Kot und Speichel gebaut; oft hart wie Beton; der Bau und der darunterliegende Boden enthalten das Nest der Termiten und sind von Kammern und Gängen durchzogen, in denen das Volk lebt; mit Durchlüftungsgängen und Röhren zum Grundwasser werden Temperatur und Luftfeuchtigkeit stets gleich gehalten
Volk: oft mehrere Millionen Einzeltiere; eine Königin (④), die Eier legt; bei einigen Termitenarten ist der Hinterleib der Königin durch die Eierstöcke unförmig aufgebläht; die Königin ist dann über 10 cm groß; ein König (③), der für die Befruchtung der Eier sorgt; die meisten Tiere sind etwa 1 cm große, blinde und zeitlebens flügellose Arbeiter (①) und, weniger häufig, Soldaten (②) mit besonders kräftigen Kiefern; Arbeiter und Soldaten sind unfruchtbare Männchen und Weibchen

Lebensweise: die lichtscheuen Arbeiter kommen nie ans Tageslicht; sie höhlen abgestorbene Bäume, aber auch Holzbauten, Möbel und Bücher bis auf eine hauchdünne Außenschicht aus, die schließlich zu Staub zerfällt; außer Holz dienen oft auch Humus und saftige Pflanzenteile der Ernährung; einige Termitenarten züchten in ihren Nestern auf Holz und Kot Pilze, mit denen junge Larven gefüttert werden
Vorkommen: tropische und subtropische Gebiete

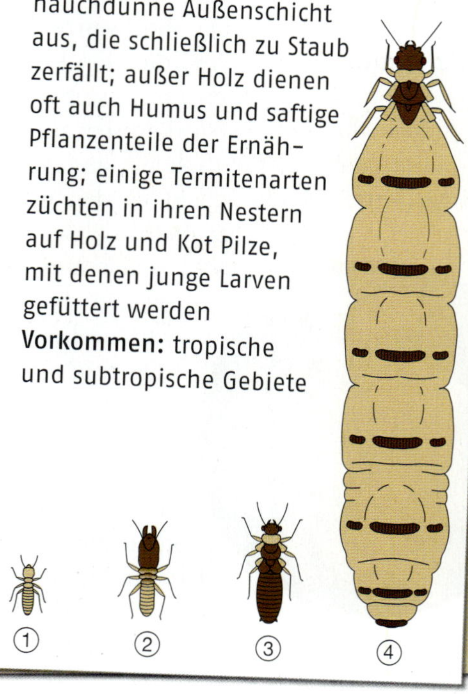

1.7 Manche Insekten schaden dem Menschen

Stechmücke (Gelse)

Bereits der hohe sirrende Ton, den Stechmücken durch ihren Flügelschlag erzeugen, versetzt viele Menschen in Unruhe, denn Mückenstiche verursachen unangenehm juckende Schwellungen. Nur die Weibchen der Stechmücken sind Blutsauger, die Männchen ernähren sich von Pflanzensäften. Die Weibchen können mit ihren Mundwerkzeugen durch die Haut stechen und aus kleinen Blutgefäßen Blut saugen. Hat die Mücke gestochen, gibt sie etwas Speichel in die Wunde ab, um das Gerinnen des Blutes zu verhindern. Diese Speichelflüssigkeit verursacht auch die anschließende Schwellung.

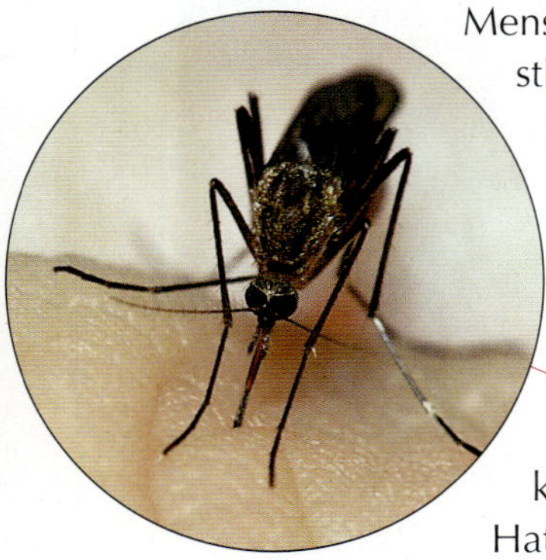

1 Stechmücke

Stechmücken entwickeln sich durch vollkommene Verwandlung. Die Larven entwickeln sich in stehenden Gewässern. Deshalb treten Mücken in Feuchtgebieten oft in wahren Schwärmen auf. (Zur Entwicklung der Stechmücke: siehe die Seiten 104 und 105). In den warmen Ländern können bestimmte Stechmücken, die *Moskitos*, gefährliche Krankheiten übertragen, z.B. die Malaria (siehe Seite 57).

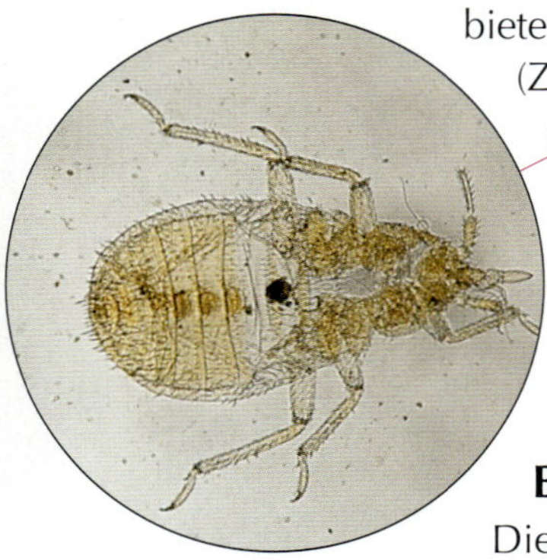

2 Bettwanze

Bettwanze

Die **Bettwanze** kommt in unsauberen, dunklen Schlafräumen vor, ist aber heute nur noch selten anzutreffen. Tagsüber verstecken sich die Tiere hinter Tapeten, Bildern oder zwischen Matratzen. Die abgeflachte Körpergestalt ermöglicht es den etwa 5 mm großen Wanzen, auch in kleinste Spalten zu kriechen. Nachts kommen sie aus ihren Verstecken heraus und stechen ihre Mundwerkzeuge zum Blutsaugen in die Haut schlafender Menschen. Auch Wanzen können dabei die Erreger von Krankheiten übertragen. Bettwanzen haben keine Flügel. Sie legen ihre winzig kleinen Eier auf Tapeten oder Möbeln ab. Die Entwicklung ist unvollkommen, also ohne ein Puppenstadium.

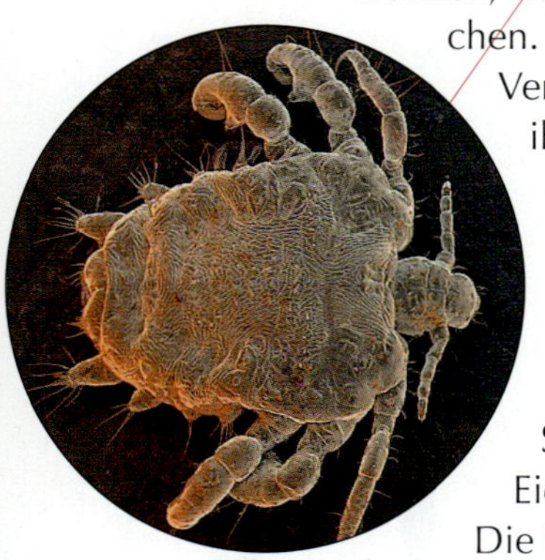

3 Filzlaus

Läuse

Auch **Läuse** können nicht fliegen. Verschiedene Arten dieser Blutsauger haben sich auf bestimmte Bereiche des menschlichen Körpers spezialisiert. Die 1 mm große **Filzlaus** bewohnt alle behaarten Stellen des Körpers mit Ausnahme des Kopfes. Diesen Körperteil sucht nur die **Kopflaus** auf. In den Nähten von Kleidern kann sich die bis zu 4 mm große **Kleiderlaus** verbergen. Alle Läuse haben einen abgeflachten Körper und klauenartige Krallen an den Füßen. Damit können sie sich so gut festhalten, dass man sie mit dem Fingernagel oder mit einem Kamm nicht entfernen kann. Die Weibchen kleben ihre Eier, die *Nissen*, an den Haaren oder in der Kleidung des Menschen fest. Reinlichkeit ist der beste Schutz gegen Läusebefall.

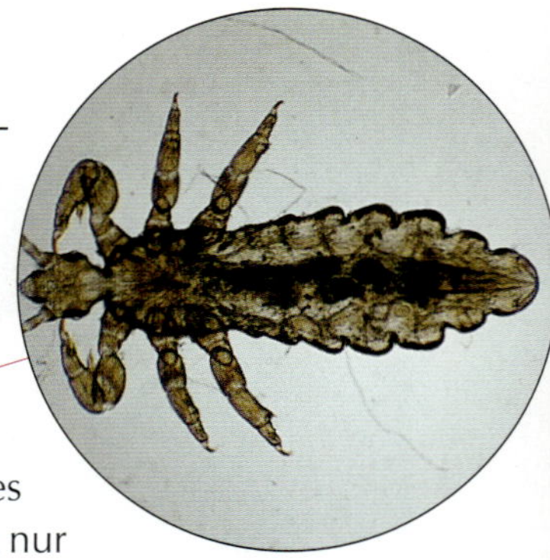

4 Kopflaus

Flöhe

Im Gegensatz zu den abgeplatteten Wanzen und Läusen sind die **Flöhe** seitlich abgeflacht. Der etwa 2,5 mm große Menschenfloh kann mit seinen langen Hinterbeinen über 30 cm weit springen. So gelangt er leicht von einem Opfer zum anderen. Manchmal wird der Mensch auch von Flöhen gestochen, die sonst vorwiegend an Haustieren Blut saugen. Flöhe haben eine Entwicklung mit vollkommener Verwandlung. Ihre Larven entwickeln sich in Bodenritzen und unsauberen Ecken.

5 Menschenfloh

Schmarotzer oder Parasiten

Tiere, die sich auf ähnliche Weise wie Stechmücken oder Flöhe von anderen Lebewesen ernähren, nennt man Schmarotzer oder **Parasiten**.

! Blutsaugende Schmarotzer des Menschen sind Stechmücken, Wanzen, Läuse und Flöhe. Alle diese Insekten haben stechend-saugende Mundwerkzeuge. Der Stich verursacht juckende Schwellungen. Manche dieser Parasiten übertragen Krankheitserreger.

1 Erkläre die Bedeutung der abgeflachten Körpergestalt bei Wanzen, Läusen und Flöhen.

2 Die Lebensweise der Stechmücke unterscheidet sich von der anderer blutsaugender Insekten. Erläutere die Unterschiede.

ÜBUNG

Insekten

V1 Hilfen für Nutzinsekten

Zu den natürlichen Feinden von Blattläusen gehören Marienkäfer und ihre Larven, die Larven von Florfliegen sowie Ohrwürmer.

Material: Kieselsteine; Reisig; trockenes Gras oder Moos; Blumentopf mit Bodenloch; Holzstab (1 m lang)

Durchführung: a) *Winterquartier für Marienkäfer:* Errichte im Garten an geschützten Stellen 10 cm hohe Stein- oder Reisighäufchen, unter denen die Käfer im Winter Schutz finden.

b) *Fluchtwege für Florfliegen:* Florfliegen überwintern häufig auf Dachböden oder in Speichern. Öffne im Frühjahr (ab März) ein Dachfenster, damit die Tiere ins Freie gelangen können.

c) *Unterschlupf für Ohrwürmer:* Stopfe trockenes Gras oder Moos in einen leeren Blumentopf. Stecke den Holzstab in ein Gartenbeet und stülpe den Topf mit dem Boden nach oben so über den Stab, dass dessen Spitze in das Bodenloch ragt.

Aufgabe: Der Schutz von Nutzinsekten ist Teil einer biologischen Schädlingsbekämpfung. Erkläre diesen Begriff.

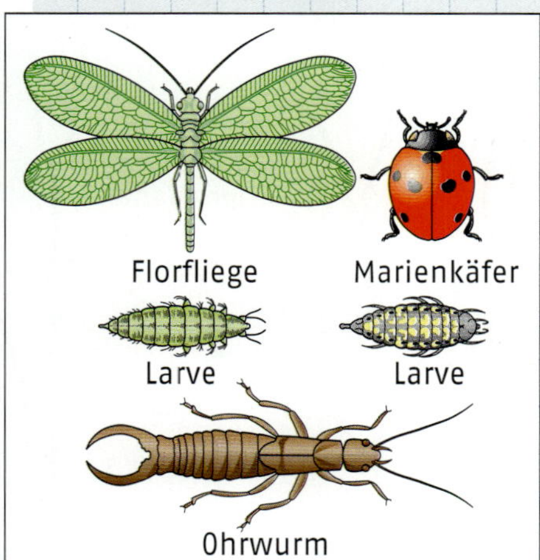

V2 Untersuchung toter Insekten

Material: Lupe oder Stereolupe; Pinzette; Zeichenmaterial; tote Insekten (z. B. Fliegen, Bienen)

Durchführung: Zur Untersuchung werden die Tiere mit der Pinzette an einem Flügel angefasst und in eine geeignete Lage zur Beobachtung gebracht. *Reinige nach der Beobachtung die Hände mit Wasser und Seife!*

Aufgabe: Untersuche die Insekten mit der Lupe oder der Stereolupe. Zeichne die Tiere. Beschrifte.

A3 Insektenordnungen

Die Klasse der Insekten wird in verschiedene Ordnungen unterteilt, z. B. Wanzen, Schmetterlinge, Käfer, Flöhe usw.

a) Benenne die Ordnungen, die in den Abbildungen 1 bis 6 dargestellt sind. Welche sind Larvenformen?

b) Stelle eine Liste der Merkmale auf, an denen du die jeweilige Ordnung erkannt hast.

c) Ergänze die Liste um weitere Insektenordnungen. Verwende zur Bearbeitung der Aufgaben dein Lehrbuch, vor allem das Insekten-Kapitel.

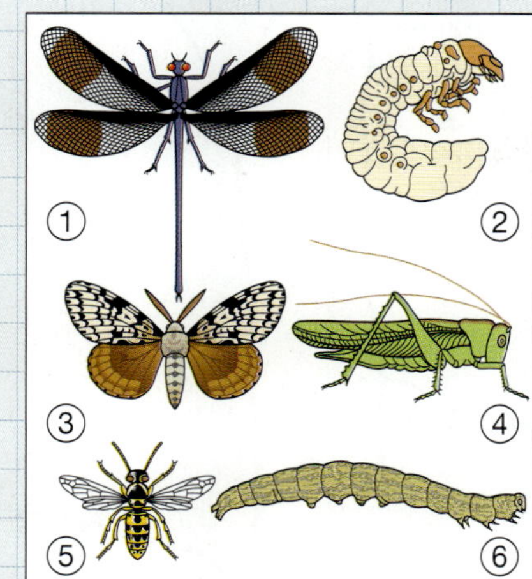

A4 Mundwerkzeuge

a) Beschreibe die Mundwerkzeuge bei Bienen, Schmetterlingen und Stechmücken.

b) Erkläre aus dem Aufbau die Leistungen der Mundwerkzeuge bei verschiedenen Insekten. Berücksichtige dabei die jeweilige Lebensweise.

c) Erläutere folgende Aussage: *Die verschiedenen Typen von Mundwerkzeugen lassen sich auf einen Grundbauplan zurückführen.* Beachte bei der Beantwortung die Farb-Legende.

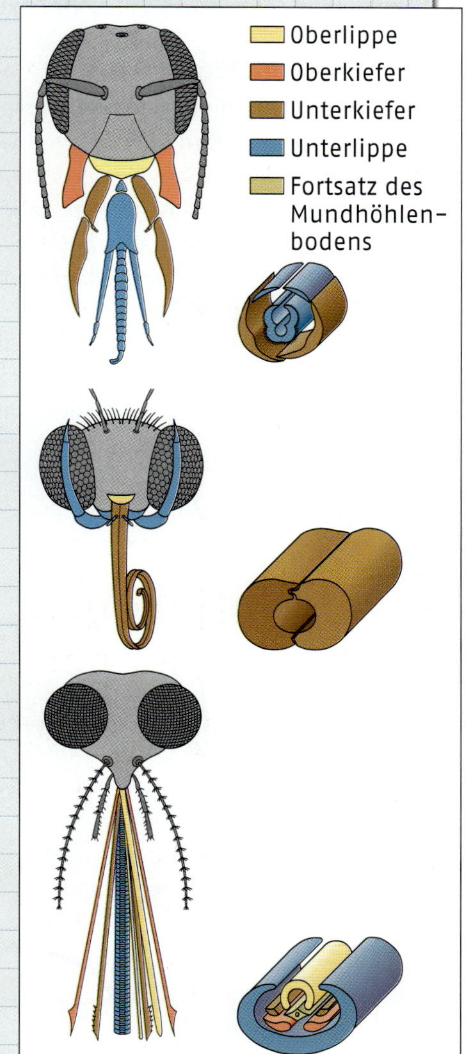

2 Spinnentiere

2.1 Spinnen gehören zu den Spinnentieren

Fang der Beute – Außenverdauung

In den Zweigen eines Holunderstrauches hat eine *Kreuzspinne* ihr Netz gebaut. Die Spinne selbst ist nicht zu sehen, sie hat sich in ihrem Schlupfwinkel am Netzrand versteckt. Da gerät eine Fliege ins Netz und bleibt an den klebrigen Netzfäden hängen. Durch das Zappeln der Beute wird die Spinne alarmiert. Sie eilt herbei und beginnt die Fliege einzuspinnen. Aus den *Spinndrüsen* am Hinterleibsende tritt eine Flüssigkeit aus, die sofort erhärtet und als *Spinnfaden* mit den Hinterbeinen über die Beute geworfen wird. Diese wird mit einem Biss der *Giftklauen* getötet und meist sofort gefressen.
Eine Spinne kann ihre Beute nicht zerkleinern. Deshalb spuckt sie Verdauungssaft in das Insekt und saugt die Flüssigkeit mit den darin gelösten Nährstoffen wieder auf. Spinnen haben also eine **Außenverdauung**.

Bau des Radnetzes

Das Spinnennetz dient dem Beutefang. Aufgrund seiner Form wird es als **Radnetz** bezeichnet. Zuerst erzeugt die Spinne einen Faden, dessen Anfang sie vom Wind davontragen lässt. Wenn dieser Faden irgendwo festklebt, läuft die Spinne auf dieser Seilbrücke bis zur Mitte, befestigt hier einen neuen Faden und lässt sich daran nach unten fallen. So entsteht ein Y-förmiges Grundgerüst. Nun zieht sie zuerst die *Rahmenfäden*, dann weitere *Speichenfäden* ein. Jetzt baut sie in der Netzmitte aus einigen wirren Fäden die *Warte*.
Schließlich erzeugt sie von innen nach außen eine nicht klebende *Hilfsspirale*. Dann läuft sie entlang der Hilfsspirale zurück, frisst diese dabei auf und zieht die klebende *Fangspirale* ein. Die Spinne kann also klebende und nicht klebende Fäden erzeugen. Wenn sie sich im Netz bewegt, greifen ihre Beine immer an die nicht klebenden Speichenfäden. So verfängt sie sich nicht im eigenen Netz.

Spinnen unterscheiden sich von Insekten

Während die Kreuzspinne die Fliege frisst, sieht man, dass Kopf und Brust zu einem **Kopf–Bruststück** verwachsen sind. Hier sitzen *vier Paar gegliederter Laufbeine*. Körpersegmente wie bei den Insekten sind von außen nicht zu erkennen. Auch der sackförmige, mit einem kreuzförmigen Fleckenmuster versehene **Hinterleib** ist ungegliedert. Der Körper weist also trotz des Außenskeletts aus Chitin wesentliche Unterschiede zu den Insekten auf.
Spinnen haben keine Komplexaugen, sondern meist acht kleine *Punktaugen*. Hinter den *Giftklauen* sitzen zwei kurze, beinähnliche *Taster*. Spinnen besitzen auch keine Fühler.

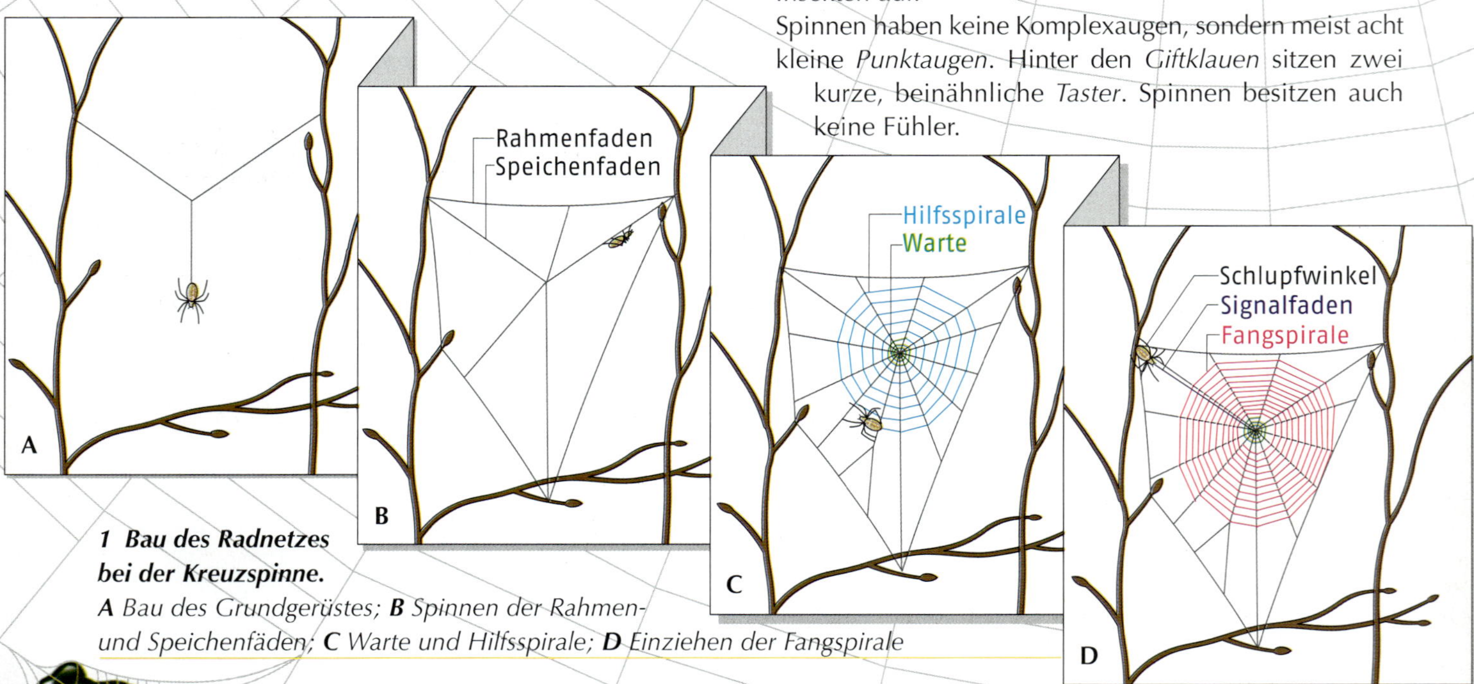

1 Bau des Radnetzes bei der Kreuzspinne.
A *Bau des Grundgerüstes;* ***B*** *Spinnen der Rahmen- und Speichenfäden;* ***C*** *Warte und Hilfsspirale;* ***D*** *Einziehen der Fangspirale*

Der Blutkreislauf ist wie bei den Insekten offen, auch Röhrenherz und Röhrentracheen sind vorhanden. Jedoch haben Spinnen als zusätzliches Atmungsorgan eine *Fächertrachee*. Diese besteht aus dünnen Häutchen, die in eine Atemhöhle auf der Unterseite des Hinterleibs ragen.

Der Kokon – ein Eipaket

Im Hinterleib liegen auch die Spinndrüsen. Der Spinnfaden wird unterschiedlich genutzt: Die Kreuzspinne baut damit nicht nur ihr Netz und spinnt die Beute ein, sondern sie umhüllt damit auch die Eier. Man nennt ein solches Eipaket einen **Kokon**. Er wird vom Spinnenweibchen in der Nähe des Schlupfwinkels abgelegt.

Es schlüpfen voll ausgebildete Spinnen

Die jungen Spinnen sind beim Schlüpfen aus dem Kokon noch sehr klein, aber voll ausgebildet. Nur die Geschlechtsorgane sind noch unreif. Spinnen haben also keine Larvenstadien. Bis zur Geschlechtsreife häuten sie sich sieben Mal.

Netzbau – ein angeborenes Verhalten

Nach dem Verlassen des Kokons beginnt eine junge Spinne mit dem Bau eines eigenen Netzes. Dieses ist zwar winzig, sieht aber genauso aus wie das Netz einer erwachsenen Spinne. Der Netzbau wird also nicht erlernt, sondern erfolgt nach einem *angeborenen Verhaltensprogramm*.

Hausspinne

Nicht alle Spinnenarten bauen ein so kompliziertes Netz wie die Kreuzspinne. Die **Hausspinne** baut eine waagrechte Netzdecke, die zu einer dicht gesponnenen Röhre, dem Schlupfwinkel, führt. Andere Spinnen bauen überhaupt keine Netze, sondern laufen umher und suchen Beute. Sie spinnen jedoch Fäden, um sich beim Laufen und Springen abzusichern und um den Kokon zu bauen.

Spinnen – Spinnentiere – Gliederfüßer

Aufgrund ihrer Vielseitigkeit findet man Spinnen in allen Lebensräumen. Besonders wichtig sind die meist winzigen Arten, die in der Laubstreu die Massenvermehrung von Insekten verhindern. Hier kann man auch Arten finden, die den Spinnen sehr ähnlich sind, wie z. B. die Weberknechte oder die Milben. Diese haben auch acht gegliederte Laufbeine, aber keine Spinndrüsen. Sie können keine Fäden spinnen wie die *Webspinnen*. Deshalb sind Weberknechte und Milben eigene Gruppen innerhalb der **Spinnentiere**. Einige Gemeinsamkeiten im Bau der inneren Organe von Insekten und Spinnentieren zeigen, dass sie zum gleichen Tierstamm, den **Gliederfüßern**, gehören.

Spinnen unterscheiden sich von Insekten durch ihre Körpergliederung, die Zahl der Beine, die Art der Ernährung und die Erzeugung von Spinnfäden. Spinnen gehören zu den Spinnentieren.

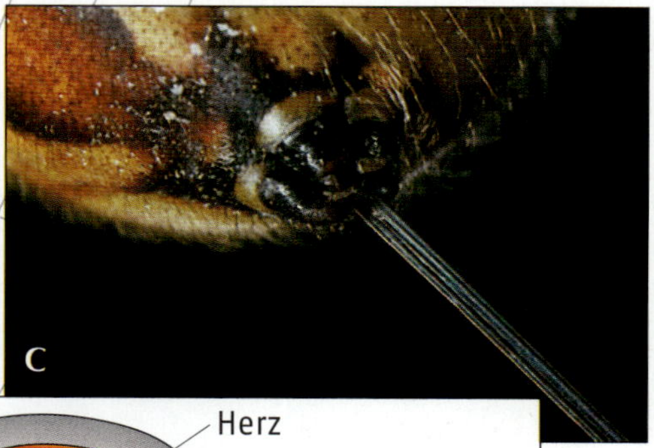
C

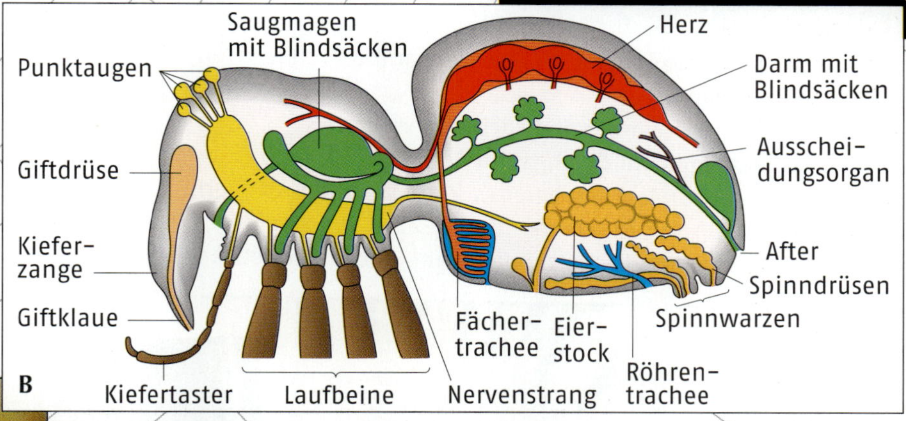

A

2 ***Kreuzspinne.*** ***A*** *Kopf;* ***B*** *Bau des Körpers (Schema);* ***C*** *Spinnwarzen bilden Spinnfäden.*

1 Wieso frisst die Kreuzspinne die Hilfsspirale auf? Überlege, aus welchem Material diese besteht.

2 Auf der Pinnwand Seite 36 ist die gleiche Spinne zweimal abgebildet. Wie unterscheiden sich beide Abbildungen? Erkläre.

3 Erläutere, weshalb man zwar von einem Skorpion, nicht aber von einer Tarantel gestochen werden kann. Nimm die Pinnwand auf Seite 36 und auf Seite 37 zu Hilfe.

Pinnwand

Spinnen

Name: ***Harlekin-Springspinne***
Vorkommen: weitverbreitet, oft an Mauern und Zäunen
Lebensweise: baut kein Netz, läuft umher und jagt Insekten
Besonderheit: schleicht an die Beute heran und fängt sie im Sprung

Name: ***Wolfsspinne***
Vorkommen: weitverbreitet, vor allem auf Wiesen und Wegen
Lebensweise: baut kein Netz, jagt frei umherlaufend
Besonderheit: Kokon wird umher getragen; junge Spinnen klettern auf den Hinterleib der Mutter *(Brutpflege)*.

Name: ***Baldachinspinne***
Vorkommen: Hecken, Krautschicht
Lebensweise: fängt in ihrem Netz fliegende Insekten
Besonderheit: Netz mit waagrechter Netzdecke, die nach oben und unten mit Fäden verspannt ist; Beute verfängt sich in den oberen Spinnfäden und fällt auf die Netzdecke; Spinne hängt unter der Netzdecke und beißt hindurch.

Balz der Kreuzspinne

Ordne die Sätze in eine sinnvolle Reihenfolge. Die Buchstaben ergeben dann einen Begriff aus dem Körperbau der Spinnen:

T Das ♂ zupft an einem Speichenfaden.
U Das ♂ nähert sich vorsichtig dem ♀.
L Das ♀ ist paarungsbereit und zupft ebenfalls an den Speichenfäden.
A Die Zupfbewegungen sind bei verwandten Arten unterschiedlich.
I Das ♂ streift umher und sucht ein ♀-Netz.
E Die Paarung wird durchgeführt.
K Ein nicht zur Paarung bereites ♀ greift an, das ♂ flieht.
①→ G Das ♂ ist deutlich kleiner als das ♀.
F Das ♂ erkennt das Netz eines ♀ am Geruch der Netzfäden.

Name: ***Krabbenspinne***
Vorkommen: Blumenwiesen
Lebensweise: baut kein Netz, lauert in Blüten auf Beute
Besonderheit: kann weiß oder gelb gefärbt sein, je nach Untergrund

Name: ***Trichterspinne***
Vorkommen: Wiesen
Lebensweise: baut eine flache Netzdecke mit Schlupfröhre
Besonderheit: nah verwandt mit der Hausspinne

Spinnentiere

Pinnwand

Name: ***Schwertschwanz***
Vorkommen: Meeresgrund an den Küsten Nordamerikas und Südostasiens
Nahrung: Würmer, Schnecken, Muscheln
Besonderheit: Körper gegliedert; Kiemenatmung; bereits vor etwa 400 Mio. Jahren nachweisbar

Name: ***Bücherskorpion***
Vorkommen: Kulturfolger, weltweit in Wohnungen des Menschen
Nahrung: kleine Insekten, Staubmilben
Besonderheit: platter Körper, Kiefertaster zu Scheren umgewandelt

Name: ***Weberknecht***
Vorkommen: modernde Baumstümpfe, Mauern
Nahrung: Pflanzen, Insekten, Aas
Besonderheit: kann Beine abwerfen (Ablenkung des Gegners); Stinkdrüsen

Name: ***Sand-Skorpion***
Vorkommen: Mittelmeergebiet, Afrika, Südasien, Nordamerika
Nahrung: Insekten, kleine Wirbeltiere
Besonderheit: Kiefertaster zu Scheren umgewandelt; Giftstachel am Hinterleibsende

Name: ***Spinnmilbe („Samtmilbe")***; ca. 0,5 mm
Vorkommen: auf Blättern
Nahrung: saugt an Blättern; kann auf Obstbäumen großen Schaden anrichten
Besonderheit: Spinndrüsen in den Kieferklauen; schützen sich durch Gespinste (Spinnmilben)

4 Hier sind drei ähnliche Tiere abgebildet. Welches Tier ist eine Spinne, welches nicht? Erläutere.

Seitenblicke Spinnengifte

Geheimagent 007 hat Todesangst. Eine große, ekelerregende Vogelspinne bewegt sich langsam über seinen Körper; in jedem Moment kann der Giftbiss erfolgen. Die Zuschauer und Zuschauerinnen sitzen gebannt im Kinosessel oder vor dem Fernseher und fühlen das Grauen am eigenen Körper. Nur wenige Menschen wissen, dass die meist aus Südamerika stammenden **Vogelspinnen** harmlos sind. Ihre Giftdrüsen sind klein und der Biss entspricht etwa dem Stich einer Wespe. Außerdem beißen sie nur, wenn sie in die Enge getrieben werden. Das Gift ist ein Gemisch aus verschiedenen Eiweißstoffen und tötet kleinere Tiere; beim Menschen ruft es eine Hautrötung und eine leichte Schwellung hervor.

Sind Spinnen wirklich so gefährlich, wie behauptet wird? Im Mittelmeergebiet wird der **Tarantel**, einer Wolfsspinne, nachgesagt, dass ihr Biss krampfhafte Muskelzuckungen und Wahnsinnsanfälle hervorruft. Der Ausspruch „wie von der Tarantel gestochen" und auch der etwas hektisch anmutende Volkstanz „Tarantella" beziehen sich darauf, obwohl jede sachliche Grundlage fehlt und der Biss etwa einem Bienenstich vergleichbar ist.

Die einzige, in unseren Breiten vorkommende Spinne, die mit ihren kräftigen Giftklauen die menschliche Haut durchdringen kann, ist die **Dornfingerspinne**. Das Gift bewirkt einen brennenden Schmerz und eine Hautrötung, manchmal auch Übelkeit und leichtes Fieber. Nach etwa einem Tag klingen die Beschwerden wieder ab.

Die bekannteste Giftspinne ist die **Schwarze Witwe**, die in Nordamerika, aber auch im Mittelmeergebiet vorkommt.

2 Tarantel

3 Dornfingerspinne

Die Netze sind unscheinbar und oft unter Steinen oder Zweigen verborgen. In den USA waren früher besonders die Beschäftigten auf den Baumwollfeldern gefährdet, wenn sie bei der Arbeit in die Netze griffen. Das Gift der Schwarzen Witwe ist ein besonders wirksames Nervengift, das enorme Schmerzen und Muskelkrämpfe auslöst. Es gibt wirksame Gegenmittel, jedoch führt der Biss auch ohne ärztliche Behandlung nur selten zum Tod.

1 Vogelspinne

4 Schwarze Witwe. A Baumwollfeld; *B* Weibchen

ÜBUNG

Spinnentiere

V1 Hausspinne

Material: Hausspinne in ihrem Netz; dünner Draht (etwa 20 cm lang); Kellerassel oder Stubenfliege
Durchführung: Suche z. B. in einem dunklen Kellerwinkel das Netz einer Hausspinne. Wirf eine Assel oder Fliege, die du vorher gefangen hast, auf das Netz. Zupfe nach einigen Minuten mit dem Draht am Netz.
Aufgaben:
a) Beschreibe den Aufbau des Netzes und vergleiche die Netze von Hausspinne und Kreuzspinne.
b) Beobachte das Verhalten der Spinne beim Beutefang und beim Zupfen am Netz. Erläutere.

V2 Zitterspinne

Material: Karton (etwa 50 x 30 x 30 cm) mit abnehmbarem Deckel; eine Seite offen und mit Fliegengaze abgedeckt; Zitterspinne
Durchführung: Zitterspinnen sind fast überall im Haus zu finden. Setze eine dieser Spinnen in den Karton und bewahre diesen an einem ruhigen Ort, nicht direkt am Fenster, etwa eine Woche auf. Die Spinne baut ein Netz. In dieser Zeit braucht sie keine Nahrung und auch kein Wasser. Wirf dann eine Fliege in das Netz.

1 Zitterspinne

Aufgaben:
a) Beschreibe den Aufbau des Netzes.
b) Beobachte den Beutefang und das Fressen. Führe ein Protokoll.
c) Puste die Spinne im Netz kurz und kräftig an. Warum heißt die Spinne „Zitterspinne"? Welche biologische Bedeutung könnte dieses Verhalten haben?

V3 Sehvermögen der Springspinne

Material: Harlekin-Springspinne; randloser Handspiegel
Durchführung: Suche an einer Hauswand oder Mauer eine der dort recht häufigen Harlekin-Springspinnen (siehe Pinnwand Seite 36). Halte ihr einen kleinen Spiegel direkt vor den Kopf.

2 Kopf einer Springspinne

Aufgaben:
a) Beobachte und erläutere das Verhalten der Spinne. Nimm die Abbildung zu Hilfe.
b) Welche Bedeutung könnte das vor dem Spiegel gezeigte Verhalten der Spinne in ihrem natürlichen Lebensraum haben?

V4 Kokon der Wolfsspinne

Material: Wolfsspinne mit Eierkokon (je nach Spinnenart April bis September); kleines Terrarium mit leicht angefeuchteter Erdschicht; Kokonattrappen (in Kokongröße): kleine Glasmurmel, Kügelchen aus Zeitungspapier, Kügelchen aus Knetgummi; Pinzette
Durchführung: Nimm der Spinne vorsichtig mit der Pinzette den Eierkokon weg. Lege die im Material angegebenen Gegenstände in das Terrarium.
Aufgaben:
a) Erläutere, wie sich die Wolfsspinne nach Entfernen des Eierkokons verhält.
b) Wie kannst du erreichen, dass die Spinne ihren eigenen Kokon wieder annimmt?
c) Protokolliere, wie aus dem Kokon die Jungtiere schlüpfen und wie sie sich verhalten.

A5 Spinnentiere

Zwischen den Kieferzangen und dem ersten Beinpaar sitzen bei den Spinnen die gegliederten Kiefertaster. Vergleiche die Spinnentiere in Bezug auf dieses Organ. Ziehe Schlussfolgerungen.

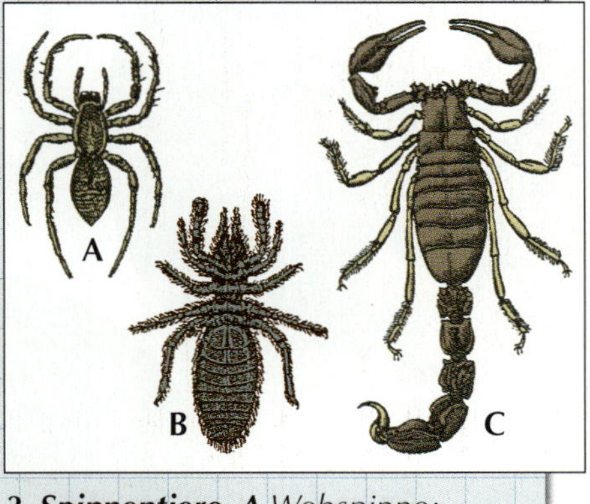

3 Spinnentiere. A *Webspinne;* **B** *Walzenspinne;* **C** *Skorpion*

1 Ahornblätter mit Gallen der Blattgallmilben

2.2 Milben leben in vielen Lebensräumen

Bei einer Waldexkursion kann man beispielsweise auf Ahornblättern eigenartige, grünliche Gebilde finden. Es sind *Pflanzengallen*, die durch Gallmilben verursacht werden. Die *Milben* saugen an der Pflanze, worauf die Wucherungen entstehen.

Milben sind Spinnentiere

Milben sind Spinnentiere und haben acht Beine, Kiefertaster und Kieferklauen. Im Gegensatz zu den Webspinnen ist ihr Körper ungegliedert und sackförmig. Die meisten der mehr als 40 000 Arten sind winzig klein, manche sind auffällig rot oder gelb gefärbt.

Milbenbestand und Bodenqualität

Viele Milbenarten leben als *Räuber*. Sie ergreifen andere Kleintiere, z.B. winzige Insekten, und zerbeißen sie. Andere Milben ernähren sich von vermoderndem *Pflanzenmaterial*. Beim Abbau des Falllaubs zerkleinern Milben die Blätter und bereiten so die Zersetzung durch Bakterien und Pilze vor. Die Zahl der Milben in einem humusreichen Waldboden ist unvorstellbar hoch. So kann aus dem Milbenbestand eines Bodens auf den Humusgehalt und die Bodenqualität geschlossen werden.

2 Milben ernähren sich unterschiedlich.
A *Pflanzensauger;* ***B*** *Hornmilbe in der Laubstreu;* ***C*** *Raubmilbe;* ***D*** *Wassermilbe;* ***E*** *Milben nutzen einen Totengräber (Käfer) als Transportmittel;* ***F*** *Vogelmilben sind Parasiten*

3 ***Zecke. A*** *vollgesogenes Weibchen an einem Reh;* ***B*** *Kopf eines Weibchens (stark vergrößert);* ***C*** *bei der Paarung, Männchen (oben) und Weibchen (unten)*

Anzahl und Art der Milben sind wichtige Hinweise auf Veränderungen eines Bodens durch Umwelteinflüsse. Wenn der Boden versauert, geht z. B. die Zahl an Regenwürmern und Asseln zurück, während jene der Milben zunimmt. Schwermetalle und Umweltgifte schädigen alle Bodentiere.

Milben in allen Lebensräumen

Manche Milbenarten sind an das Leben im Wasser angepasst. Sie klettern meist an den Wasserpflanzen umher, können aber mit ihren kräftigen Beinen auch schwimmen. Milben gibt es in allen Gewässern, auch im Meer.

4 ***Hausstaubmilbe*** *(mikroskopische Aufnahme)*

Milben als Parasiten

Oft kann man Milben finden, die sich von anderen Tieren umhertragen lassen. Mistkäfer sind fast immer mit Milben besetzt. Wenn ein Kuhfladen völlig abgebaut ist, wechseln die Mistkäfer auf einen neuen Fladen über und nehmen so die Milben mit. Es gibt Milben, die bei anderen Tieren Stücke aus der Haut beißen oder mit dem Rüssel in die Haut stechen und Blut saugen. Manche dieser Parasiten bohren sich sogar in die Haut ein, wie beispielsweise die *Krätzmilbe*, ein unangenehmer Parasit des Menschen.

Die Zecke – ein gefährlicher Parasit

Milben können Krankheiten übertragen. Besonders im Frühjahr lauern auf Gräsern und Sträuchern **Zecken**. Sie werden durch die Körperwärme und den Schweißgeruch angelockt. Beim Vorbeigehen gelangen sie auf das „Opfer" und beißen sich fest. Die ein bis zwei Millimeter kleinen Weibchen bohren mit ihrem Stechrüssel in die Haut und saugen Blut. Ihr dehnbarer Körper schwillt dabei gewaltig an. Durch den Stich können zwei Formen von Krankheitserregern übertragen werden:

Durch Viren wird die sehr gefährliche *Frühsommer-Hirnhautentzündung* ausgelöst. Gegen diese Erkrankung kann man sich vorbeugend impfen lassen. Keinen Impfschutz gibt es gegen die *Borreliose*, die durch Bakterien ausgelöst wird und Fieber, Nerven- sowie Gelenkbeschwerden bewirkt.

Schließlich leiden viele Menschen auf besondere Weise an Milben. Sie reagieren allergisch auf den Kot der **Hausstaubmilbe**, die vorwiegend in Teppichböden oder Parkettritzen lebt.

! Milben sind an fast alle Lebensräume angepasst.
Besonders wichtig sind die Bodenmilben, weil sie an der Humusbildung beteiligt sind.
Einige Milben sind Parasiten und können Krankheiten übertragen.

1 Erläutere den Widerspruch: „Die Rote Spinne ist keine Spinne." Nimm die Pinnwand auf Seite 37 zu Hilfe.

2 „Bodenmilben sind ein Anzeiger für den Bodenzustand." Erkläre diese Aussage.

3 Wie findet eine Zecke ein Säugetier zum Blutsaugen?

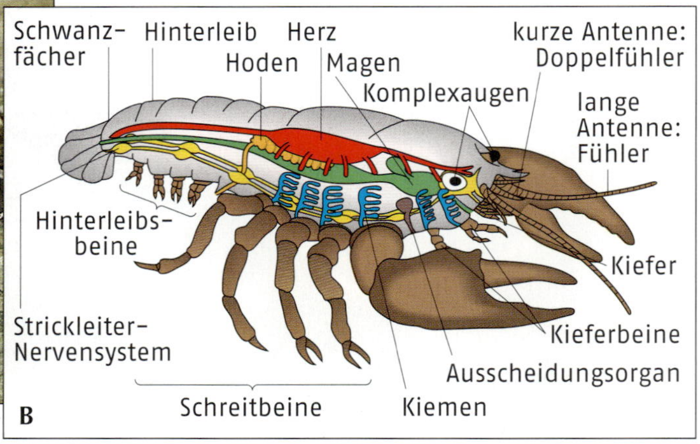

1 ***Flusskrebs. A*** *im natürlichen Lebensraum;* ***B*** *Schema*

3 Krebstiere

3.1 Krebstiere im Wasser

In klaren, sauberen Flüssen oder Seen findet man manchmal noch in Ufernähe den heute seltenen *Flusskrebs*. Er verlässt seine Höhle erst in der Dämmerung, um auf Nahrungssuche zu gehen. Mit seinen zwei Paar ungleich großen Fühlern tastet er nach Nahrung. Die beiden Komplexaugen bewegen sich dabei auf Stielen hin und her.

Auch Krebstiere sind Gliederfüßer

Sein Körper ist in zwei Abschnitte gegliedert: in ein starres **Kopf-Bruststück** und einen **Hinterleib** aus sechs gegeneinander beweglichen Segmenten. Daneben fällt eine große Zahl von unterschiedlichen Beinen auf. Sie sind wie bei Insekten und Spinnen stark gegliedert. Auch der Flusskrebs gehört also zu den **Gliederfüßern**.
Mit den acht **Schreitbeinen** am Kopf-Bruststück kann der Flusskrebs laufen. Die beiden vorderen *Brustbeine* tragen große **Scheren**, mit denen sich der Krebs verteidigen und seine Nahrung ergreifen und grob zerkleinern kann. Kleine *Kieferbeine* transportieren die Nahrung zu den Kiefern. Der Krebs ernährt sich von Kleintieren, Aas und Pflanzenteilen; er ist ein *Allesfresser*.

In Hohlräumen über den Schreitbeinen befinden sich die Kiemen, mit denen der Krebs atmet. Besondere Teile der Kieferbeine bewegen sich so, dass immer frisches Wasser über die Kiemen fließt. Wenn man den Krebs auf den Rücken dreht, entdeckt man die Hinterleibsbeine. Sie tragen die Eier und werden bei der Paarung eingesetzt. Den Hinterleib schließt ein **Schwanzfächer** ab. Schlägt er diesen kräftig gegen die Bauchseite, schwimmt das Tier rückwärts davon.

Außenskelett aus Chitin und Kalk

Alle Körperteile sind von einem Panzer aus Chitin und Kalk umgeben. Da dieses **Außenskelett** nicht mitwächst, muss sich der Krebs ein- bis zweimal im Jahr häuten.
Flusskrebse pflanzen sich im Herbst fort. Die Weibchen betreiben *Brutpflege*, indem sie die befruchteten Eier monatelang an ihren Hinterleibsfüßen mit sich herumtragen. Im Mai oder Juni schlüpfen die Larven.

> Der Körper des Flusskrebses ist geteilt in Kopf-Bruststück und Hinterleib. Er besitzt ein Außenskelett, zwei Paar Fühler und auf Stielen Komplexaugen. Er atmet mit Kiemen an den Beinen.

2 ***Entwicklung des Flusskrebses.*** ***A*** *Eier;* ***B*** *schlüpfende Larve*

1. Krebse können rückwärtsschwimmen. Beschreibe diesen Vorgang anhand der Abbildung.
2. Nenne die gemeinsamen Merkmale der Krebstiere. Nimm dazu auch die Pinnwand von Seite 43 zu Hilfe.
3. Begründe, weshalb Wasserfloh und Hüpferling auch zu den Krebstieren gehören. Nimm die Pinnwand von Seite 43 zu Hilfe.

Krebstiere im Süßwasser und im Meer

Pinnwand

Name: ***Bachflohkrebs***
Größe: bis 24 mm lang
Lebensweise: ernährt sich von Pflanzen und Aas
Vorkommen: in stehenden und fließenden Gewässern
Besonderheit: Körper seitlich zusammengedrückt; vier Brustbeinpaare nach vorne, drei Brustbeinpaare nach hinten gerichtet

Name: ***Wasserfloh***
Größe: 0,5 bis 1 mm lang
Lebensweise: frei schwimmend, ruckartige Bewegung durch stark vergrößertes 2. Antennenpaar; frisst vor allem einzellige Algen
Vorkommen: Tümpel und Seen, langsam fließende Gewässer
Besonderheit: Körper fast vollständig vom Rückenschild bedeckt, Hinterkörper beinlos, Brustabschnitt mit Blattbeinen; Brutraum unter dem Panzer; im Sommer existieren nur Weibchen, die junge Wasserflöhe aus unbefruchteten Eiern zur Welt bringen. Im Herbst entwickeln sich auch Männchen, die die Weibchen befruchten. Die befruchteten Eier entwickeln sich zu Dauereiern, die z. B. von Vögeln verbreitet werden und Trockenzeiten überdauern können.

Name: ***Taschenkrebs***
Größe: bis 30 cm breit
Lebensweise: jagt andere Tiere im Strandbereich; kann nicht schwimmen
Vorkommen: Strandbereich und Felsküsten der Nordsee
Besonderheit: Kurzschwanzkrebs: kurzer Hinterleib unter den Vorderkörper geklappt; breiter Rückenpanzer; schwarze Scherenspitzen

Name: ***Hüpferling***
Größe: 0,5 bis 1 mm lang
Lebensweise: frei schwimmend; ernährt sich von Einzellern, Algen, Pflanzen; schwimmt mit Beinbewegungen
Vorkommen: Meer, Süßwasser, Planktonbereich
Besonderheit: Körperringe deutlich abgesetzt; Gliedmaßen nur am Vorderkörper; „Ruderfußkrebs"

Name: ***Europäischer Hummer***
Größe: bis 50 cm lang
Lebensweise: Nachtjäger, tagsüber in Höhlen versteckt
Vorkommen: felsige Meeresküsten
Besonderheit: größter Langschwanzkrebs; mächtige Scheren am ersten Laufbeinpaar, ungleich groß; derbe Knackschere links mit groben Zähnen, schlanke Packschere rechts mit feinen Zähnen

Name: ***Nordseegarnele***
Größe: bis 5 cm lang
Lebensweise: reine Schwimmform, hält sich jedoch viel am Boden auf; nachtaktiv; Allesfresser
Vorkommen: Wattküsten und Flussmündungen
Besonderheit: Laufbeine schlank, am Hinterleib Schwimmbeine; Körper seitlich zusammengedrückt; Rückenpanzer läuft vorne in einen Dorn aus

Name: ***Wollhandkrabbe***
Größe: bis 7,5 cm breit
Lebensweise: ernährt sich hauptsächlich von Pflanzen, aber auch von Tieren und Aas
Vorkommen: in Flüssen von Frankreich bis Finnland; ursprünglich China
Besonderheit: Scheren des Männchens dicht behaart; Fortpflanzung und Larvenentwicklung im Meer

1 ***Kellerasseln. A*** *im natürlichen Lebensraum;* ***B*** *Vergrößerung (① Fühler, ② Kiefer, ③ Bauchplatte unter Brutraum, ④ Laufbein, ⑤ hintere Beine mit Kiemen);* ***C*** *Querschnitt durch den Brutraum einer Assel (Schema)*

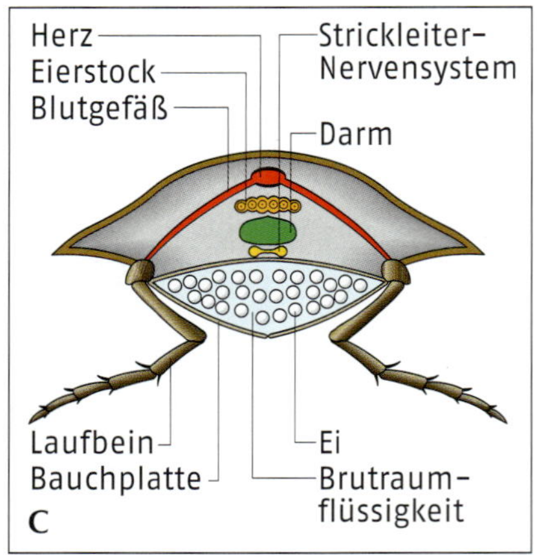

3.2 Krebstiere auf dem Land

Asseln sind Krebstiere

Hebt man im Garten einen großen Stein auf, findet man an der Unterseite häufig dicht gedrängt die dunkelgrau gefärbten **Kellerasseln**. Eilig laufen sie mit ihren sieben, fast gleich langen **Laufbeinpaaren** wieder in den Schutz der Dunkelheit zurück. Mit ihren stark abgeflachten und *segmentierten* Körpern können sie sich in jede Spalte verkriechen.

Landtiere mit Kiemenatmung

Die Asseln scheuen Licht und Wärme, weil sie nicht austrocknen dürfen. An der Körperunterseite haben sie am Hinterleib in Doppelplatten umgewandelte Beine, an deren Innenseiten nämlich empfindliche **Kiemen** für die Atmung sitzen. Kiemen verkleben bei Trockenheit und müssen daher immer feucht gehalten werden. Zusätzlich haben einige Landasseln auch die Möglichkeit, Sauerstoff direkt aus der Luft aufzunehmen.
Die Weibchen der Kellerasseln haben an ihren Laufbeinen blattartige Anhänge, die einen **Brutraum** bilden können.

Brutpflege der Assel

Dieser Brutraum ist mit Flüssigkeit gefüllt. In ihm schwimmen nach der Begattung 30 bis 80 Eier – wie in einem Aquarium. In diesem Brutraum schlüpfen die Jungtiere und durchlaufen die *Larvenstadien*. Sie verlassen ihn als kleine, noch farblose Asseln. Sie häuten sich mehrmals, bis sie voll ausgewachsen sind. Durch den wassergefüllten Brutraum des Weibchens sind die Kellerasseln vom Lebensraum Wasser bei der Fortpflanzung unabhängig geworden.

Bedeutende Rolle im Nahrungsnetz

Asseln rufen bei vielen Menschen Abscheu hervor. Dabei sind sie – wie Regenwürmer und andere Kleintiere – unentbehrlich für einen fruchtbaren Boden. Kellerasseln ernähren sich von abgefallenen Laubblättern, aber auch von tierischem Material. Ihr Kot wird von Mikroorganismen abgebaut und spielt bei der Bildung von **Humus** eine Rolle.
Die Asseln spielen bei der Zersetzung von pflanzlichen Substanzen eine wichtige Rolle im *Nahrungsnetz* ihres Lebensraumes.

! Asseln sind Krebstiere, die auf dem Land leben. Sie atmen mithilfe von Kiemen an den Hinterleibsbeinen. Die Eier entwickeln sich in einem speziellen Brutraum unter dem Bauch der Weibchen.

1 Nenne Gründe, warum sich Kellerasseln tagsüber in dunklen, feuchten Räumen verstecken.

2 Vergleiche die auf der Pinnwand von Seite 45 beschriebenen Asseln. Nenne Unterschiede.

3 Finde zwischen den auf der Pinnwand von Seite 45 abgebildeten Krebstieren und den Asseln Gemeinsamkeiten. Woran erkennt man, dass auch Asseln Krebstiere sind?

4 Weshalb können Rollasseln und Wüstenasseln auch an trockenen Standorten überleben?

Krebstiere leben auch an Land

Pinnwand

Name: *Rollassel*
Größe: bis 17 mm lang
Lebensweise: frisst abgestorbene Pflanzenteile, verbirgt sich unter Laub und loser Rinde
Vorkommen: an trockenen Waldrändern, unter Steinen, kalkliebend
Besonderheit: Körper stark gewölbt, glänzend; kann sich bei Gefahr oder starker Trockenheit zu einer Kugel zusammenrollen (Name!)

Asseln – gesellige Tiere?

An ihren Tagesruheplätzen finden sich häufig Asseln verschiedener Arten in größerer Zahl zusammen. Die Abbildung zeigt nebeneinander die glänzende Mauerassel und die Kellerassel mit ihrer etwas raueren Körperoberfläche. Sind Asseln demnach sozial lebende Tiere wie Ameisen oder Bienen – zumal sie des öfteren auch in Gesellschaft anderer Tierarten angetroffen werden, wie z. B. Hundertfüßern? Das Zusammenkommen ist kein Zeichen ihrer Geselligkeit, sondern zeigt nur, dass besonders Keller- und Mauerasseln auf feuchten, dunklen Unterschlupf angewiesen sind. Die verschiedenen Tierarten finden nur bei der Suche nach einem geeigneten feuchten Lebensraum zusammen! Eine solche Gemeinschaft nennt man Tagschlafgesellschaft.

Name: *Mauerassel*
Größe: bis 18 mm lang
Lebensweise: nachtaktiv; lebt überwiegend von verrottendem Pflanzenmaterial
Vorkommen: in Kellern, aber auch an trockenen Standorten (Name!)
Besonderheit: Körperoberfläche glänzend

Name: *Wasserassel*
Größe: bis 12 mm, bis 8 mm lang
Lebensweise: am Grund der Gewässer oder an Pflanzen; frisst absterbende Pflanzenteile und abgefallenes Laub
Vorkommen: stehende und langsam fließende Gewässer, auch im Brackwasser
Besonderheit: kann nur im Wasser leben

Name: *Wüstenassel*
Größe: 20 mm lang
Lebensweise: in Höhlen; Paarbildung nach der Winterruhe; Familienverband lebt den ganzen Sommer zusammen, zeigt ausgeprägtes Sozialverhalten
Vorkommen: Wüsten in Afghanistan, bis in 2000 m Höhe bei einer relativen Luftfeuchtigkeit unter 20 %
Besonderheit: Höcker auf dem Panzer dienen der Abwehr von Feinden, mit ihnen verschließt die „Wachassel" den Eingang der Wohnhöhle

Name: *Rote Landkrabbe*
Größe: etwa 8 cm; 40 g schwer
Lebensweise: gräbt Erdhöhlen; frisst herabgefallenes Laub, Früchte, gelegentlich Aas („Kompostierer")
Vorkommen: tropischer Regenwald im Inneren der Weihnachtsinsel (Indischer Ozean)
Besonderheit: in der Regenzeit Massenwanderung an den Strand zur Paarung und Eiablage ins Meer; auch an Land Kiemenatmung und Häutung

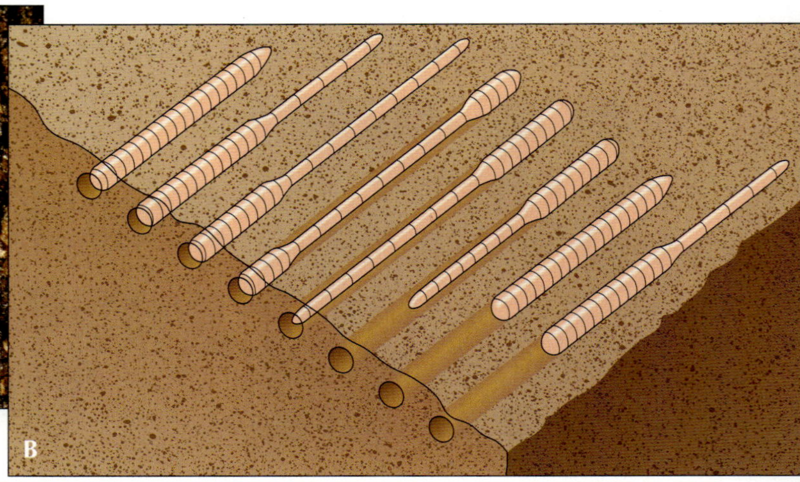

1 ***Regenwurm.*** ***A*** *kriechend;* ***B*** *Fortbewegung (Schema)*

4 Regenwürmer

Ein pflügender Bauer oder eine pflügende Bäuerin wird häufig von Krähen begleitet, die sich auf die umgegrabene Erde stürzen. Dort erbeuten sie Regenwürmer, die beim Umpflügen der Erde aus ihren Wohnröhren an die Oberfläche geworfen wurden. Regenwürmer, die nicht gefressen werden, versuchen schnell wieder im Erdboden zu verschwinden. Weshalb?

Ein Feuchtlufttier

Nimmt man einen Regenwurm in die Hand, fühlt er sich weich und feucht an. Nur mit einer feuchten Haut kann der Wurm atmen. Er besitzt nämlich keine weiteren Atmungsorgane. An der Luft trocknet die ungeschützte Haut schnell aus. Außerdem wird sie durch einen Teil des Sonnenlichts, der UV-Strahlung, gefährdet. Der Regenwurm lebt deshalb immer in dunkler und feuchter Umgebung. Er ist ein **Feuchtlufttier**.

Stamm der Ringelwürmer

Der Regenwurm kann bis zu 40 cm lang werden. Er ist auffällig geringelt. Sein Körper besteht aus rund 180 weitgehend gleichartigen Ringen, den *Segmenten*. Wegen dieser Ringelung gehört er zu den **Ringelwürmern**.

Fortbewegung

Beobachtet man einen kriechenden Regenwurm, so fallen wellenartige, über seinen Körper hinweglaufende Bewegungen auf. Verursacht werden sie von zwei Muskelschichten, die mit der darüberliegenden Haut zum **Hautmuskelschlauch** verwachsen sind. Bewegt sich der Wurm vorwärts, zieht er zunächst die äußere *Ringmuskelschicht* von vorne beginnend nach hinten zusammen. Dabei wird er länger und dünner. Beim anschließenden Zusammenziehen der inneren *Längsmuskulatur* von vorne nach hinten verkürzt sich der Wurm; sein Körper wird dicker, der hintere Körperabschnitt wird nach vorne gezogen. Dabei wird ein Zurückrutschen durch vier Paar abspreizbare Chitinborsten verhindert, die sich unten und seitlich an jedem Segment befinden. In der Nacht ziehen Regenwürmer abgefallene Blätter in ihre Wohnröhren. Wenn diese verrottet sind, werden sie zusammen mit Erde gefressen.

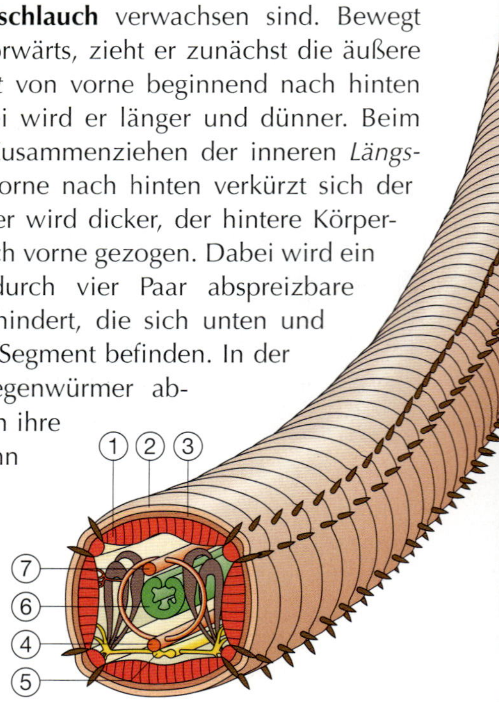

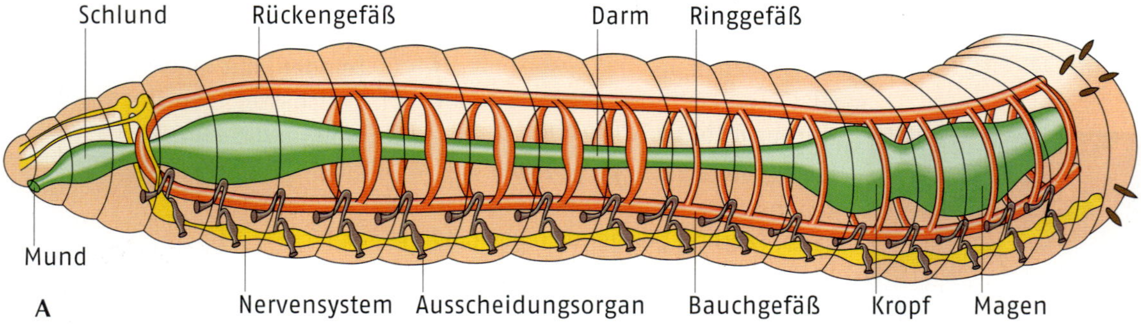

2 ***Regenwurm.*** ***A*** *Schema;* ***B*** *Hautmuskelschlauch mit Borsten*

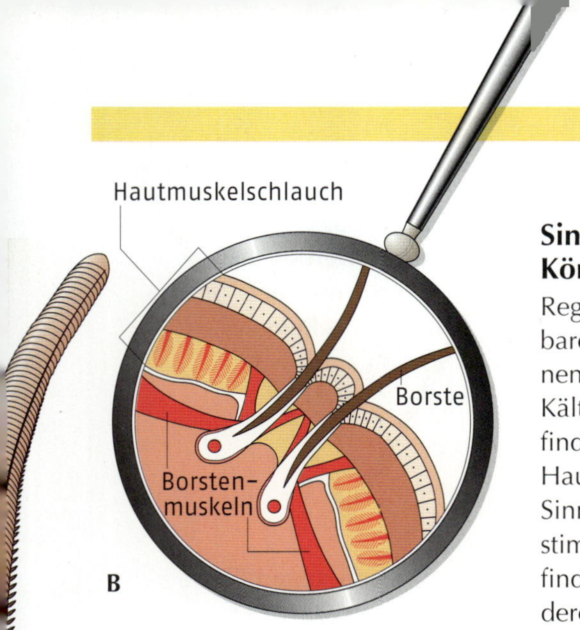

Unverdauliche Bestandteile werden als Kothäufchen auf dem Boden abgesetzt.

Innere Organe

Den gesamten Wurm durchzieht ein in der Mitte liegender Darm, der im ersten Segment mit einem Mund beginnt und im letzten Segment mit einem After endet. Über und unter dem Darm verläuft je ein großes Blutgefäß, das *Rücken-* und das *Bauchgefäß*. Beide sind in jedem Segment durch *Ringgefäße* miteinander verbunden. Das Blut fließt im Rückengefäß von hinten nach vorne.
Ein richtiges Herz fehlt. Stattdessen können sich die Ringgefäße in den ersten fünf Segmenten ruckartig zusammenziehen und so das Blut in Bewegung bringen. Zwei *Ausscheidungsorgane* pro Segment leiten Abfallstoffe nach außen. Auf der Bauchseite verläuft der Hauptstrang des **Strickleiter-Nervensystems**.

Sinneszellen über den ganzen Körper verteilt

Regenwürmer besitzen keine sichtbaren Sinnesorgane. Trotzdem können sie schmecken, Wärme und Kälte unterscheiden und sehr empfindlich auf Licht reagieren. In ihrer Haut sind über den ganzen Körper Sinneszellen für die Aufnahme bestimmter Reize verteilt. Am empfindlichsten reagiert dabei das Vorderende.

Regenwürmer sind Zwitter

Auf taunassen Wiesen kann man in Sommernächten Regenwürmer paarweise mit ihrer Bauchseite aneinanderliegend sehen. Regenwürmer sind **Zwitter**, d. h., jeder Wurm bildet sowohl Spermien als auch Eizellen aus. Da sie sich nicht selbst befruchten können, paaren sie sich. Dabei tauschen sie Spermien aus, die in Samentaschen gespeichert werden.
Sobald in jedem Tier die Eizellen reif sind, wird von verdickten Segmenten im vorderen Körperdrittel eine Schleimhülle produziert. In diesen Gürtel wird meist nur ein Ei abgelegt. Während der Wurm sich rückwärts aus der Schleimhülle herauswindet, befruchten die gespeicherten Spermien die Eizelle. An der Luft erhärtet die Schleimhülle zu einem *Kokon*. Aus ihm schlüpft nach wenigen Wochen ein junger Regenwurm.

Fähigkeit zur Regeneration

Beim Pflügen eines Feldes oder beim Umgraben des Gartens kommt es häufig vor, dass Regenwürmer durch Pflug oder Spaten in zwei Hälften durchtrennt werden. Das abgetrennte Hinterende stirbt ab, auch wenn es sich noch über einen längeren Zeitraum bewegt. Nur die vordere Hälfte des Wurmes überlebt. Sie bildet ein neues Hinterende aus. Die Fähigkeit eines Organismus, verloren gegangene oder verletzte Körperteile mehr oder weniger vollständig zu ersetzen, nennt man **Regeneration**.

Ringelwürmer

Der Regenwurm gehört zu den **Wenigborstern**, die alle nur wenige Borsten auf der Körperoberfläche haben. Die Arten der Wenigborster und der **Egel** haben gemeinsam, dass sie eine drüsenreiche Hautregion besitzen, die Gürtel genannt wird. Wenigborster und Egel bilden die Klasse der **Gürtelwürmer**. Diese wiederum bilden mit einigen anderen, wie den Vielborstern, den Stamm der **Ringelwürmer**. Alle Ringelwürmer haben zwischen dem Vorderende und dem Hinterende eine Vielzahl von Segmenten (etwa 10–700).

Regenwürmer gehören zu den Ringelwürmern. Sie besitzen gleich aufgebaute Segmente. Sie haben einen Hautmuskelschlauch, ein Strickleiter-Nervensystem und sind Zwitter.

*3 **Fortpflanzung.** **A** Regenwurmpaarung; **B** aus einem Kokon schlüpfender Jungwurm*

1 Nenne zu den Ziffern 1 bis 7 der Abbildung 2 die richtigen Begriffe.

2 Erläutere, weshalb Regenwürmer Bodenverbesserer sind. Nimm die Pinnwand von Seite 49 zu Hilfe.

ÜBUNG Regenwürmer

Beachte!
Nach Beendigung der Versuche werden die Regenwürmer stets in ihren Lebensraum zurückgesetzt!

V1 Blutgefäßsystem

Material: Marmeladenglas; Schmirgelpapier; weißes Filterpapier; Lupe; Regenwurm
Durchführung: Der Boden des Marmeladenglases wird mit Filterpapier ausgelegt. Darauf wird ein Papierfilz von ca. 2 cm Dicke eingebracht. Den Papierfilz erhält man durch Zerreiben von Filterpapier zwischen zwei Schmirgelpapieren. Dann wird ein Regenwurm hineingesetzt. Das Glas wird dunkel gestellt; der Papierfilz wird leicht feucht gehalten.
Aufgabe: Stelle fest, wie viele Tage es dauert, bis der Regenwurm keinen erdigen Kot mehr abgibt, sondern Papier ausscheidet. Jetzt beobachte mit der Lupe das durchschimmernde Rückengefäß und stelle die Fließrichtung des Blutes fest.

V2 Bewegung

Material: flache Glasschale (ca. 16 cm); Pergamentpapier; Pinsel; Lupe; Regenwurm
Durchführung: Die Schale wird mit Pergamentpapier ausgelegt. Dann wird der Wurm eingesetzt. Lege zunächst dein Ohr an die Schale und lausche! Dann berühre den vorwärts kriechenden Wurm mit den Pinselhaaren ganz leicht am Kopf. Wiederhole den Vorgang nach kurzer Pause; übe jetzt aber einen etwas stärkeren Druck auf das Vorderende aus.
Aufgaben:
a) Finde eine Erklärung für die vom Wurm verursachten Geräusche. Suche mit der Lupe am Wurmkörper nach der Ursache. Beschreibe.
b) Beschreibe, wie sich der Wurm vorwärtsbewegt. Vergleiche seine Bewegung mit der unten auf dieser Seite abgebildeten Bewegungsweise eines Egels.
c) Erläutere das Verhalten des Wurmes nach leichtem und nach stärkerem Druckreiz.

V3 Bodendurchmischung

Material: Einmachglas; heller Sand; dunkler Humusboden; Haferflocken; 5 Regenwürmer
Durchführung: Es werden abwechselnd vier gleich dicke Schichten (ca. 3 cm) von Humus und Sand aufeinandergelegt. Alle Schichten müssen über die gesamte Versuchsdauer (mehrere Wochen) feucht gehalten werden. Es darf keine Staunässe am Boden entstehen. Setze etwa fünf große Regenwürmer ein und füttere sie mit etwa einem Esslöffel Haferflocken. Binde das Glas mit Gaze zu und stelle es kühl und dunkel.
Aufgabe: Erläutere die Bedeutung der Bodendurchmischung.

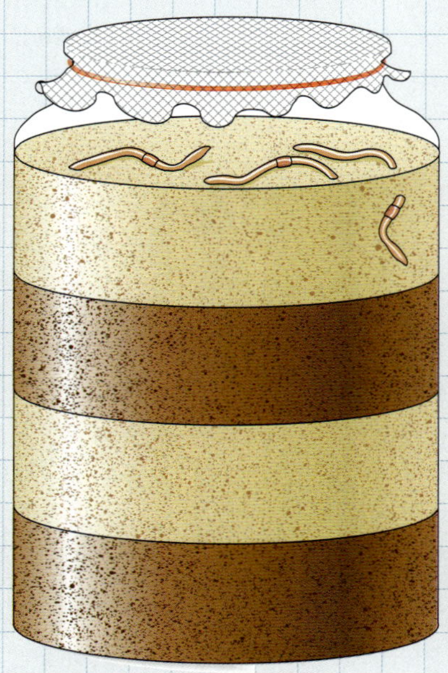

V4 Verhalten gegen Säure

Material: flache Glasschale (16 cm); Pinsel; Speiseessig
Durchführung: Lege den Wurm in die Schale und ziehe mit dem Pinsel einen Halbkreis mit Essig um das Vorderende herum.
Aufgabe: Stelle fest, welche Reaktion der Wurm beim Berühren der Säure zeigt. Erläutere.

V5 Düngung

Material: zwei Einmachgläser (ca. 12 cm hoch); Sand; Haferkörner; Wurmkot
Durchführung: Fülle beide Gläser mit Sand. Mische dem Inhalt eines Glases zusätzlich vier Esslöffel gesammelten Wurmkot bei. Pflanze je fünf Haferkörner in beide Töpfe und halte die Erde stets feucht. Entnimm die Pflanzen zur Zeit des Halmsprießens und spüle die Erde vorsichtig von den Wurzelnetzen ab.
Aufgabe: Vergleiche die Ausbildung der Wurzelnetze miteinander. Nimm die Pinnwand auf Seite 49 zu Hilfe. Erläutere.

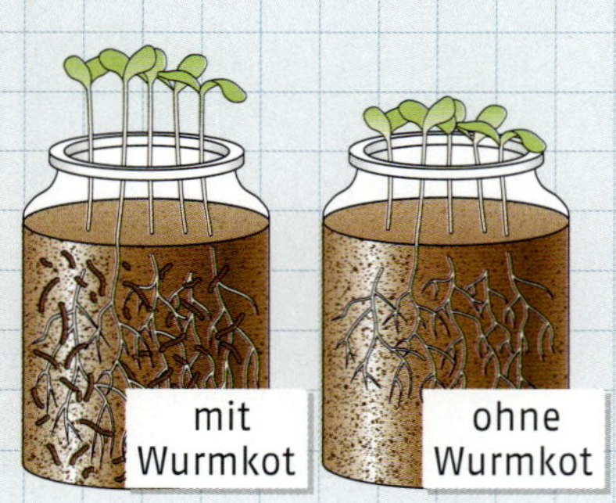

Ringelwürmer

Pinnwand

Name: ***Schlammröhrenwurm***
Länge: bis 8,5 cm
Lebensraum: am Grund schlammiger Gewässer
wichtige Merkmale: Wenigborster; wohnt in mit Schleim ausgekleideten Röhren; lebt in Kolonien
Besonderheit: wird als Fischfutter verwendet

Wurmkot

Regenwürmer sind Bodenverbesserer

Etwa 400 Regenwürmer können unter 1 m^2 Boden leben. Sie schichten ihn durch ihre Wühlarbeit ständig um. Ihre Wohnröhren reichen bis in eine Tiefe von 1,5 bis 2 m und lockern dadurch das Erdreich auf. Nachts ziehen sie abgefallene Blätter in ihre Röhren. Sind diese Pflanzenteile vermodert, werden sie zusammen mit Erde gefressen. Der ausgeschiedene, feine Wurmkot wird in Kothäufchen auf dem Erdboden abgesetzt oder in den oberen Teil der Wohnröhre eingearbeitet. So können in 1 m^2 Walderde bis zu 2,5 kg Humus erzeugt werden. Regenwürmer erhöhen daher die Bodenfruchtbarkeit und fördern so das Pflanzenwachstum.

Name: ***Wattringelwurm***
Länge: 4 bis 6 cm
Lebensraum: Watt, weicher, schlickiger Boden
wichtige Merkmale: Vielborster; eingegraben in U-förmiger Röhre; Atemwasserstrom wird durch Körperanhänge erzeugt

Name: ***Mistwurm***
Länge: bis 13 cm
Lebensraum: in Mist- und Komposthaufen
wichtige Merkmale: Wenigborster; ist gelblich gefärbt und trägt auf jedem Ring eine rotbraune Querbinde; riecht unangenehm

Name: ***Blutegel***
Länge: bis 70 cm
Lebensraum: im Süßwasser
wichtige Merkmale: Egel; Körper abgeplattet und dicht geringelt; mit Mundsaugnapf und Haftscheibe am Hinterende
Besonderheit: der bis zu 20 cm lange medizinische Blutegel wird zur Blutabnahme eingesetzt; soll die Abwehrkräfte anregen

Name: ***Sandpier (Köderwurm)***
Länge: bis 35 cm
Lebensraum: Gezeitenzone der Nord- und Ostsee
wichtige Merkmale: Vielborster; gräbt in den Sand senkrechten Gang, der in waagrechte Wohnröhre umbiegt; legt typische Kothäufchen ab

Name: ***Seeringelwurm***
Länge: bis ca. 30 cm
Lebensraum: in verzweigten Gängen am Meeresboden
wichtige Merkmale: Vielborster; pro Segment paarig angeordnete Stummelfüße mit vielen Borsten

5 Weichtiere

5.1 Die Weinbergschnecke

Am Waldrand kann man im Gras oft silbrig glänzende Bänder erkennen. Diese Spuren weisen auf die nächtliche Futtersuche einer Schnecke hin. Sie gibt beim Kriechen aus Drüsen, die vorne in ihrem Körper liegen, ständig Schleim ab. Auf diesem Schleim gleitet sie vorwärts. Er schützt sie auch vor Verletzungen, wenn sie über scharfkantige oder spitze Hindernisse kriecht.

Die Weinbergschnecke hat ein Gehäuse

Unter dem spiralig gewundenen Gehäuse, das die inneren Organe der Schnecke enthält, erkennt man einen sehr muskulösen länglichen Körperteil, auf dem sie sich vorwärtsbewegt. Es ist der **Fuß**. Seine Unterseite ist zu einer Kriechsohle abgeplattet. Die Fortbewegung der Schnecke erfolgt durch stetige Muskelkontraktionen, die wellenförmig über die Kriechsohle hinweglaufen.

Zwei Fühlerpaare, zwei Augen

Vorne setzt sich der *Kopf* nur wenig vom Fuß ab. Deswegen wird dieser Körperteil auch als **Kopffuß** bezeichnet. Besonders auffällig sind zwei sich ständig bewegende Fühlerpaare am Kopf. Sie dienen der Orientierung. Stößt die Schnecke mit ihren Fühlern an ein Hindernis, zieht sie diese für kurze Zeit ein und ändert dann ihre Kriechrichtung.

1 Schnecke in Winterstarre

A

2 Weinbergschnecke.
A bei der Nahrungsaufnahme;
B Kriechsohle;
C Reibplatte

B

C

Die Spitzen des großen Fühlerpaares enden mit je einem einfach gebauten Auge. Mit ihnen kann die Schnecke hell und dunkel unterscheiden.

Ernährung und Verdauung

Weinbergschnecken besitzen keine echten Zähne. Sie schneiden weiche Pflanzenteile mit ihrem harten Oberkiefer ab und raspeln sie in ihren Mund hinein. Dazu besitzen sie eine muskulöse Zunge, die von einer mit Hornzähnchen dicht besetzten **Reibplatte** bedeckt ist.

Die zerkleinerten Nahrungsteilchen gelangen in den Darm. Verdauungssäfte schließen den pflanzlichen Nahrungsbrei auf. Der Darm transportiert die unverdaulichen Reste zum After, der am Schalenrand ausmündet.

Offener Blutkreislauf

Blickt man von unten in das Gehäuse hinein, erkennt man ein gelbliches Gewebe, das nach innen den Eingeweidesack umgibt und das ganze Gehäuse auskleidet. Es ist der **Mantel**. Auf der rechten Seite öffnet und schließt sich im sogenannten Mantelrand ein Loch. Es führt in einen Hohlraum, dessen Wandung von vielen kleinen Blutgefäßen durchzogen ist. Hier findet der Gasaustausch mit dem Blut statt. Der Hohlraum wird als *Atemhöhle* bezeichnet, seine Öffnung als *Atemloch*.

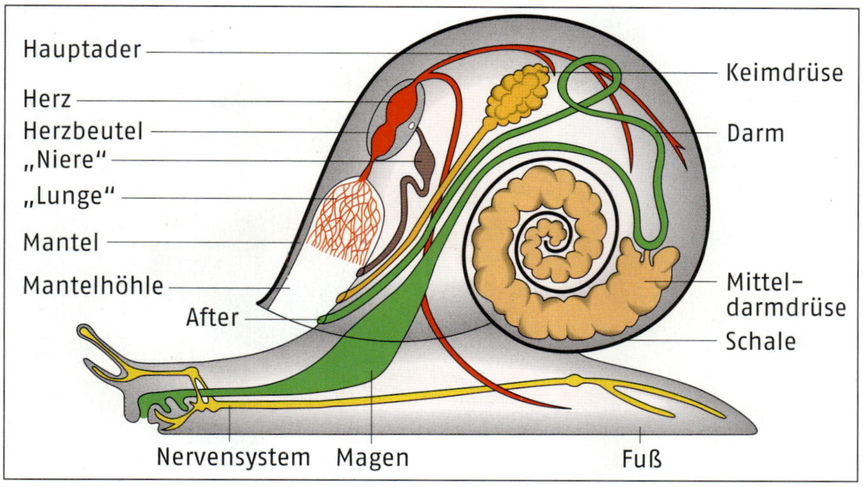

3 ***Schnecke*** *(Schema)*

Aus den Blutgefäßen der Atemhöhle fließt das mit Sauerstoff angereicherte Blut zum Herzen. Dieses pumpt das Blut in den Körper, wo es die inneren Organe frei umspült. Schnecken haben also einen **offenen Blutkreislauf**.

Weinbergschnecken sind Zwitter

Weinbergschnecken entwickeln sowohl Spermien als auch Eier. Sie sind also **Zwitter**. Zur Paarung richten sie sich mit den Sohlen aneinander auf. Dabei lässt jede Schnecke einen etwa ein Zentimeter langen, scharfkantigen und spitzen Kalkdorn, den *Liebespfeil*, aus einer Vertiefung ihres Fußes hervorschnellen. Sie bohrt diesen als Reizmittel in den Körper des Partners. Im Anschluss werden Spermien ausgetauscht und gespeichert. Wenn die reifen Eier später den Eileiter passieren, werden sie durch diese Fremdspermien befruchtet. Etwa einen Monat später gräbt die Weinbergschnecke mit ihrem Fuß eine 10 bis 15 cm tiefe Grube und legt in ein bis zwei Tagen 60 bis 80 Eier hinein. Nach wenigen Wochen schlüpfen die Jungschnecken, die bereits ein Gehäuse besitzen.

Weinbergschnecken bevorzugen kalkreiche Böden

Mit dem weiteren Wachstum des Schneckenkörpers muss auch das Gehäuse mitwachsen. Als Baumaterial verwendet die Schnecke hauptsächlich *Kalk*, den sie mit der Nahrung aufnehmen muss. Am Mündungsrand des Gehäuses wird der aufgenommene Kalk von Drüsen ausgeschieden. Dabei entstehen Wachstumsstreifen, die dem Gehäuse das gestreifte Aussehen verleihen. Wegen des hohen Kalkbedarfs findet man Weinbergschnecken bevorzugt auf kalkreichen Böden.

Winterstarre

Rechtzeitig zu Beginn des Winters gräbt sich die Weinbergschnecke bis zu 30 cm tief in lockeres Erdreich ein. Sie bildet einen festen Kalkdeckel, mit dem sie ihr Gehäuse verschließt. Dann fällt sie in eine **Winterstarre**. Das ist ein Zustand, in dem alle Lebensfunktionen auf ein Minimum herabgesetzt sind und das Tier ohne Nahrungsaufnahme gerade überlebt.

Schnecken sind Weichtiere

Schnecken, Muscheln und Kopffüßer gehören zu den **Weichtieren**. Alle besitzen drei Körperteile: **Kopffuß**, **Eingeweidesack** und **Mantel**. Dieses Grundmuster des Körperaufbaus wird in den verschiedenen Weichtiergruppen charakteristisch abgewandelt.

> Die Weinbergschnecke besteht aus einem Gehäuse und einem weichen Körper. Der Körper ist in Kopffuß, Eingeweidesack und Mantel gegliedert. Ein Skelett fehlt. Schnecken gehören zu den Weichtieren.

4 ***Weinbergschnecke. A*** *Paarung;* ***B*** *Eiablage;* ***C*** *junge Schnecken*

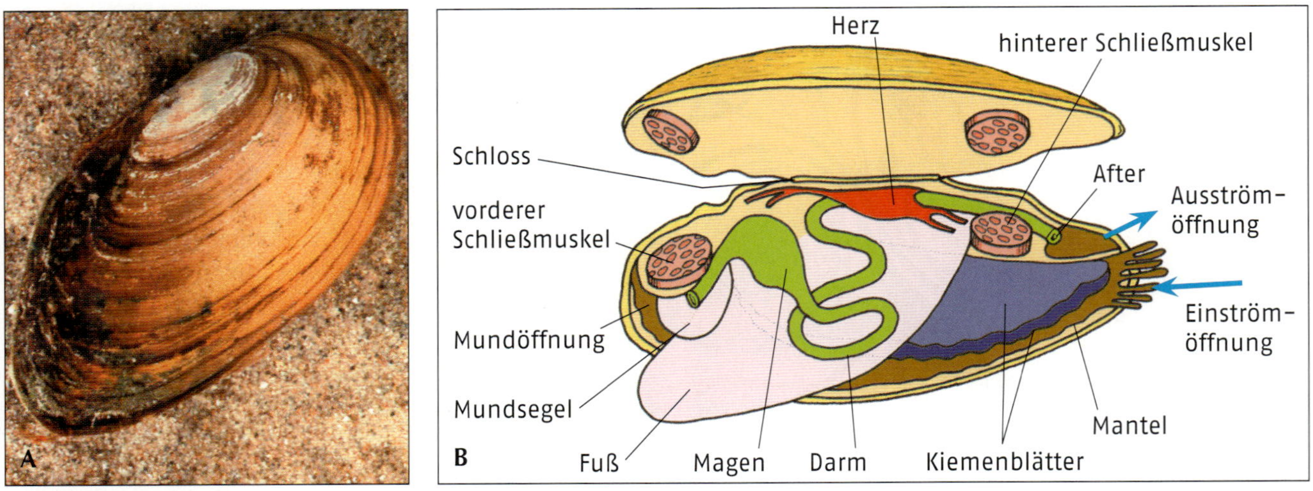

1 ***Teichmuschel.*** ***A*** *im natürlichen Lebensraum;* ***B*** *Bauplan einer Muschel*

5.2 Die Teichmuschel

Auf dem Grund stehender oder langsam fließender Gewässer leben **Teichmuscheln**. Nur ihr Hinterende ragt aus dem schlammigen Grund. Der größte Teil des beschalten Körpers steckt im Boden. Klopft man mit einem Stock leicht gegen die Schale, zieht die Muschel sofort ihren weichen Fuß zurück. Mit zwei *Schließmuskeln* zieht sie dann beide Schalenhälften so fest aneinander, dass man sie nur unter Gewaltanwendung öffnen könnte. **Muscheln sind geschützt! Sie dürfen dem Gewässer nicht entnommen werden!**

Bau

Bei einer aufgeklappten Muschel erkennen wir eine wenig gegliederte, weiche Masse, den **Rumpf mit dem Fuß**. Einen Kopf suchen wir jedoch vergeblich. Dafür finden wir am breiteren Ende zwischen den dünnhäutigen Mundsegeln die Mundöffnung. Hier ist also das Vorderende. Auf jeder Seite des Rumpfes fallen zwei *Kiemenblätter* auf. Alle Weichteile werden von dem hautartigen **Mantel** umhüllt, der nach außen die beiden *Kalkschalen* absondert.

Atmung

Die im Boden steckende Muschel steht nur über zwei Öffnungen mit der Außenwelt in Verbindung. Sie werden vom hinteren Mantelrand gebildet. Feine Wimpernhärchen auf den Kiemenblättern und Mantelflächen erzeugen einen Wasserstrom. Dieser tritt durch die gefranste *Einströmöffnung* in die Mantelhöhle ein, fließt an den Kiemen vorbei und gelangt durch die glattrandige *Ausströmöffnung* wieder nach außen. Das Wasser enthält den Sauerstoff für die *Kiemenatmung* und nimmt gleichzeitig das abgegebene Kohlenstoffdioxid auf.

Ernährung

Das herbeigestrudelte Atemwasser dient auch der Ernährung. An den schleimbedeckten Kiemen bleiben Zerfallstoffe von Pflanzen und Tieren hängen, aber auch kleinste Organismen wie Bakterien, Algen und tierische Einzeller. Die ständig schlagenden Wimpernhärchen befördern alle Nahrungsteilchen zur Mundöffnung weiter. Die unverdaulichen Reste werden schließlich mit dem verbrauchten Atemwasser ausgestoßen. Die Teichmuschel nimmt die Nahrung also als *Strudler* auf. Sie kann pro Stunde etwa 40 l Wasser filtern und dadurch zur Wasserreinigung beitragen.

Fortpflanzung

Zur Fortpflanzung geben Männchen ihre Samenzellen ins freie Wasser ab. Die Weibchen filtern sie aus dem Wasser, sodass ihre Eier befruchtet werden können. Etwa 300 000 Muschellarven – sie sind etwa ¼ mm groß – verlassen nach einiger Zeit das Muttertier. Sie setzen sich an Kiemen oder Flossen von Fischen fest und leben hier von den Körpersäften ihres Wirts. Nach etwa zwei Monaten verlassen sie den Fisch und sinken als „fertige“ kleine Muscheln zu Boden.

Muscheln sind – wie z. B. Schnecken – Weichtiere. Zwischen der zweiklappigen Schale sind Rumpf und Fuß der Teichmuschel eingebettet. Mit zwei kräftigen Schließmuskeln können die Schalen fest aneinandergepresst werden. Das herbeigestrudelte Wasser dient der Atmung und der Ernährung.

1 Beschaffe dir Muschelschalen! Unterscheide Vorder- und Hinterende, Rücken- und Bauchseite! Untersuche Außen- und Innenseite! Vergleiche mit Abbildung 1B!

2 Muscheln reagieren empfindlicher auf verschmutztes Wasser als viele Fische. Warum?

Weichtiere

Pinnwand

Name: ***Sumpfdeckelschnecke***
Vorkommen: in Teichen und kleineren Seen
Größe: 3 bis 4 cm hoch und 2,5 bis 3 cm breit
Nahrung: vermodertes Pflanzenmaterial
Besonderheit: atmet mit einer in der Mantelhöhle liegenden Kieme

Name: ***Gemeiner Krake***
Vorkommen: Atlantik, Mittelmeer; in zerklüfteten Felsen; lebt tagsüber meist verborgen
Größe: 20 bis 60 cm, im Mittelmeer auch 100 bis 200 cm lang
Nahrung: größere Fische und Krebse (Hummer)

Name: ***Malermuschel***
Vorkommen: in sauberen Flüssen, Bächen und Seen
Größe: bis 10 cm
Nahrung: organische Schwebeteilchen und Kleinstlebewesen
Besonderheit: ihre Schalen wurden früher von Malern zum Anrühren von Farben benutzt

Name: ***Rote Wegschnecke***
Vorkommen: unter Falllaub, Holz und Steinen
Größe: bis 15 cm
Nahrung: Pflanzenmaterial
Besonderheit: verlässt bei feuchtem Wetter ihr Versteck und findet sich dann oft auf Wegen; die Farbe kann variieren: rot, schwarz und braun

Name: ***Auster***
Vorkommen: Atlantik, Nordsee, Mittelmeer; meist in größerer Anzahl vereint auf Austernbänken in Tiefen bis 50 m
Größe: bis 10 cm
Nahrung: organische Zerfallstoffe
Besonderheit: Delikatesse, der Marktbedarf wird durch Zuchtaustern gedeckt. Schon in der Antike gab es künstlich angelegte Austernparks.

„Krake reißt Segelschiff mit Mann und Maus in die Tiefe"

Solche Geschichten aus alter Zeit darf man nicht allzu ernst nehmen. Sie gehören ins Reich der Fabel und sind allenfalls „Seemannsgarn".

Trotzdem: Gibt es nun Riesenkraken oder gibt es sie nicht? Es gibt sie! Es sind aber keine Kraken, die acht Arme haben, sondern zehnarmige Riesenkalmare. Sie leben in den Tiefen der Ozeane. Ihr größter Feind ist der Pottwal.

Beweise: An der ostenglischen Küste strandete ein Tier mit einer Gesamtlänge von über 6 m. Andere erreichten 6,5 m Körperlänge mit 10 m langen Fangarmen und einem Gewicht von 3 Tonnen. Bisheriger Rekord war ein Tier, das 1933 vor Neuseeland strandete. Es war 8 m lang und hatte 14 m lange Fangarme, war insgesamt also 22 m lang.

Der Mageninhalt von Pottwalen lieferte die erstaunlichsten Beweise. Man fand Saugnäpfe von 15 bis 25 cm und Augen von bis zu 40 cm Durchmesser. Solche Beweisstücke lassen auf Riesenkalmare mit bis zu 10 m Körperlänge und 25 m Gesamtlänge bei einem Gewicht von mehreren Tonnen schließen.

Einzeller

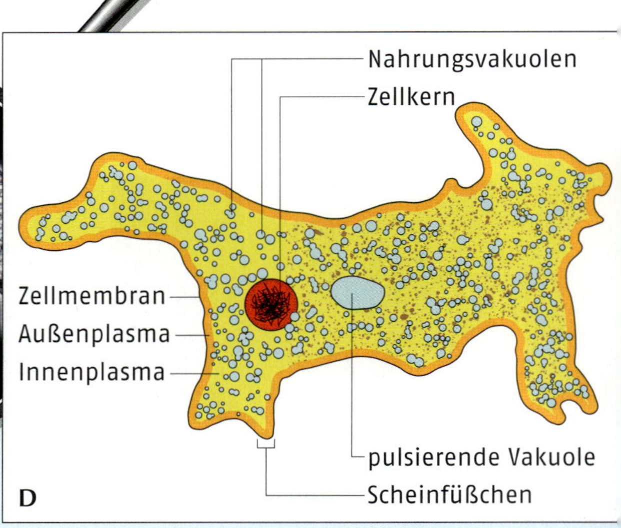

1 Amöben haben keine feste Gestalt

Die Amöbe ist ein Einzeller

In Proben aus dem Schlamm eines Teichs oder von der Unterseite eines Wasserpflanzenblattes findet man im Mikroskop manchmal fast farblose, gallertartige Klumpen, die sich langsam bewegen. Es sind **Amöben**. Ihr Körper besteht aus nur einer Zelle: Amöben sind **Einzeller**.

Amöbe oder Wechseltierchen

Mit im wahrsten Sinne des Wortes fließenden Bewegungen gleiten sie über den Untergrund. Dabei fließt das körnige *Innenplasma* in das von der *Zellmembran* umhüllte klare *Außenplasma*. So entstehen Ausstülpungen der Zellhülle, die **Scheinfüßchen**, auf denen der Amöbenkörper langsam „läuft“: etwa einen Zentimeter in zwei Stunden! Am hinteren Ende zieht sich das Zellplasma wieder zusammen, die Scheinfüßchen verschwinden. Wegen ihrer ständig wechselnden Gestalt heißt die Amöbe auch **Wechseltierchen**.

Ernährungsweise

Die Amöbe frisst mit ihrer ganzen Zelloberfläche: Trifft sie auf ein Nahrungsteilchen, das ein Bakterium, eine Grünalge oder ein anderer Einzeller sein kann, so umschließt sie dessen Körper. Die so entstandene Blase wandert als Nahrungsvakuole durch die Amöbe. Mithilfe von Verdauungssäften wird ihr Inhalt aufgelöst und in die Zelle aufgenommen. Indem die Vakuole mit der Zellmembran verschmilzt, gibt sie unverdauliche Reste nach außen ab.

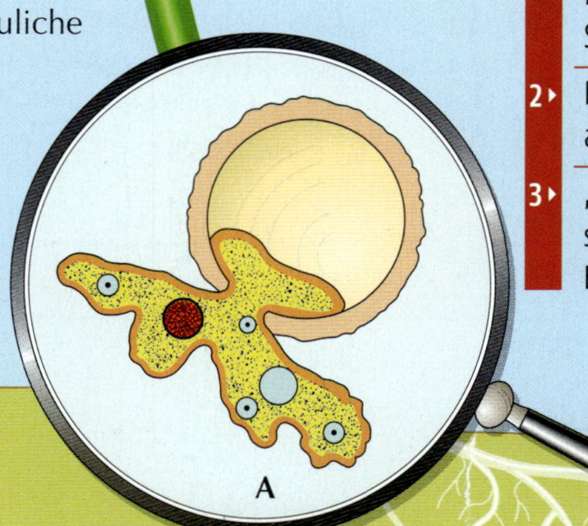

*1 **Amöbe. A** aus Zyste schlüpfend; **B** Bewegung und Nahrungsaufnahme; **C** Foto; **D** Schema*

Die Amöbe nimmt ständig Wasser auf. Überschüssiges Wasser und gelöste Abfallstoffe werden in ein Bläschen, eine Vakuole, gefüllt. Diese wird dadurch allmählich größer, gelangt zur Zelloberfläche und entleert ihren Inhalt nach außen. Dieser Vorgang wiederholt sich immer wieder. Man nennt dieses Bläschen daher **pulsierende Vakuole**.

Vermehrung durch Zweiteilung

Ist die Amöbe unter günstigen Lebensbedingungen auf eine bestimmte Größe herangewachsen, teilt sich zunächst der **Zellkern** in zwei Tochterkerne, bevor sich der gesamte Zellkörper in zwei gleich große Zellen durchschnürt. Die *Tochterzellen* wachsen zur ursprünglichen Größe heran.
Verschlechtern sich die Lebensbedingungen, z. B. bei Trockenheit oder Kälte, kugelt sich die Amöbe ab und bildet eine Hülle aus zähem Schleim. In dieser **Zyste** ruht die Amöbe, bis sich ihre Lebensbedingungen wieder verbessern.

! Amöben sind Einzeller, die ihre Form verändern können. Man nennt sie Wechseltierchen. Ihre Nahrung nehmen sie auf, indem sie ihren Zellleib um die Beute stülpen. Ihren Wasserhaushalt regeln sie mit einer pulsierenden Vakuole. Sie vermehren sich durch Teilung und bilden Dauerformen, die Zysten.

1 Erkläre den Begriff „Einzeller“. Nimm dazu auch die Pinnwand von Seite 57 zu Hilfe.

2 Beschreibe den Ablauf der Nahrungsaufnahme anhand der Abbildung 1B.

3 „Werden Amöben nicht gefressen, sind sie unsterblich.“ Erläutere diese Aussage.

2 Pantoffeltierchen – schnell unterwegs

Ein Wimpertierchen

In Pfützen und anderen Gewässern findet man Einzeller, deren Körperoberfläche von Wimpern bedeckt ist. Diese **Wimpertierchen** leben überwiegend von Bakterien, die Pflanzen zersetzen, aber auch von einzelligen Grünalgen.
Ein auffälliges Wimpertierchen ist das *Pantoffeltierchen*. Im Unterschied zur Amöbe zeigt es eine feste, pantoffelähnliche Gestalt.

Rasche Fortbewegung

Die gesamte Oberfläche des Einzellers ist mit **Wimpern** besetzt, die sich wie kleine Peitschen schnell nach unten bewegen und sich dann langsam wieder heben. Da alle Wimpern aufeinander abgestimmt schlagen, entsteht eine Vorwärtsbewegung des Einzellers. Dabei dreht er sich um seine Längsachse. Im Vergleich zu Amöben bewegen sich Pantoffeltierchen sehr schnell.

Ernährung und Verdauung

Besonders dicht stehen die Wimpern in einer Einbuchtung des Zellkörpers, dem **Mundfeld**. Die Wimpern erzeugen hier durch ihr Schlagen einen gleichmäßigen Wasserstrom, der Nahrung in den trichterförmigen **Zellmund** transportiert. Dort stülpt sich die Zellmembran mit der Nahrung in die Zelle ein und schnürt eine *Nahrungsvakuole* ab.

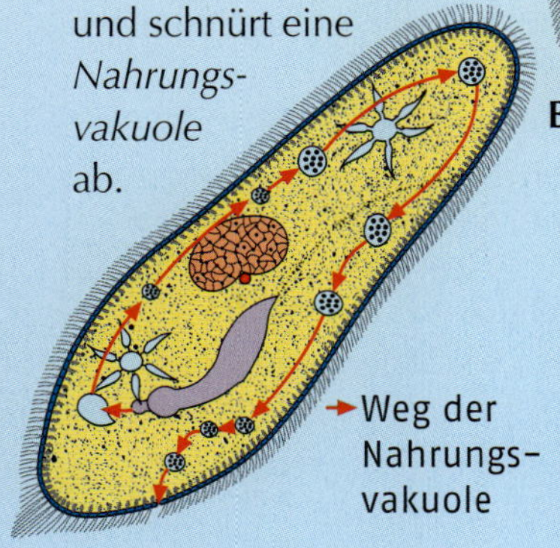

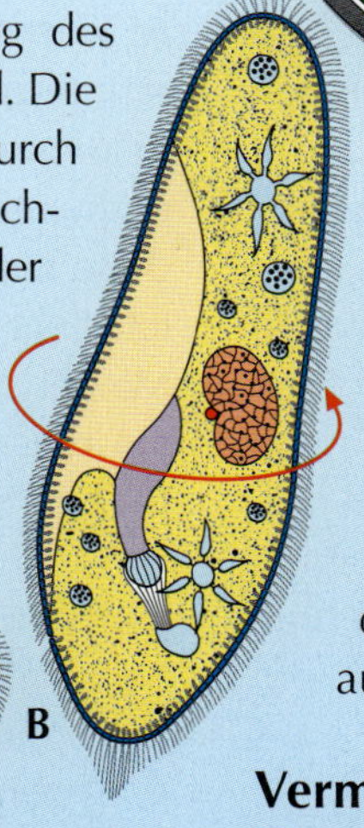

Auf einer festgelegten Bahn wird diese nun durch den Körper des Pantoffeltierchens transportiert. Dabei wird die Nahrung verdaut, indem Verdauungssäfte in das Innere der Vakuole abgeschieden und die freigesetzten Nährstoffe aus der Vakuole in den Zellkörper aufgenommen werden. Unverdauliche Reste werden durch einen sogenannten *Zellafter* ausgeschieden. Dabei verschmilzt die Vakuole wieder mit der Zellmembran und gibt ihren Inhalt nach außen ab. Im vorderen und hinteren Bereich des Zellkörpers liegt je eine **pulsierende Vakuole**.

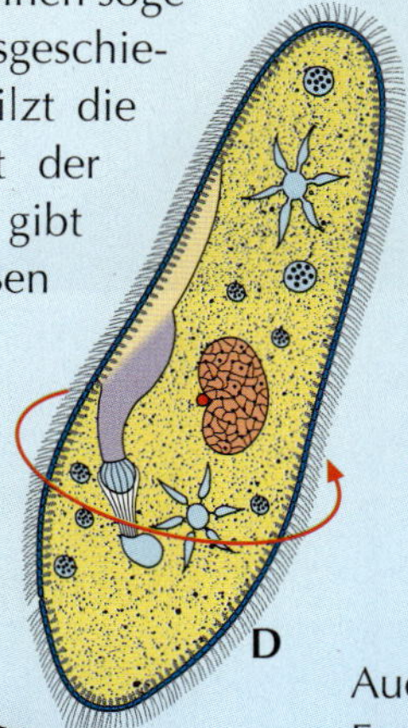

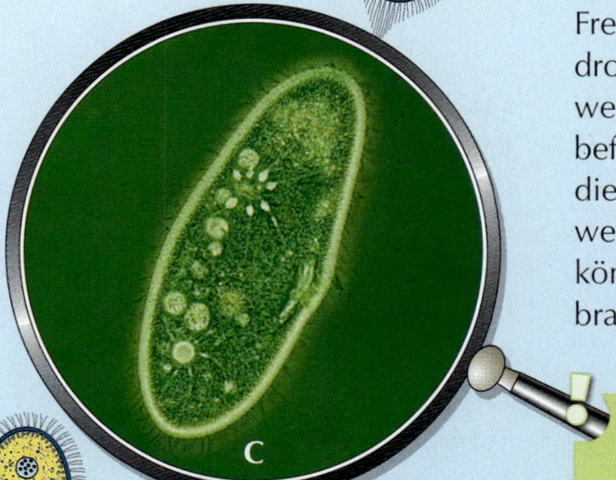

Zu diesem Bläschen führen sternförmig angeordnete Kanäle überschüssiges Wasser und Abfallstoffe hin. Rhythmisch füllt sich die Vakuole und gibt dann ihren Inhalt durch die Zellmembran nach außen ab.

Vermehrung durch Querteilung

Das Pantoffeltierchen besitzt zwei **Zellkerne**, einen **Großkern** und einen **Kleinkern**. Bei der Fortpflanzung teilen sich zunächst beide Kerne, bevor sich die Zelle quer teilt.

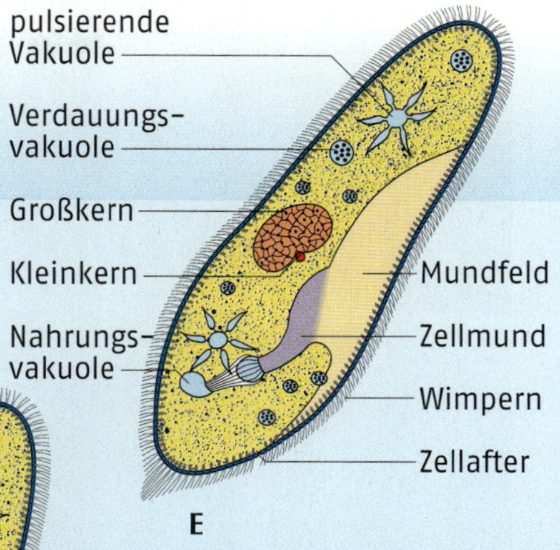

1 ***Pantoffeltierchen. A*** *bei der Verdauung;* ***B*** *in Bewegung;* ***C*** *Foto;* ***D*** *in Bewegung;* ***E*** *Bau (Schema)*

Auch Pantoffeltierchen werden von Fressfeinden, etwa Amöben, bedroht. Dabei sind sie aber nicht wehrlos: Unter der Zellmembran befinden sich Eiweißnadeln, die bei Gefahr ausgeschleudert werden und Feinde abwehren können. Sie bilden sich nach Verbrauch wieder neu.

Pantoffeltierchen sind Einzeller, die zu den Wimpertierchen gehören. Sie bewegen sich mithilfe einer großen Zahl wellenförmig bewegter Wimpern fort. Sie besitzen neben einem Klein- auch einen Großkern. Mit zwei pulsierenden Vakuolen regulieren sie ihren Wasserhaushalt.

1› Beschreibe die Fortpflanzung des Pantoffeltierchens mithilfe der Zeichnung am Rande dieser Seite.

2› Pantoffeltierchen teilen sich im Gegensatz zu vielen anderen Einzellern immer quer und nicht längs. Erläutere die Form der Teilung. Nimm die Abbildung 1E zu Hilfe.

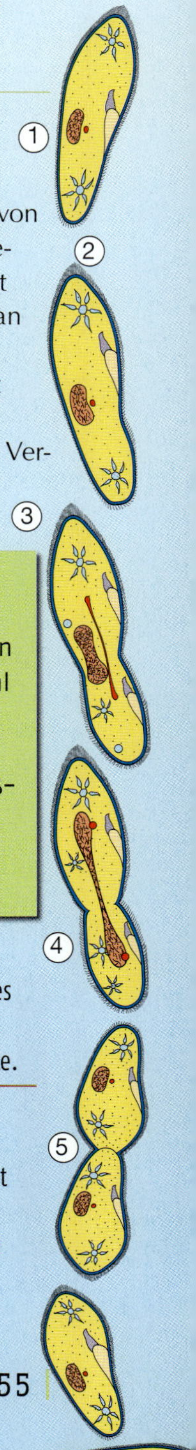

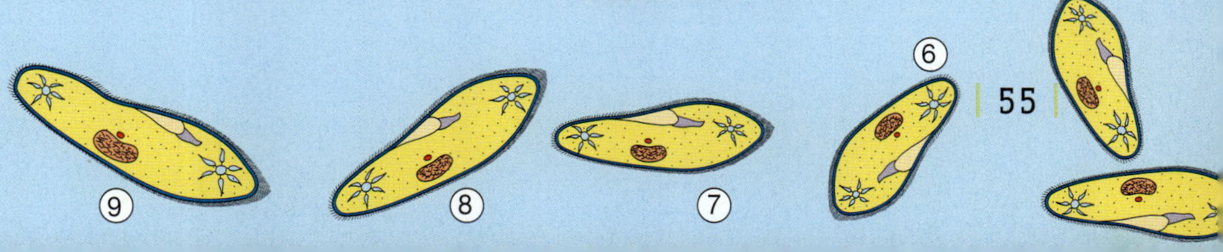

1 ***Augentierchen. A*** *im Teich;* ***B*** *mikroskopische Aufnahme;* ***C*** *Schema*

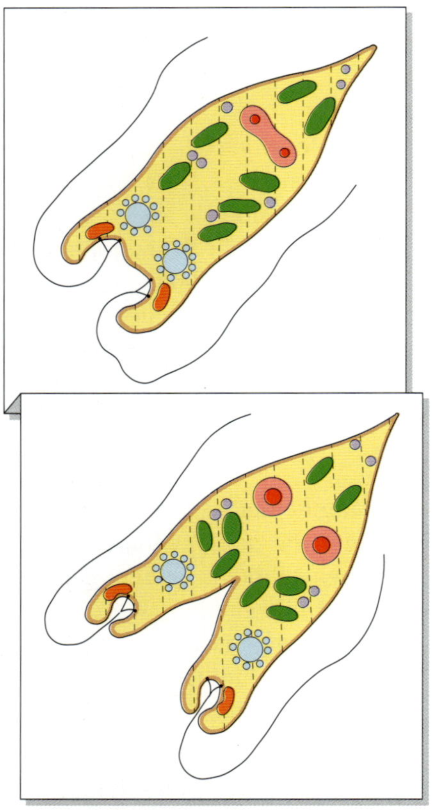

2 Längsteilung bei Augentierchen

1 Nenne Merkmale, die die Einordnung des Augentierchens entweder als Tier oder als Pflanze rechtfertigen.

2 Durch Längsteilung können sich Augentierchen ungeschlechtlich vermehren. Beschreibe diese Form der Vermehrung mithilfe der Abbildung 2.

3 Augentierchen färben Tümpel grün

Pflanzliche und tierische Ernährungsweise

In einen Tümpel ist Jauche geflossen. Tage später ist das Wasser intensiv grün gefärbt. Untersucht man das Wasser im Mikroskop, findet man neben anderen Einzellern vor allem das spindelförmige, grün gefärbte etwa 0,05 Millimeter große Augentierchen *Euglena*. Die grüne Färbung stammt vom Chlorophyll in den **Chloroplasten**. Mit ihnen kann Euglena über Fotosynthese den Nährstoff Stärke selbst herstellen. Leben Augentierchen jedoch lange im Dunkeln, verlieren sie ihr Chlorophyll. Die Nährstoffe werden dann von außen durch die Zellmembran aufgenommen.

Ein Geißelträger

Zur Fortbewegung besitzt Euglena eine **Geißel**. Mit propellerartiger Bewegung zieht sie das Augentierchen durch das Wasser. Dabei dreht sich der ganze Körper um seine Längsachse. Einzeller mit Geißeln gehören zu den **Geißelträgern**.

Lichtwahrnehmung

Wenn man ein Becherglas mit Wasser und Augentierchen von der Seite mit einer Lampe beleuchtet, sammeln sich die Einzeller im Lichtkegel. Sie können also in Richtung einer Lichtquelle schwimmen.

Um die Lichtorientierung und die Fortbewegung Euglenas näher zu beschreiben, muss der Bau der Geißel und des orangeroten „Augenflecks" betrachtet werden: Die Geißel entspringt am Vorderende des Augentierchens. Eine zweite kurze Geißel ist hier mit der langen Zuggeißel verschmolzen. Hier liegt eine lichtempfindliche Stelle. Bei jeder Umdrehung des Augentierchens wird diese kurz vom Augenfleck beschattet. Euglena ändert daraufhin jedes Mal ihre Richtung und schwimmt so auf die Lichtquelle zu. Der Augenfleck ist also nicht, wie früher fälschlich angenommen, ein „Auge". Allerdings ist der Name Augentierchen beibehalten worden.

Das Augentierchen gehört zu den einzelligen Geißelträgern und zeigt eine sowohl pflanzliche als auch tierische Ernährungsweise. Es bewegt sich mit seiner Geißel fort und kann sich zum Licht hin orientieren.

Pinnwand

Krank durch Einzeller

Name: ***Ruhramöbe*** (Wechseltierchen)
Vorkommen: tropische und subtropische Zonen; Menschen und andere Säugetiere betroffen
Krankheit: Amöbenruhr; wird durch verunreinigte Nahrung, Wasser und Fliegen übertragen; ruft Dickdarmentzündungen mit blutigem Durchfall hervor; führt zu Wasserverlust und Kreislaufversagen; manchmal tödlich

Name: ***Toxoplasma*** (Sporentierchen)
Vorkommen: weltweit
Krankheit: Toxoplasmose; Menschen und andere Säugetiere betroffen; wird durch nicht durchgegartes Fleisch und zum Beispiel durch Katzenkot übertragen; oft ohne Symptome; kann bei Schwangeren zu Missbildungen des Ungeborenen führen; bei Tieren teilweise tödlich

Name: ***Trichomonas*** (Geißelträger)
Vorkommen: weltweit
Krankheit: Trichomoniasis, vor allem durch Geschlechtsverkehr von Mensch auf Mensch übertragen; ruft eitrige Entzündungen der Schleimhäute der Geschlechtswege hervor; bei Frauen oft unbemerkt, führt manchmal zu Unfruchtbarkeit; die Behandlung muss bei beiden Geschlechtspartnern gleichzeitig erfolgen

Name: ***Trypanosoma gambiense* & *T. rhodesiense*** (Geißelträger)
Vorkommen: tropische und subtropische Regionen Afrikas, Menschen betroffen
Krankheit: Schlafkrankheit; wird durch Tsetsefliegen übertragen; Krankheit verläuft anfangs ohne Beschwerden, dann Fieber, Kopfschmerzen, geistiger und körperlicher Verfall; unbehandelt tödlich, im Frühstadium heilbar

Name: ***Trypanosoma brucei, T. congolense, T. vivax*** (Geißelträger)
Vorkommen: subtropische Regionen Afrikas
Krankheit: Naganaseuche; durch Tsetsefliege übertragen; Huftiere betroffen; Symptome ähnlich der Schlafkrankheit, Tiere sterben an Auszehrung und Entkräftung

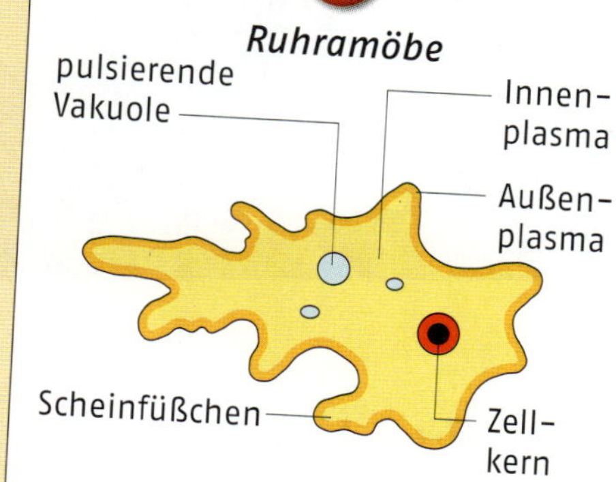

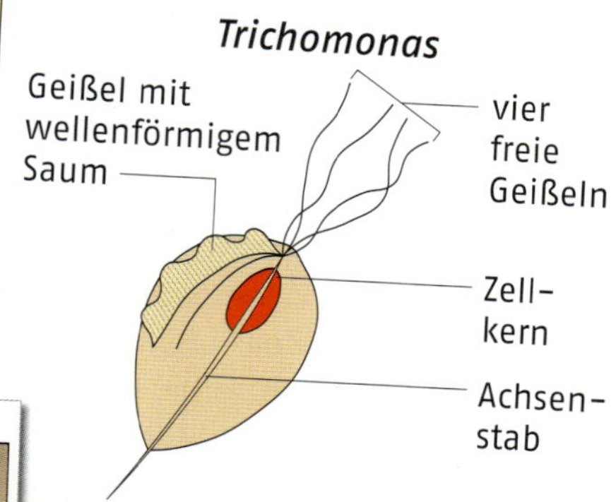

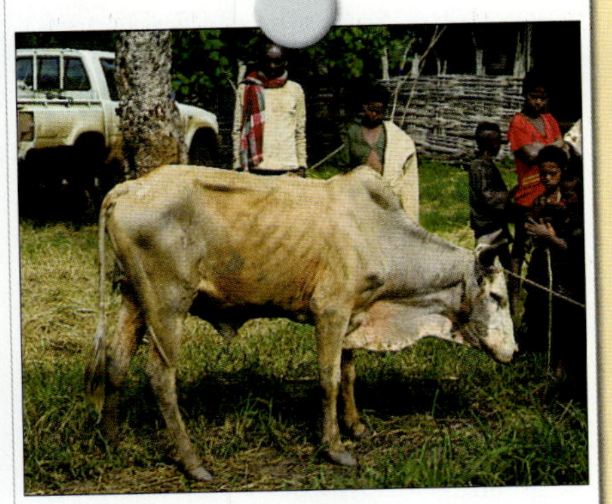

An Naganaseuche erkranktes Rind
Im Verbreitungsgebiet der Tsetsefliege ist die Haltung von Huftieren (Rinder, Schafe, Ziegen, Pferde, Schweine) nur unter Verwendung von Medikamenten möglich. Die meisten Wildtiere und einige westafrikanische Rinderrassen (die seit vielen tausend Jahren in Afrika leben) erkranken nicht.

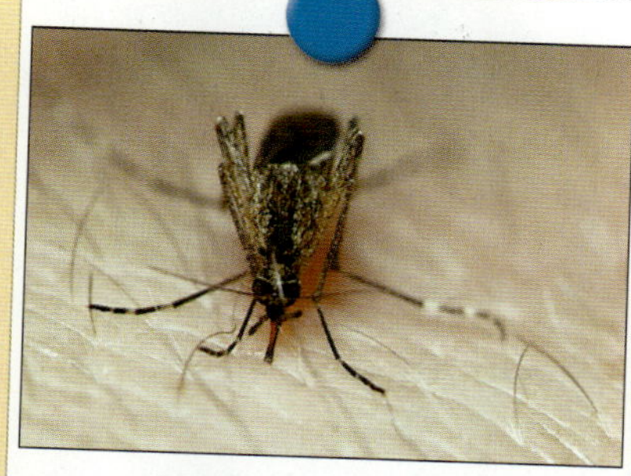

Name: ***Anopheles-Mücke***
Vorkommen: Sumpfgebiete in Afrika und Südostasien
Besonderheit: Eine Stechmücke, die den Erreger der Malaria, ein Sporentierchen, auf den Menschen überträgt. Die Infektionskrankheit Malaria führt weltweit zu den meisten Todesfällen. Sie wird durch Einzeller hervorgerufen.

Name: ***Tsetsefliege***
Vorkommen: tropische und subtropische Regionen Afrikas
Besonderheit: eine Stechfliegenart, nimmt alle 2–3 Tage Blut von Wirbeltieren auf und überträgt dabei Trypanosomen

Bakterien

1 Bakterien sind mikroskopisch klein

Bakterien gibt es überall

In manchen stehenden Gewässern kann sich die Wasseroberfläche innerhalb kurzer Zeit völlig verändern: Es bilden sich gelbe, watteartige Überzüge, die aus Milliarden von mikroskopisch kleinen Bakterien bestehen. Man nennt diese Erscheinung „Schwefelblüte". Die Ursache dafür ist eine besonders starke Vermehrung von *Schwefelbakterien*, die das Gas Schwefelwasserstoff verarbeiten und dabei kurzfristig gelben Schwefel in ihren Zellen bilden.

Bakterien besiedeln aber nicht nur bestimmte Gewässer, man findet sie überall: in 95 °C heißen vulkanischen Quellen ebenso wie an der Unterseite des −2 °C kalten Meereises der Antarktis. Bakterien findet man auch massenhaft in der ansonst lebensfeindlichen Salzlösung von Salzseen.

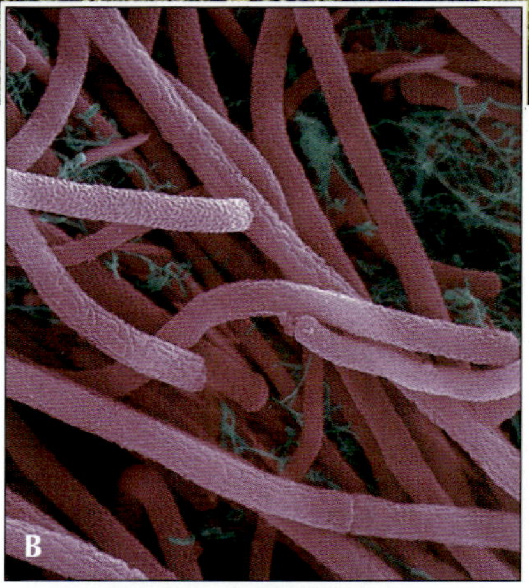

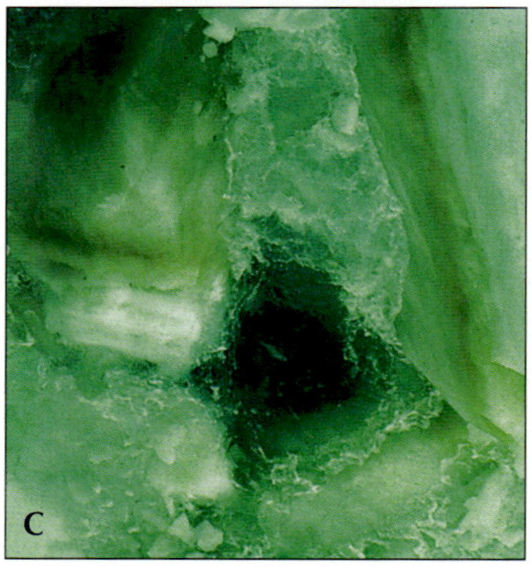

1 **Bakterien.** ***A*** *Schwefelblüte in einem Teich;* ***B*** *Bakterienfäden in einer heißen Quelle des Yellowstone Nationalparks (USA);* ***C*** *Bakterien-Algen-Rasen am Unterrand des Meereises der Antarktis;* ***D*** *mikroskopische Aufnahme von Schwefelbakterien*

Bakterien sind mikroskopisch klein: Etwa 2000 von ihnen würden gerade einen Bakterienfaden von 1 cm Länge ergeben. Erst mit einem besonders stark vergrößernden Mikroskop kann man den Bau von Bakterien genauer untersuchen.

Bau eines Bakteriums

Bakterien bestehen immer nur aus einer Zelle. Außen ist die Bakterienzelle von einer **Zellwand** umgeben. Sie ist jedoch anders aufgebaut als die Zellwand bei Pflanzen.

Manche Bakterien besitzen zusätzlich noch eine Schleimhülle, die der Zellwand aufliegt. Dadurch können sie, wie die Schwefelbakterien, „zusammenkleben" und lange Fäden bilden. Die **Zellmembran** legt sich innen dicht an die Zellwand an.

An manchen Stellen allerdings ist die Zellmembran nach innen gefaltet. Im Inneren der Bakterienzelle findet man im Gegensatz zu pflanzlichen oder tierischen Zellen **keinen Zellkern**.

2 ***Bau eines Bakteriums (Schema).***
① Zellwand; ② Zellmembran; ③ Schleimhülle; ④ Zellplasma; ⑤ Erbsubstanz; ⑥ Geißel

3 ***Knöllchenbakterien.***
A *Lupine;* ***B*** *Wurzelknöllchen an den Wurzeln der Lupine;* ***C*** *mikroskopischer Schnitt durch ein Wurzelknöllchen (① Zelle mit zahlreichen Knöllchenbakterien, ② bakterienfreie Zelle)*

Cholera	meldepflichtig
Fleckfieber	meldepflichtig
Keuchhusten	meldepflichtig
Typhus	meldepflichtig
Pest	meldepflichtig
Tuberkulose	meldepflichtig
Diphtherie	meldepflichtig
Gehirnhautentzündung	meldepflichtig
Scharlach	meldepflichtig
Wundstarrkrampf	meldepflichtig
Borreliose	nicht meldepflichtig
Bronchitis	nicht meldepflichtig
Blutvergiftung	nicht meldepflichtig
Lungenentzündung	nicht meldepflichtig

4 ***Erreger bakterieller Infektionskrankheiten***

Vermehrung durch Zweiteilung

Viele Bakterien besitzen eine oder mehrere Geißeln, mit denen sie sich fortbewegen können. Bakterien vermehren sich durch Zweiteilungen der Zellen. Unter günstigen Wachstumsbedingungen verdoppeln sich Bakterien etwa alle 20 Minuten. Verschlechtern sich die Lebensbedingungen, können Bakterien sehr widerstandsfähige Dauerstadien, die sogenannten *Sporen*, ausbilden.

Knöllchenbakterien und Lupine – eine Symbiose

Manche Bakterien bilden mit anderen Lebewesen enge Lebensgemeinschaften. Schon die alten Römer wussten, dass der Anbau von Lupinen die Fruchtbarkeit des Bodens erhöht. Beim Anbau dieser Pflanzen dringen Bodenbakterien in die Zellen der Lupinenwurzeln ein, wo sie sich stark vermehren. Die Wurzeln bilden daraufhin kleine Wucherungen, sogenannte *Wurzelknöllchen*. In den Wurzelknöllchen binden die **Knöllchenbakterien** Stickstoff aus der Luft.

Einen Teil des gebundenen Stickstoffs stellen sie der Pflanze als „Dünger" zur Verfügung.
Im Gegenzug liefert die Pflanze den Bakterien Nährstoffe, die diese zum Wachstum benötigen. Zwischen Knöllchenbakterien und der Lupine besteht eine enge Lebensgemeinschaft zum gegenseitigen Nutzen. Man bezeichnet dies als **Symbiose**.

Bakterien als Pflanzenschädlinge

Es gibt aber auch Bakterien, die Pflanzen schädigen. Die Erreger von Nassfäulen z. B. dringen durch Spaltöffnungen oder Wunden in die Pflanzen ein und lösen die Zellwände der Pflanzenzellen auf. Die Zellen sterben ab und werden zu einer breiigen, fauligen Masse. Sogar im Keller gelagerte Kartoffeln können so zerstört werden.

Gefährliche Krankheitserreger

Auch wir Menschen kommen fortwährend mit Bakterien in Berührung. Es gibt sie zum Beispiel auf den Zähnen. Die meisten Bakterien sind harmlos.

Manche sind aber gefährliche **Krankheitserreger**. Gegen diese Arten können wir uns vor allem durch Sauberkeit und Hygiene schützen. So verhindert etwa regelmäßiges Zähneputzen eine starke Vermehrung der Mundbakterien. Die Mundbakterien ernähren sich von Speiseresten und greifen durch Säuren, die sie ausscheiden, die Zähne an. Dadurch entsteht *Karies*.

> ! Bakterien sind sehr kleine einzellige Lebewesen. Besondere Stoffwechselleistungen ermöglichen ihnen die Besiedlung aller Lebensräume. Unter günstigen Bedingungen können sich Bakterien sehr schnell vermehren. Bakterien bilden mit anderen Lebewesen zahlreiche Lebensgemeinschaften.

1 ***Bakterien im Boden. A*** *Laub;* ***B*** *Humus;* ***C*** *Bodenbakterien*

2 Bakterien spielen eine wichtige Rolle in Lebensräumen

Bodenbakterien liefern Mineralsalze

Durch den alljährlichen Laubfall im Herbst hat sich auf dem Boden eines Laubwaldes eine dicke Laubschicht gebildet. Untersucht man sie genauer, sieht man, dass die oberen Blätter nur wenig verändert sind. Die weiter unten liegenden Blätter sind dagegen meist stark zersetzt. Ganz unten geht die Laubschicht in eine dunkle, krümelige Erdschicht, den **Humus**, über.

Humus entsteht durch den Abbau abgestorbener Blätter und anderer Reste von Pflanzen und Tieren. Zuerst fressen kleine Bodentiere an diesen Stoffen und zerkleinern sie. Pilze und Bodenbakterien setzen den Abbau immer weiter fort, bis nur noch schwer abbaubare pflanzliche Zellwände und Holzstoff übrigbleiben. Diese unzersetzten Reste bilden zusammen mit Erde krümelige Zusammenlagerungen, den Humus. Bodenbakterien setzen auch wichtige **Mineralstoffe** frei, die im Humus abgelagert und von wachsenden Pflanzen als „Dünger" wieder aufgenommen werden.

Bakterien zur Selbstreinigung in Gewässern

Auch in Gewässern leben zahlreiche Bakterien. Massenhaft treten sie vor allem dort auf, wo Abwasser ungereinigt in ein Gewässer eingeleitet wird. Oft kann man dann schon mit bloßem Auge graue, zottige Überzüge an den Steinen im Wasser sehen. Diese Überzüge werden durch fädige Abwasserbakterien gebildet, die Schmutzstoffe abbauen. Dabei werden auch Mineralsalze freigesetzt. Für diesen Vorgang ist Sauerstoff erforderlich. Bakterien tragen entscheidend zur Selbstreinigung von Gewässern bei.

> ! Bakterien erfüllen wichtige Aufgaben in vielen Lebensräumen. Im Boden bauen Bakterien Reststoffe ab und setzen dabei wichtige Mineralsalze frei. Bakterien helfen bei der Reinigung von Gewässern, indem sie Stoffe abbauen, die das Wasser belasten.

1 Welche Bedeutung haben Bakterien bei der Humusbildung und bei der Selbstreinigung von Gewässern?

2 ***Bakterien im Wasser. A*** *verunreinigtes Gewässer;* ***B*** *sauberes Gewässer;* ***C*** *fädige Abwasserbakterien*

Boden- und Abwasserreinigung

Seitenblicke

1 Sanierung ölverseuchter Böden. A *Abtragen des Bodens;* ***B*** *fahrbare Anlage zur biologischen Bodenreinigung;* ***C*** *Bakterien fressen ein Öltröpfchen*

„*Ölunfall*: Öl gelangte in den Boden." Bei Unfällen, wie sie diese Zeitungsmeldung beschreibt, ist besonders das Grundwasser gefährdet. Daher muss der ölverseuchte Boden möglichst schnell ausgehoben werden. Den Aushub brachte man bisher auf eine Sondermülldeponie. Günstiger ist es aber, den verseuchten Boden mithilfe von Bakterien zu reinigen. Auf diese Weise kann man den wertvollen Humus erhalten. Dazu wird das verseuchte Erdreich in einer Industrieanlage mit ölabbauenden Bakterien versetzt, befeuchtet, belüftet und mit neuen Mineralsalzen versorgt.

Nach einigen Monaten haben die Bodenbakterien das Öl vollständig abgebaut. Die Erde kann dann wieder an ihren ursprünglichen Ort zurückgebracht werden.

Auch bei der Reinigung von Abwässern in Kläranlagen spielen Bakterien in Zusammenarbeit mit anderen Kleinstlebewesen eine wichtige Rolle. Das Schmutzwasser durchläuft dabei mehrere Reinigungsstufen. In der **mechanischen Stufe** werden durch Rechen und Absetzbecken grobe Stoffe und Sand vom Abwasser getrennt.

In der folgenden **biologischen Reinigungsstufe** bauen Bakterien und Einzeller menschliche und tierische Abfallstoffe ab. Um diese Lebewesen mit Sauerstoff zu versorgen, wird Luft zugeführt. Die nicht abgebauten Reste bilden zusammen mit den Bakterien und Einzellern einen Schlamm. Dieser *Belebtschlamm* gelangt in den Faulturm, wo ihn Bakterien unter Sauerstoffausschluss zu Faulgasen und Faulschlamm zersetzen. Manche Kläranlagen haben noch eine **chemische Reinigungsstufe**. Dort wird ein Teil der Salze durch „Ausflocken" entfernt.

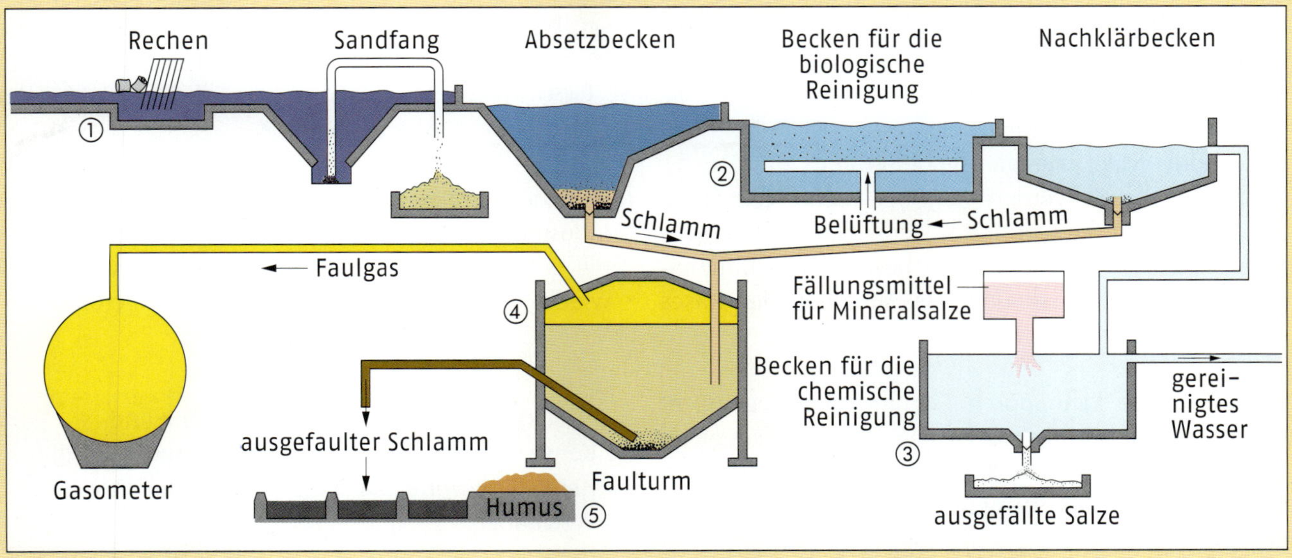

2 Bau einer Kläranlage. *① mechanische Reinigungsstufe; ② biologische Reinigungsstufe; ③ chemische Reinigungsstufe; ④ Faulschlammbehandlung; ⑤ Humusherstellung*

1 Bakterien lassen Milch sauer werden. A *Milch;* ***B*** *Sauermilch;*
C *Milchsäurebakterien (mikroskopische Aufnahme)*

3 Menschen nutzen Bakterien

Milchsäurebakterien

Unbehandelte Frischmilch wird schon nach kurzer Zeit dickflüssig und sauer, wenn man sie offen stehen lässt; es bildet sich Sauermilch. Ursache dafür sind **Milchsäurebakterien**, die Milchzucker zu Milchsäure abbauen. Man bezeichnet diesen Vorgang als *Milchsäuregärung*. Die ausgeschiedene Milchsäure lässt die Eiweißstoffe der Milch gerinnen, die Milch wird dick. Zusätzlich verhindert die Milchsäure das Wachstum von Fäulniserregern.
Durch die Verwendung unterschiedlicher Milchsäurebakterien entstehen Sauermilch, Jogurt oder Kefir.

> Stichwort
>
> **Pasteurisieren, Sterilisieren**
>
> Um Bakterien wirksam abzutöten, muss für kurze Zeit auf 75 °C erhitzt werden. Man nennt dieses Verfahren nach seinem Entdecker Louis Pasteur *Pasteurisieren*. Dabei überleben allerdings die Sporen der Bakterien. Erst bei 120 °C werden auch diese sicher abgetötet. Diesen Vorgang nennt man *Sterilisieren*.

Auch bei der Herstellung von Käse spielt die Milchsäuregärung eine wichtige Rolle. Es werden hier noch zusätzliche Stoffe zugegeben, um die Gerinnung der Milch zu beschleunigen. Bei der Reifung können bestimmte Schimmelpilze den Geschmack und das Aussehen des Käses wesentlich beeinflussen.

Auch Gemüse kann durch Gärung haltbar gemacht werden. Dazu wird es zuerst in Salzwasser eingelegt, wodurch ihm Wasser entzogen wird. Die anhaftenden Milchsäurebakterien vermehren sich und es kommt zu einer langsamen Gärung. Auf diese Weise werden Sauerkraut, Gurken und Oliven haltbar gemacht.

Essigsäurebakterien

Essig entsteht ebenfalls durch Bakterien. **Essigsäurebakterien** wandeln den Alkohol des Weins in Essigsäure um. Neben der Herstellung von Nahrungsmitteln werden Bakterien auch zur Herstellung von Aroma- und Geschmacksstoffen genutzt. Bekanntestes Beispiel ist die Sojasoße, die durch Vergären einer Mischung von gesalzenen Sojabohnen und Weizenkörnern entsteht.

Bakterien für Industriechemikalien

Bakterien werden auch zur Herstellung von sogenannten **Industriechemikalien** genutzt. So stellt man mithilfe von Bakterien große Mengen eiweißspaltender Stoffe als Hilfsmittel für moderne Waschmittel her. Auch an der Herstellung hochwirksamer **Arzneimittel** sind Bakterien beteiligt.

Bakterien können auch bei der Reinigung kupferhaltiger Industrieabwässer helfen. Sie entziehen dem Abwasser die giftigen Kupfersalze. So wird das wertvolle Metall wieder in den Produktionsprozess zurückgeführt.

> Bakterien werden für die Herstellung und Konservierung von Nahrungsmitteln sowie für die Herstellung von Chemikalien und Arzneimitteln verwendet.

1▸ Erkläre, weshalb Jogurt haltbarer ist als Frischmilch.

Seitenblicke

Was bedeutet Leben?

Amöbe, Haarmützenmoos, Mimose, Segelfalter, Feldmaus und Mensch haben gemeinsam, dass sie als Lebewesen bezeichnet werden. Es ist nicht leicht mit wenigen Worten zu beschreiben, was „Leben" bedeutet. Es gibt aber Eigenschaften, die alle Lebewesen auszeichnen. Diese unterscheiden sie vom Nichtlebendigen, z. B. von den Gesteinen und dem Boden.

1. Wenn du diese Zeilen liest, und es dabei im Zimmer zu dunkel ist, drehst du das Licht auf. Ein Murmeltier stößt Warnpfiffe aus, wenn es einen Steinadler entdeckt hat. Die Mimose senkt bei Berührung die Blattstielchen und klappt gleichzeitig die Blättchen nach oben. Alle Lebewesen zeigen **Reaktionen auf ihre Umwelt**.

2. Bei einem Besuch in einem Schmetterlingshaus kannst du die verschiedenen Entwicklungsstadien eines Schmetterlings beobachten. Eine Maus, die noch eben nackt und unbeholfen war, hat nach wenigen Wochen Junge bekommen. **Wachstum**, **Individualentwicklung** und **Fortpflanzung** sind wesentliche Eigenschaften, die alle Lebewesen haben.

3. Nach der Turnstunde knurrt dir der Magen, du hast Hunger. Du brauchst Nahrung für deinen täglichen Energieumsatz. Alle Tiere, Pflanzen, Pilze, Einzeller und Bakterien nehmen Stoffe auf, wandeln sie in andere Energieformen um und geben wiederum Stoffe ab. Der **Stoffwechsel** ist ein weiteres Kennzeichen des Lebens.

4. Deine Körpertemperatur ist immer mehr oder weniger konstant. Der Körper ist in der Lage, die Temperatur in einem gewissen Bereich zu regulieren. Alle Lebewesen können die inneren Körperbedingungen in bestimmten Grenzen gleich halten, obwohl die Umweltbedingungen schwanken. Sie versuchen einen **Gleichgewichtszustand** herzustellen.

5. Lebewesen stehen mit ihrer Umwelt in Wechselwirkung. Dadurch werden sie an diese angepasst. Blüten und Insekten sind zum Beispiel aneinander angepasst (s. S. 24/25). Die Blütenform und die Mundwerkzeuge der Insekten sind dafür ein Beispiel. Lebewesen machen so im Laufe der Erdgeschichte eine **evolutionäre Entwicklung** durch.

6. Alles Lebendige auf dieser Erde besteht aus Teilen, im einfachsten Fall aus einer Zelle mit ihren Zellbestandteilen, wie die Bakterien und Einzeller. Pflanzen, Pilze und Tiere bestehen aus mehreren Zellen, die untereinander in Beziehung stehen. Gleichartige Zellen bilden Gewebe. Verschiedene Gewebe bauen Organe auf. Diese bilden Organsysteme und ergeben zusammen den Organismus. Dieser Aufbau eines lebenden Organismus bezeichnet man als hierarchisch. Der **hierarchische Aufbau** ist ebenfalls ein Kennzeichen des Lebens.

1 ***Lebewesen.***
A *Amöbe;* ***B*** *Haarmützenmoos;* ***C*** *Mimose;* ***D*** *Segelfalter;* ***E*** *Feldmaus*

Ökosysteme

1 ***Ökosysteme auf der Erde.*** ***A*** *Wüste;* ***B*** *Stadt;* ***C*** *Laubwald;* ***D*** *See;* ***E*** *tropischer Regenwald*

1 Unterschiedliche Lebensräume

Auf der Erde findet man so unterschiedliche Gebiete wie Wälder, Wüsten, Meere, Seen oder Städte. Wie unterscheidet sich zum Beispiel ein mitteleuropäischer Laubwald von einem tropischen Regenwald?
Jeder weiß, dass es bei uns warme Sommer und kalte Winter mit Frost gibt. Die Laubbäume unserer Wälder werfen deshalb im Herbst ihre Blätter ab und überdauern in einem Ruhestadium bis zum nächsten Frühjahr. In tropischen Regenwäldern misst man dagegen ganzjährig gleich bleibend hohe Temperaturen. Hier gibt es keinen jahreszeitlich bedingten Laubabwurf.

Unbelebte und belebte Umweltfaktoren

Die *Temperatur* bestimmt wesentlich die Lebensbedingungen in diesen Lebensräumen. Andere Faktoren sind z. B. *Niederschläge, Lichtmenge* und *Bodenverhältnisse*. Man spricht von den **unbelebten Umweltfaktoren**. Ein Lebensraum ist durch ganz bestimmte unbelebte Umweltfaktoren gekennzeichnet. Diese Bedingungen führen dazu, dass sich in jedem Lebensraum besondere **Lebensgemeinschaften** aus Mikroorganismen, Pilzen, Pflanzen und Tieren entwickeln. Organismen einer Lebensgemeinschaft stehen in Wechselwirkung miteinander. Eine Waldmaus ernährt sich z. B. von Wurzeln und Beeren und wird ihrerseits vom Fuchs gefressen. Die Mitglieder einer Lebensgemeinschaft bilden die **belebten Faktoren**. Der Lebensraum einer Lebensgemeinschaft heißt **Biotop**.

Ökosystem

Die Lebewesen einer Lebensgemeinschaft haben nicht nur untereinander zahlreiche Beziehungen, sondern sind auch von unbelebten Faktoren abhängig. Wildschweine etwa bevorzugen feuchte Böden, in denen sie schlammige Gruben zum Suhlen anlegen. Solche Wechselbeziehungen von Biotop und Lebensgemeinschaft bestehen z. B. im Laubwald. Eine Einheit aus Lebensgemeinschaft und Lebensraum wie den Laubwald nennt man **Ökosystem**.

Natürliche und künstliche Ökosysteme

Es gibt **natürliche Ökosysteme**, wie z. B. tropische Regenwälder, Seen und Moore. Manche Ökosysteme wurden erst durch den Menschen geschaffen. Man nennt sie **künstliche Ökosysteme**. Zu diesen gehören Städte, Dörfer, Felder und die meisten Wiesen. Ökosysteme sind in ihrer Größe und Artenvielfalt sehr unterschiedlich. Der tropische Regenwald z. B. ist ein sehr großes und artenreiches Ökosystem. Ein Feld ist dagegen viel kleiner. Hier leben nur wenige verschiedene Tier- und Pflanzenarten.

2 Biotop (A) und Lebensgemeinschaft (B) bilden ein Ökosystem (C).

> Ein Ökosystem ist eine Einheit, in der Biotop (Lebensraum) und Lebensgemeinschaft in Wechselbeziehung zueinander stehen. Man unterscheidet natürliche und künstliche Ökosysteme.

1. Erkläre mithilfe der Abbildung 2 A bis C die Begriffe Biotop, Lebensgemeinschaft und Ökosystem.
2. Nenne jeweils zwei Beispiele für natürliche und künstliche Ökosysteme.
3. Nenne drei unbelebte Faktoren, die den Lebensraum „Wüste" kennzeichnen.
4. Ordne folgende Umweltfaktoren, die auf eine Waldmaus wirken, in unbelebte und belebte Faktoren: Licht, Boden, Wurzeln, Beeren, Temperatur, Fuchs, andere Waldmäuse, Eule.

2 Ökosystem Wald

2.1 Wald ist nicht gleich Wald

Betrachte die Fotos auf dieser Seite. Sie zeigen ganz unterschiedliche Wälder. Im *Rotbuchenwald* ist es im Sommer angenehm kühl und schattig. Im *Rot-Föhrenwald* ist es dagegen heller, wärmer und trockener. Vielleicht findest du hier Heidelbeeren oder Eierschwammerln (Pfifferlinge). Ganz anders sieht es in einem *Erlenbruchwald* aus. In diesem Wald ist es kühl und etwas sumpfig. Es riecht modrig und Mückenschwärme „tanzen". Wie kommt es überhaupt zu diesen unterschiedlichen Wäldern?

Verschiedene Baumarten – unterschiedliche Ansprüche

Um diese Frage zu beantworten, müssen wir uns mit den Ansprüchen der einzelnen Baumarten an ihre Umwelt beschäftigen. Die Zeichnung zeigt uns die Verteilung der Baumarten vom Flachland bis zum Hochgebirge. Im Flachland findet man häufig *Rotbuchen*. Sie bilden ausgedehnte **Laubwälder**. Rotbuchen können auf verschiedenen **Bodenarten** wachsen. Diese dürfen jedoch nicht zu trocken sein. Sandige und trockene Böden werden vor allem von *Birken* und *Rot-Föhren* besiedelt. Auf feuchten und humusreichen Böden wachsen Rotbuchen und verschiedene Eichenarten. Eichenwälder gehören ebenfalls zu den Laubwäldern.

Auch im Mittelgebirge wachsen häufig Rotbuchen. Sie kamen früher meist gemeinsam mit *Tannen* vor. Von diesen natürlichen **Mischwäldern** sind nur wenige übrig geblieben. Die meisten wurden im Mittelalter gerodet. Statt der Mischwälder wurden vom Menschen Fichten- und Rot-Föhrenforste angelegt. In einem **Forst** herrscht eine einzige Baumart vor.
Neben Rotbuchen, Tannen und Fichten wachsen auch Berg-Ahorn und Berg-Ulme im Mittelgebirge.
In der Nähe von Wasserläufen und in Gebieten mit sehr hohem Grundwasserspiegel findet man ganz andere Baumarten. Hier stehen verschiedene Arten von *Weiden*, *Pappeln* und *Erlen*. Sie vertragen ständig nassen Boden und Überflutungen.
Betrachten wir die Höhenverbreitung der Bäume in den Alpen. Wir sehen, dass sich diese zwischen Nord- und Südseite der Alpen erheblich unterscheiden kann. Die Wälder bis zu einer Höhe zwischen 500 und 1000 m setzen sich aus Rotbuchen beziehungsweise noch aus Eichen und Hainbuchen zusammen.
Gebietsweise kommt die Tanne vor, die hohe Ansprüche an Feuchtigkeit, Wärme und die Tiefgründigkeit des Bodens stellt. Viele dieser Wälder sind heute in Fichtenforste umgewandelt.

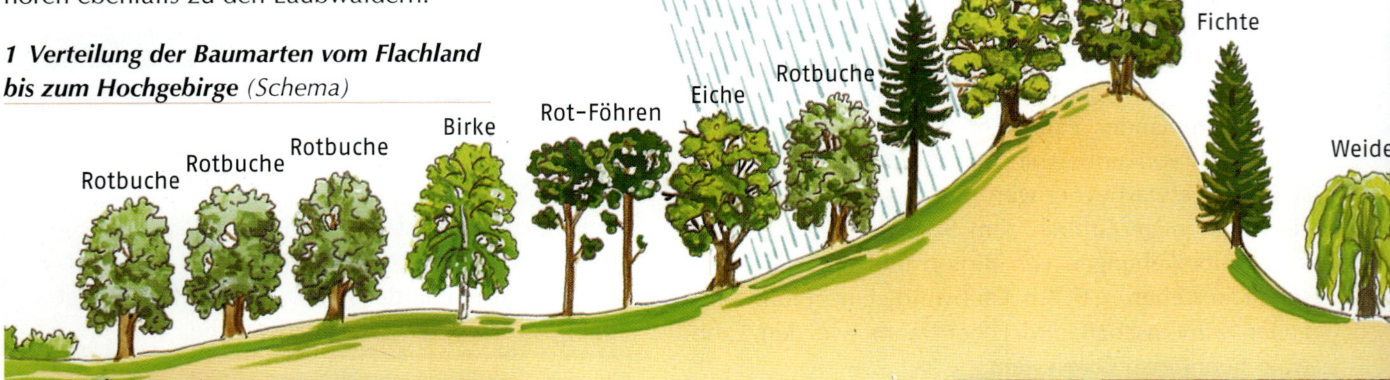

1 Verteilung der Baumarten vom Flachland bis zum Hochgebirge *(Schema)*

Rotbuchenwald

Rot-Föhrenwald

Eichenwald

In den **Bergwäldern** zwischen einer Höhe von 1000 m bis zur Waldgrenze, die in den Alpen zwischen 1800 und 2200 m liegt, dominiert im unteren Bereich immer noch die Rotbuche. Hier gedeihen auch Berg-Ahorn, Berg-Ulme und die Gemeine Esche. Über 1400 m überwiegen immer mehr die Nadelbäume. Die Fichten und Lärchen bilden hier oft dichte **Nadelwälder**. Bei einem weiteren Anstieg in den Zentralalpen kommt man in den Fichten-Zirbenwald.
Oberhalb 2200 m ist es für fast alle Bäume zu kalt und zu windig. Über der Waldgrenze kann es eine **Krummholzzone** geben. Dort kommen Latschen, eine Föhrenart, die kriechend am Boden wächst, oder Grün-Erlen vor.

Der Faktor Licht

Neben der Temperatur und der Bodenbeschaffenheit beeinflusst auch das **Licht** das Wachstum der Bäume. Es ist unentbehrlich für das Wachstum grüner Pflanzen, denn es liefert die Energie für die Fotosynthese. Je dichter die Krone von Bäumen ist, desto besser kann der Baum das Licht ausnutzen. Fichten und Rotbuchen sind Beispiele dafür. Bei Rot-Föhren und Birken sind die Baumkronen weniger dicht. Sie brauchen viel Licht.

! Laubwald, Mischwald und Nadelwald sind unterschiedliche Waldtypen. Umweltfaktoren wie Boden, Temperatur, Wasser und Licht bestimmen das Vorkommen der einzelnen Baumarten.

1 Nenne Ansprüche der Rotbuche an ihren Lebensraum.

2 Beschreibe Bedingungen, mit denen Bäume im Hochgebirge zurechtkommen müssen.

3 Gib für die folgenden Baumarten jeweils zwei typische Lebensbedingungen an: Weide, Birke, Berg-Ulme, Fichte und Latsche.

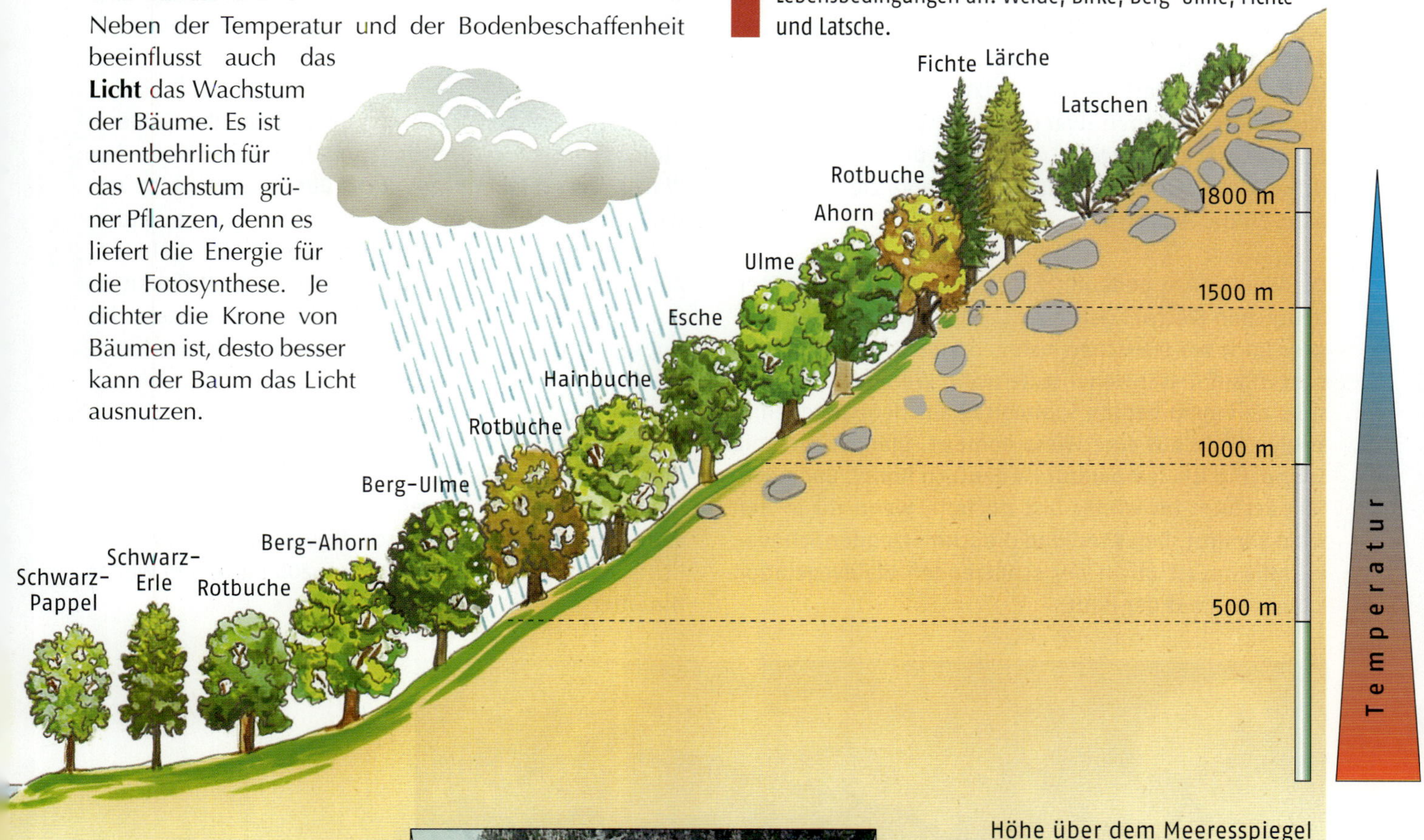

Erlenbruchwald

Fichtenwald

Latschen

Seitenblicke

Waldgrenze und Baumgrenze

Bei einer Wanderung in den Alpen wird dir schon aufgefallen sein, dass ab einer bestimmten Höhe kein Wald mehr wächst. Die Bäume werden immer niedriger, der Wald wird lichter. Häufig hört der Wald aber mehr oder weniger abrupt auf. Zwischen den Zwergsträuchern oder auf einer Bergwiese stehen nur noch einzelne Bäume.

Die **Waldgrenze** ist jener Bereich, wo der geschlossene Wald aufhört. In Österreich liegt die Waldgrenze zwischen 1800 m am Alpenrand und 2200 m Höhe in den Zentralalpen. Verantwortlich für die unterschiedliche Lage der Höhengrenze des Waldes sind das Klima, das Gestein und die Steilheit des Geländes. Die **Baumgrenze** befindet sich dort, wo die letzten Bäume mit einer Wuchshöhe zwischen zwei und drei Metern stehen. Beide Grenzen gibt es auch in den nördlichen und südlichen Gebieten der Erde. Dort markieren sie den Übergang zu den Polarregionen.

Die Waldgrenze bedeutet für Tiere und Pflanzen einen deutlichen Wechsel der Lebensbedingungen in den Bergen. Auch wir Menschen nehmen klimatische Veränderungen auf dieser Höhenstufe wahr. Wenn du zum Beispiel an einem heißen Sommertag aus dem angenehm, kühlen Wald auf eine Wiese kommst, blendet dich die Sonne und die Temperatur ist deutlich höher. Bei einem Schneesturm im Winter bist du froh, wenn du in den Wald kommst. Den Wind und die schmerzenden Schneekristalle spürst du in der schützenden Waldvegetation kaum noch auf der Haut.

Warum gibt es eine Waldgrenze?

Die Waldgrenze befindet sich in den Alpen dort, wo an mindestens 100 Tagen im Jahr die Durchschnittstemperatur unter 5 °C beträgt. Bei so niedrigen Temperaturen können die Bäume nicht genügend Energie für Ihr Wachstum umsetzen. Außerdem ist die Zeit für Wachstum und Vermehrung zu kurz.

Die **Vegetationsperiode** – also die Zeit, in der die Pflanze wächst und sich entfaltet – wird umso **kürzer**, je höher wir die Berge hinaufgehen. In einer Höhe von 2000 m beträgt die Vegetationsperiode für die Pflanzen nur noch maximal zweieinhalb Monate.

Ab einer gewissen Höhe ist die Zeit für die Samenbildung, deren Verbreitung und Keimung sowie den Wuchs der Sämlinge zu kurz. Der lange Winter mit Wind, Schnee und Eis verletzt die Bäume. Diese werden leichter von Krankheitserregern, wie Pilzen, befallen. Auch abgehende Lawinen können das Aufkommen eines Waldes auf einem Hang verhindern. Besteht der Untergrund nur noch aus Felsen, kann überhaupt kein Wald entstehen.

Die jahrhundertelangen Eingriffe des Menschen in die Alpenregionen haben die Ausdehnung und Ausbildung der natürlichen Waldgrenze stark beeinflusst. Durch Waldrodungen und Almwirtschaft „wanderte" die natürliche Waldgrenze in den Alpen um 200 bis 400 m weiter hinunter.

A

Der Bereich zwischen Waldgrenze und Baumgrenze wird oft auch als **Krummholzzone** bezeichnet. Da viele Regionen der Alpen nicht mehr beweidet werden, dehnt sich derzeit die Krummholzzone stark aus. Beobachtungen in Gebieten, die von Menschen weniger beeinflusst sind, lassen den Schluss zu, dass unter natürlichen Bedingungen der Wald geschlossen aufhört. Die Bäume werden dann mit steigender Höhe immer kleiner.

1 Krummholzzone

Welche Baumarten bilden die Waldgrenze in den Alpen?

Welche Baumarten bis an die Waldgrenze vorkommen, ist in den Regionen der Alpen unterschiedlich. Die höchst gelegenen Wälder in den Zentralalpen werden oft von der Zirbe und der Lärche gebildet. Diese beiden Baumarten sind gegen Frost besonders unempfindlich. Die Nadeln der Zirben ertragen Temperaturen bis –40 °C. Die Lärche wirft im kalten Winter ihre Nadeln ab. Beide Baumarten kommen für das Wachstum und die Vermehrung mit dem kurzen Sommer in den hohen Lagen aus. In den feuchten Bereichen der Nordalpen wird die Waldgrenze hauptsächlich durch die schattentolerantere und schneller wachsende Fichte gebildet. Diese Baumart wird auch stark durch die Forstwirtschaft gefördert. In den südlich gelegenen Bereichen der Alpen kommen auch die Rotbuche und die Tanne bis an die Waldgrenze vor.

1 In welchen Ökosystemen der Welt, außer dem Hochgebirge und der polaren Regionen, gibt es weder Wälder noch Bäume? Wenn du solche gefunden hast, überlege dir, warum dort keine Bäume wachsen können.

2 Deutlich sichtbare Waldgrenze

*1 **Schichtung im Mischwald. A** Foto; **B** Schema*

2.2 Stockwerke eines Mischwaldes

In einem Mischwald kann man an vielen Stellen von den Baumwipfeln bis zum Boden unterschiedliche Schichten oder „Stockwerke" erkennen.

Baumschicht

Die Bäume in unseren Wäldern werden etwa 20 bis 60 Meter hoch. Sie bilden das obere Stockwerk, die *Baumschicht*. Zu dieser Schicht gehören zum Beispiel Stiel-Eichen, Rotbuchen, Fichten und Lärchen. Diese Schicht filtert das Licht und fängt starke Regengüsse ab.

Strauchschicht

Unterhalb dieser Schicht liegt die *Strauchschicht*. Die hier vorkommenden Sträucher werden meist 2 bis 6 m hoch. Zu diesem Stockwerk gehören auch Kettersträucher wie die Waldrebe, aber auch junge Bäume. Häufige Sträucher unserer Wälder sind Gemeine Hasel, Faulbaum und Holunder. Am Waldrand bildet diese Schicht einen Windschutz und bewahrt den Boden so vor Austrocknung.

Krautschicht

Mischwälder weisen in der nun folgenden *Krautschicht* häufig viele Blütenpflanzen und Farne auf. Hier kann man im Frühjahr einen Blütenteppich aus verschiedenen Frühblühern wie Busch-Windröschen, Leberblümchen und Maiglöckchen entdecken. Im Sommer wachsen hier Pflanzen, die mit wenig Licht auskommen wie Sauerklee, Schattenblume und Springkraut. Auch Farne und Gräser gehören zu der bis zu einem Meter hohen Krautschicht.

Moosschicht und Wurzelschicht

Die *Moosschicht* ist je nach Waldtyp unterschiedlich stark ausgeprägt. Moose werden 10 bis 20 Zentimeter hoch. Hier gedeihen zum Beispiel das Haarmützenmoos und das Weißmoos. Im Sommer und im Herbst kann man in der Moosschicht auch die Fruchtkörper von Pilzen sammeln.

Die darunterliegende *Wurzelschicht* ist von den Wurzeln verschiedener Pflanzen und Pilzgeflechten durchzogen. Die Pflanzen nehmen hier Wasser und Mineralsalze auf. Abgestorbene Pflanzen, heruntergefallene Äste, Blätter und Nadeln werden in diesem Bereich zersetzt. So entsteht neue, mineralstoffreiche Humuserde.

Der Mischwald ist in verschiedene Stockwerke gegliedert. Dazu gehören die Baum-, Strauch-, Kraut-, Moos- und Wurzelschicht. In jeder Schicht findet man typische Pflanzen.

1. Nenne je zwei Pflanzenarten, die in der Moos-, Kraut-, Strauch- und Baumschicht vorkommen.
2. Am Waldrand findet man oft mehr Straucharten als im Waldesinneren. Erkläre, warum.

Urwälder

Seitenblicke

Die Bedingungen in einem Urwald

Fast die Hälfte von Österreich ist von Wäldern bedeckt. Da die Wälder seit Jahrhunderten genutzt werden, sind sie gegenüber ihrem natürlichen Zustand mehr oder weniger stark verändert. Man spricht von *Forsten*.
Urwälder sind hingegen **naturbelassene Wälder**, in die der Mensch noch nie eingegriffen hat. Es gibt sie in Mitteleuropa nur noch sehr selten. Ihre typischen Kennzeichen: Sie weisen eine natürliche Vegetation auf. Alle natürlichen Prozesse können vom Menschen ungestört ablaufen. Nach Stürmen werden die Bäume liegen gelassen. Umgefallene Bäume verrotten. Kommt es in einem heißen, trockenen Sommer zu einem Waldbrand, wird dieser nicht gelöscht.

Urwälder sind keine monotonen Flächen, auf denen überall gleich hohe und gleich alte Bäume wachsen. Ein natürlicher Wald setzt sich aus einem Mosaik unterschiedlich alter Bäume und unterschiedlicher Lebensbedingungen zusammen. Auf Flächen mit umgefallenen Bäumen entstehen Lichtungen mit Gräsern und Kräutern; auf anderen Stellen wächst Gebüsch.
Außerdem gibt es Flächen, wo sich das Kronendach der Bäume zu schließen beginnt. Der Boden wird dadurch immer mehr beschattet. An diesen Stellen wachsen weniger Gräser und Kräuter.
Waldteile mit hohen Bäumen weisen den typischen Stockwerkbau eines Hochwaldes mit Baum-, Strauch-, Kraut- und Moosschicht auf.

In der Altersphase des Waldes sterben Bäume ab. Beim Fallen reißen sie Lücken in den Waldbestand. Langsam beginnen die umgefallenen Bäume zu zerfallen.

Urwaldrelikt in Österreich

Der Rothwald beim Dürrenstein in Niederösterreich ist der größte Urwaldrest Mitteleuropas. Er erstreckt sich südlich von Lunz am See in einer Höhe von 950 bis 1600 m. Die Waldfläche von beinahe 500 ha wurde nie forstwirtschaftlich genutzt. Über 500 Jahre alte Tannen und Fichten wachsen dort. Einzelne Rotbuchen haben ein Alter von über 400 Jahren. Die Waldtypen in diesem Urwaldrelikt entsprechen der typischen Vegetation der nördlichen Kalkalpen. Rotbuchen-Tannen-Fichtenwälder machen den größten Anteil aus. Auf den feuchten, steilen Hängen stehen charakteristische Hang- und Schluchtwälder. Hier wachsen vereinzelt Berg-Ahorn, Esche und Berg-Ulme. Reine Fichtenbestände ergeben sich kleinflächig auf Bergstürzen und an felsigen Standorten an der Waldgrenze. Die Rotbuche kommt durch das schneereiche und feuchte Klima des Gebietes ebenfalls bis zur Waldgrenze vor.

1 Für welche Tiere sind Urwaldreste in der heutigen Landschaft von besonderer Bedeutung?

2 Der Rothwald und Teile des Dürrenstein sind aus Naturschutzgründen ein ganz besonderes Gebiet in Österreich. Was findest du dazu im Internet?

1 Verrottende Baumstämme am Waldboden

Pinnwand

Pflanzen der Strauchschicht

①

Ⓐ Gemeine Waldrebe
Größe: bis 10 m hoher, klimmender Strauch
Blüten: weiß; blüht von Juni bis August
Früchte: kleine, braune Nüsschen, federartig behaart
Blätter: gefiedert, aus 3 bis 5 Blättchen

④

Ⓑ Kornelkirsche
Größe: 2 bis 5 m hoher Strauch
Blüten: gelb; blüht von Februar bis März
Früchte: rote Steinfrüchte; Vogelverbreitung
Blätter: gegenständig, eiförmig

②

Ⓒ Zweigriffliger Weißdorn
Größe: bis 8 m hoher Strauch mit bedornten Zweigen
Blüten: weiß; blüht im Mai
Früchte: rote Steinfrucht; Vogelverbreitung
Blätter: vielgestaltig, drei- bis fünflappig

⑤

Ⓓ Brombeere
Größe: 30 bis 60 cm hoher Strauch mit bestachelten Zweigen
Blüten: weiß; blüht von Mai bis August
Früchte: dunkelblaue Sammelfrüchte; essbar
Blätter: meist aus drei Blättern zusammengesetzt; Blattrand gesägt

③

Ⓔ Faulbaum
Größe: 1 bis 4 m hoher Strauch
Blüten: weiß; blüht von Mai bis Juli
Früchte: schwarze Steinfrüchte, schwach giftig
Blätter: verkehrt eiförmig, ganzrandig

⑥

Ⓕ Schwarzer Holunder
Größe: 5 bis 10 m hoher Strauch
Blüten: weiß; blüht von Mai bis Juni
Früchte: schwarze, essbare Beeren; Vogelverbreitung
Blätter: gegenständig, unpaarig gefiedert

1▸ Ordne den Pflanzenbeschreibungen A bis F die entsprechenden Abbildungen zu.

2▸ Sammelt Bilder von verschiedenen Pflanzen, die in der Strauchschicht vorkommen, und gestaltet eine eigene Pinnwand.

Pflanzen der Kraut- und der Moosschicht

Pinnwand

Maiglöckchen
Größe: bis 25 cm hoch
Blütezeit: Mai bis Juni
Besonderheit: Giftpflanze

Springkraut
Größe: bis 80 cm hoch
Blütezeit: Juli bis September
Besonderheit: Reife Samen werden bei Berührung bis 2 m weit herausgeschleudert.

Wald-Sauerklee
Größe: bis 15 cm hoch
Blütezeit: April bis Juni
Besonderheit: Schattenpflanze; Blätter schmecken sauer; kann seine Blattstellung den Lichtverhältnissen anpassen

Wald-Schachtelhalm
Größe: bis 60 cm hoch
Besonderheit: Sporenpflanze; bildet keine Blüten aus; häufig; wächst in schattigen, feuchten Wäldern

Waldmeister
Größe: bis 30 cm hoch
Blütezeit: Mai bis Juni
Besonderheit: nicht blühende Pflanzen werden für Waldmeisterbowle genutzt

Weißmoos
Größe: 5 bis 15 cm hoch
Besonderheit: Sporenpflanze; bildet keine Blüten aus; wächst auf sauren Waldböden

Adlerfarn
Größe: bis 2 m hoch
Besonderheit: Sporenpflanze, bildet keine Blüten aus; sehr häufig

1 Betrachte die Abbildungen vom Wald-Sauerklee. Erkläre die unterschiedlichen Blattstellungen.

2 Nenne Sporenpflanzen der Moosschicht und der Krautschicht.

1 **Rotbuche. A** *Blütenstände;* **B** *Frucht (Buchecker);* **C** *Verbreitung*

2.3 Die Rotbuche – ein Laubbaum

Sonnenblätter und Schattenblätter

In einem Rotbuchenwald herrscht auch an hellen Tagen ein Dämmerlicht. **Rotbuchen** nutzen aber das Sonnenlicht sehr gut aus. Sie haben dazu zwei Arten von Blättern entwickelt: Die dickeren, dunkelgrünen kleineren *Sonnenblätter* stehen im äußeren Bereich der Krone. Die dünneren, hellgrünen *Schattenblätter* befinden sich im inneren Bereich der Krone. Ihre großen Blattflächen können das geringere Sonnenlicht in diesem Bereich besser ausnutzen.
Da nur wenig Restlicht auf den Waldboden gelangt, wachsen hier meist nur wenige andere Pflanzenarten. Keimlingen der Rotbuche genügt aber das wenige Licht.

Ende April erscheinen die ersten Blüten der Rotbuche. Die männlichen Blüten hängen in Büscheln am Grunde der Triebe. Die weiblichen Blüten stehen zu zweit am Ende der jungen Zweige.

Getrenntgeschlechtlich und einhäusig

Die Rotbuche ist also **getrenntgeschlechtlich** und **einhäusig**. Nach der Befruchtung entwickeln sich dreikantige Nüsschen, die *Bucheckern*. Sie sind durch einen stacheligen Fruchtbecher geschützt. Im September platzen die reifen Früchte auf und die Bucheckern fallen heraus. Sie können im nächsten Frühjahr keimen.
Rotbuchen, du erkennst sie auch an der glatten, hellgrauen Borke, werden bis zu 50 Meter hoch. Sie sind mit einem großen, flachen Wurzelteller in der Erde verankert. Die Bäume werden etwa 150 Jahre alt.

> Die Rotbuche ist ein Laubbaum, der das Sonnenlicht besonders gut nutzen kann. Aus den befruchteten weiblichen Blüten entwickeln sich Bucheckern.

1› Stelle einen Steckbrief der Rotbuche auf.

2› Beschreibe die Entwicklung einer Rotbuche mithilfe der Abbildung 1C.

1 ***Rot-Föhre. A** Blütenstände; **B** Zapfen; **C** Verbreitung*

2.4 Die Rot-Föhre – ein Nadelbaum

In einem Rot-Föhrenwald sieht es ganz anders aus als in einem Rotbuchenwald. Sonnenlicht dringt durch die lichten Kronen bis zum Boden. Hier wachsen einige Kräuter, Gräser und Moose. **Rot-Föhren**, man nennt sie auch *Kiefern*, haben schmale, nadelförmige Blätter. Die *Nadeln* verdunsten so wenig Wasser, dass sie der Baum auch im Winter behalten kann. Rot-Föhren sind *immergrüne Nadelbäume*.
Herabgefallene Nadeln zersetzen sich nur langsam. Auf einem solchen Boden können nur bestimmte Pflanzen wachsen, z. B. Heidelbeere und Heidekraut.

Nacktsamer

Im Mai blüht die Rot-Föhre. Die männlichen *Blüten* sitzen am Grunde der Triebe, die zapfenförmigen weiblichen Blütenstände dagegen an deren Spitze. Sie enthalten die weiblichen Blüten. Auf der Samenschuppe der weiblichen Blüten liegen je zwei freie Samenanlagen. Ein Fruchtknoten fehlt.
Rot-Föhren sind also **Nacktsamer**.

Samenentwicklung

Der Wind überträgt die Pollen auf die Samenanlagen. Nach der Befruchtung entwickeln sich eiförmige *Zapfen*. Sie reifen bis zum Herbst des folgenden Jahres. Im Frühjahr des dritten Jahres öffnen sie sich und die geflügelten *Samen* fallen heraus. Sie können an einem hellen Standort keimen. Sie wachsen schnell und bilden tiefe *Pfahlwurzeln* aus. Rot-Föhren werden etwa 35 Meter hoch und können über hundert Jahre alt werden.

! Rot-Föhren gehören zu den Nadelbäumen. Aus ihren Blütenständen entwickeln sich nach Bestäubung und Befruchtung Zapfen.

1 Stelle einen Steckbrief der Rot-Föhre auf.

2 Beschreibe die Entwicklung einer Rot-Föhre mithilfe der Abbildung 1C.

1 ***Farne im Wald.*** ***A*** *Wurmfarn;* ***B*** *Sporenhäufchen*

2.5 Farne sind Sporenpflanzen

Große Farnbestände wie die des *Wurmfarns* findet man häufig in schattigen, feuchten Wäldern und an Bachufern. Sie erhöhen die Luftfeuchtigkeit durch die Verdunstung über ihre großen Blätter und bieten Tieren Unterschlupf.

Farnpflanze – Vorkeim: Generationswechsel

Farne gehören zu den sogenannten **Sporenpflanzen**. Schauen wir uns die Entwicklung eines Farns am Beispiel des Wurmfarns an. Auf der Unterseite der Farnblätter, den **Wedeln**, bilden sich im Sommer **Sporenhäufchen**. Sie bestehen aus mehreren Sporenkapseln, die aufplatzen, wenn die *Sporen* herangereift sind. Die Sporen fallen auf den Waldboden und können an feuchten Stellen auskeimen. Aus jeder Spore wächst ein herzförmiges Gebilde von der Größe eines 1-Cent-Stückes, der **Vorkeim**. Auf seiner Unterseite bilden sich in den männlichen Geschlechtsorganen begeißelte männliche Geschlechtszellen (**„Schwärmer"**). In den weiblichen Geschlechtsorganen entstehen **Eizellen**. In einem Wassertropfen kann eine männliche Geschlechtszelle zur Eizelle schwimmen und beide verschmelzen dann miteinander. Aus der befruchteten Eizelle wächst eine neue Farnpflanze. Eine solche Entwicklung bezeichnet man als **Generationswechsel**. Die sporenbildende Farnpflanze ist bei diesem Generationswechsel die *ungeschlechtliche Generation*. Ihr folgt die *geschlechtliche Generation* mit dem Vorkeim, auf dem sich die Geschlechtszellen bilden.

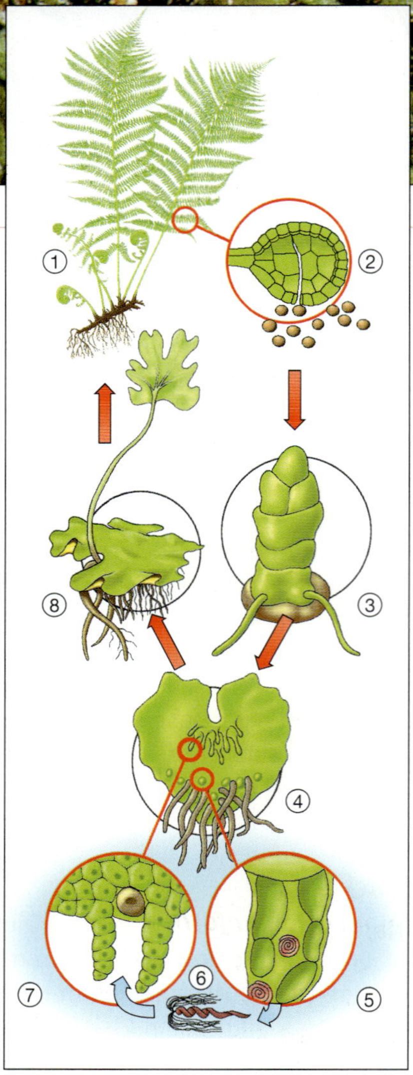

2 Generationswechsel beim Wurmfarn. *① Farnpflanze, ② Freisetzen der Sporen, ③ auskeimende Spore, ④ Vorkeim von unten, ⑤ männliches Geschlechtsorgan mit Schwärmern, ⑥ schwimmender Schwärmer, ⑦ weibliches Geschlechtsorgan mit Eizelle, ⑧ junge Farnpflanze*

> Farne sind Sporenpflanzen. Die Fortpflanzung erfolgt über einen Generationswechsel zwischen ungeschlechtlicher und geschlechtlicher Generation. Die Farnpflanze ist die ungeschlechtliche, der Vorkeim die geschlechtliche Generation.

1 Beschreibe die Entwicklung eines Wurmfarns. Benutze dazu die Abbildung 2.

Farne

Pinnwand

Name: ***Braunstieliger Streifenfarn***
Wedellänge: 10 bis 20 cm
Sporenreife: Juli bis September
Vorkommen: Mauern und trockene Felsen
Besonderheit: Ausbildung von Wedeln mit und ohne Sporenkapselhäufchen. Die Bezeichnung „Streifenfarn" bezieht sich auf die länglichen Sporenkapselhäufchen auf der Unterseite der einfach gefiederten Blätter.

Name: ***Mauerraute***
Wedellänge: 5 bis 15 cm
Sporenreife: über das ganze Jahr
Vorkommen: kalkhaltige Standorte wie besonnte Mauern und Felsen
Besonderheit: Ausbildung von Wedeln mit und ohne Sporenkapselhäufchen

Name: ***Tüpfelfarn***
Wedellänge: 10 bis 40 cm
Sporenreife: Juli bis September
Vorkommen: feuchtwarme, meist halbschattige Standorte an Felsen, auf Baumstümpfen und kalkarmen Waldböden
Besonderheit: Die runden Sporenkapselhäufchen sehen wie Tüpfel aus (Name!). Die einfach gefiederten Blätter überdauern den Winter.

Name: ***Adlerfarn***
Wedellänge: 50 bis 200 cm
Sporenreife: Juli bis Oktober
Vorkommen: Wälder, Weiden; auf feuchtem Untergrund
Besonderheit: Auf dem Querschnitt durch den unteren Teil des Blattstiels erkennt man die Figur eines Adlers mit zwei Köpfen (Name!), die durch die Leitbündel gebildet wird.

Name: ***Rippenfarn***
Wedellänge: 15 bis 50 cm
Sporenreife: Juli bis August
Vorkommen: saure, feuchte bis nasse Wald- und Heideböden
Besonderheit: Ausbildung von Wedeln mit und ohne Sporenkapselhäufchen. Die Wedel ohne Sporenkapselhäufchen sind kleiner und immergrün. Die einfach gefiederten Blätter erinnern an die vom Brustbein abgehenden Rippen (Name!).

Name: ***Wurmfarn***
Wedellänge: 30 bis 120 cm
Sporenreife: Juli bis September
Vorkommen: Laubwälder mit feuchten, mineralsalzreichen Böden; Ufergebüsch von Bächen
Besonderheit: Aus dem Erdspross wurde früher ein Mittel gegen Würmer im Darm des Menschen gewonnen (Name!).

2.6 Moose sind Wasserspeicher

Feuchte Waldböden sind meist von einer geschlossenen Moosdecke überzogen. Sie bildet etwa zehn Zentimeter hohe Polster. Regnet es im Wald, saugen diese Moospolster das Regenwasser wie ein Schwamm auf. Ein Teil des Wassers versickert später in den Waldboden. Der Rest verdunstet langsam und wird so an die Luft abgegeben. Im Wald ist es deshalb im Sommer kühler und feuchter als in seiner Umgebung. Moospolster bilden auch Kleinstlebensräume für Bodenorganismen wie Spinnen und Käfer.

Eine Laubmoospflanze ist einfach gebaut: An einem *Stämmchen* sitzen die *Moosblättchen*, in deren Achseln sich das Wasser hält. Aber auch die Blättchen nehmen Wasser auf und speichern es. Die Pflanze besitzt dünne, wurzelähnliche Zellschläuche, mit denen sie Halt im Boden findet.

Fortpflanzungsorgane

Im Frühsommer verändert sich das Aussehen einiger Moospflanzen. Die oberen Blättchen verbreitern sich und können sich rötlich färben. Betrachtet man eine solche „Moosblüte" mit der Lupe, entdeckt man viele keulenförmige Säckchen. Das sind die *männlichen Fortpflanzungsorgane*. Andere Moospflänzchen sehen an der Spitze anders aus. Hier umschließen Hüllblättchen die winzigen weiblichen Fortpflanzungsorgane. Jedes dieser flaschenförmigen Gebilde enthält eine Eizelle.

Wird der Moospolster von Regenwasser durchtränkt, öffnen sich die keulenförmigen Säckchen und entlassen fadenförmige, zweigeißelige *Schwärmer*. Durch umherspritzende Regentropfen können diese männlichen Geschlechtszellen auf weibliche Moospflänzchen übertragen werden. Sie schwimmen zu den Eizellen und befruchten diese.

1 Generationswechsel beim Haarmützenmoos. *① Spore, ② keimende Spore, ③ Vorkeim, ④ Moosknospe, ⑤ männliches Moospflänzchen, ⑥ weibliches Moospflänzchen, ⑦ männliche Fortpflanzungsorgane, ⑧ weibliche Fortpflanzungsorgane, ⑨ weibliches Fortpflanzungsorgan mit Eizelle, ⑩ Schwärmer, ⑪ Entwicklung eines Sporenträgers, ⑫ Sporenkapseln mit Stielen auf Moospflänzchen*

geschlechtliche Generation

ungeschlechtliche Generation

Ungeschlechtliche Generation

Aus einer befruchteten Eizelle wächst ein gelblicher Stiel hervor, der an seiner Spitze eine Kapsel trägt. Dies ist der **Sporenträger** mit der *Sporenkapsel*. Der Sporenträger ist die *ungeschlechtliche Generation*. Das Oberende der Sporenkapsel ist durch einen Deckel verschlossen. Sind die Sporen reif, wird der Deckel abgesprengt. Bei Trockenheit werden die Sporen ausgestreut und durch den Wind verbreitet.

Geschlechtliche Generation

Auf feuchtem Boden wächst aus einer Spore zuerst ein fädiger **Vorkeim**, an dem die Moospflanzen als kleine Knospen angelegt sind. Auf den Moospflänzchen bilden sich wiederum die *männlichen* und *weiblichen Fortpflanzungsorgane*.

Die Moospflänzchen sind die *geschlechtliche Generation*, der Sporenträger die *ungeschlechtliche*. Es liegt also beim Haarmützenmoos wie bei den Farnen ein **Generationswechsel** vor.

> ! Moose sind Sporenpflanzen. Die Fortpflanzung erfolgt über einen Generationswechsel. Das Moospflänzchen ist die geschlechtliche Generation, der Sporenträger die ungeschlechtliche.

1 Wiege einen feuchten Moospolster. Presse dann das Wasser heraus und wiege erneut. Bestimme den Anteil des gespeicherten Wassers am Gesamtgewicht.

2 Worin unterscheiden sich die Generationswechsel von Haarmützenmoos und Wurmfarn?

Pinnwand

Moose

Name: ***Weißmoos***

Aussehen: große, weißgrüne Polster; Pflänzchen bis 20 cm hoch; Spitzen der Blättchen röhrenförmig; sehr kleine Kapsel (1 mm lang)

Sporenreife: Herbst (sehr selten)

Vorkommen: Eichen- und Rotbuchenwälder, saure Böden; Fichtenwälder

Name: ***Großes Haarmützenmoos***

Aussehen: großes, kräftiges Laubmoos, lockere Rasen bildend; Pflanzen bis 40 cm lang; Kapselstiel bis 12 cm lang; Kapsel mit goldgelber Haube ("Goldenes Frauenhaar")

Sporenreife: Frühling bis Sommer

Vorkommen: feuchte Wälder, Wiesen, Moore; saure Böden

Name: ***Brunnenlebermoos***

Aussehen: fächiger, nicht in Stängel und Blätter gegliederter Körper (= Lager); weibliche Pflanze mit gestieltem sternförmigen Schirm; unter den Strahlen sitzen Sporenkapseln

Sporenreife: ganzjährig

Vorkommen: feuchte Standorte; auch in Gewächshäusern

Name: ***Silber-Birnenmoos***

Aussehen: rasenförmige, silbrig grüne Polster von etwa 2 cm Höhe; Blätter dachziegelartig angeordnet; Kapselstiel bis 2 cm lang, rötlich; Sporenkapsel zylindrisch, hängend

Sporenreife: fast das ganze Jahr über

Vorkommen: trockene, sandige Böden; Kies und Sandsteinfelsen; Mauern, Pflasterritzen, Dächer

Name: ***Sparriges Torfmoos***

Aussehen: großes Moos in lockeren, schwammig-weichen Polstern; Stängel bis 20 cm lang; Blätter mit sparrig abstehenden Spitzen; Kapselstiel etwa 1 cm lang; kugelige Kapsel

Sporenreife: Frühling bis Sommer

Vorkommen: sumpfige Wiesen und Wälder; mineralstoffreiche Flachmoore

Name: ***Hornzahnmoos***

Aussehen: rötliche bis braungrüne Polster; Pflänzchen etwa 3 cm lang; Blättchen trocken anliegend und etwas gedreht; Kapselstiel bis 3 cm lang; Kapsel geneigt mit kropfartiger Erweiterung am Grund

Sporenreife: Frühling bis Sommer

Vorkommen: Sand-Humusböden in Wäldern, Wiesen und Heiden; Mauern, Felsen und Dächern

2.7 Pilze leben im Waldboden

Röhrenpilze

Bei schwülem Wetter „schießen“ die Pilze aus dem Waldboden. Sammlerinnen und Sammler gehen dann auf die Suche nach essbaren Pilzen wie *Steinpilz* und *Pfifferling („Eierschwammerl“)*. Haben sie einen Pilz entdeckt, lösen sie ihn vorsichtig ab. Die meisten Pilze sind deutlich in *Stiel* und *Hut* gegliedert. Auf der Hutunterseite erkennt man bei manchen Pilzen Röhren. Man nennt sie deshalb **Röhrenpilze**. In den Röhren sitzen sehr viele *Sporen*, die vom Wind verbreitet werden.

Blätterpilze

Es gibt aber auch anders aussehende Hutunterseiten, wie z. B. beim Fliegenpilz. Sie bestehen aus schmalen Blättern oder Lamellen. Solche Pilze gehören deshalb zu den Lamellen- oder **Blätterpilzen**. Unter den Blätterpilzen gibt es viele Giftpilze wie den *Panterpilz* oder den *Knollenblätterpilz*.

Fruchtkörper und Mycel

Doch ob Blätterpilz oder Röhrenpilz, was wir sehen, ist nur der *Fruchtkörper* des eigentlichen Pilzes. Der weitaus größte Teil wächst als Fadengeflecht, *Mycel*, im Boden. Es besteht aus dünnen weißen Fäden, den **Hyphen**.

Mit den Hyphen nimmt der Pilz Nährstoffe auf. Er ernährt sich von organischen Stoffen aus zersetzten Pflanzen- und Tierresten und trägt so wesentlich zum Stoffkreislauf bei. Diese Nährstoffe nutzt er für die Bildung der Fruchtkörper. Bei feuchtwarmem Wetter wachsen diese innerhalb weniger Tage heran.

Pilz und Baum – eine Symbiose

Viele Pilze sucht man gezielt unter Bäumen. Unter Rot-Föhren lassen sich z. B. Butterpilze und Maronenröhrlinge finden. Auch viele andere Pilzarten leben eng mit bestimmten Bäumen zusammen. Ihre Hyphen dringen in die Wurzeln ein. Der Pilz erhält dabei vom Baum Nährstoffe. Dafür hilft er dem Baum, Wasser und gelöste Mineralsalze aufzunehmen. Durch diese Verbindung haben beide einen Vorteil. Man sagt, sie leben in **Symbiose** miteinander. Die spezielle Symbioseform zwischen Pilz und Baum wird Mykorrhiza genannt. Sie ermöglicht beiden Partnern ein besseres Überleben im Wald.

! Pilze bestehen aus einem unterirdischen Myzel und einem oberirdischen Fruchtkörper. Viele Pilzarten leben in einer Symbiose mit Bäumen.

1 Beschreibe den Aufbau eines Hutpilzes mithilfe der Abbildung 1A.

2 Erläutere die Symbiose zwischen Maronenröhrling und Rot-Föhre mithilfe der Abbildung 1E.

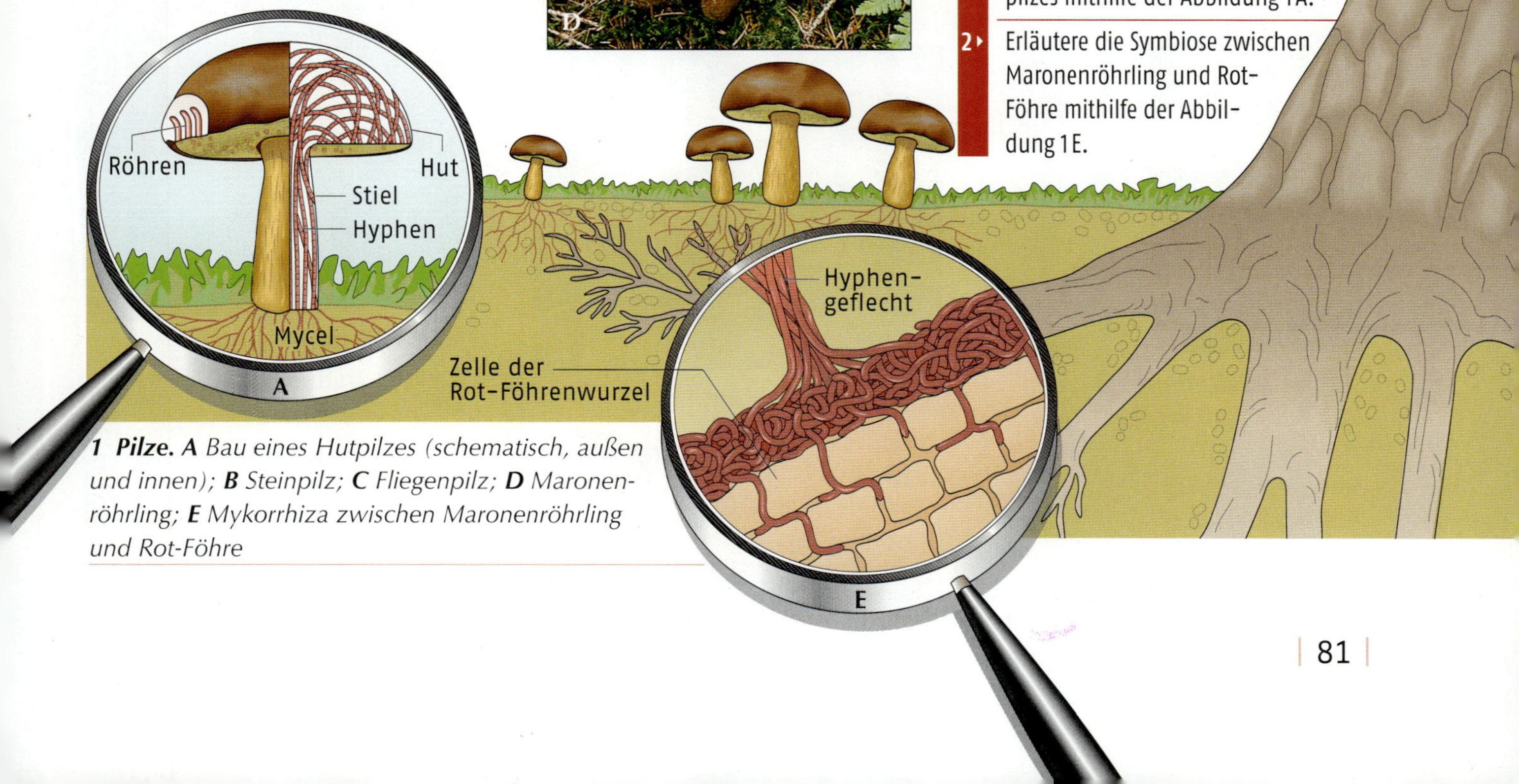

1 Pilze. ***A*** *Bau eines Hutpilzes (schematisch, außen und innen);* ***B*** *Steinpilz;* ***C*** *Fliegenpilz;* ***D*** *Maronenröhrling;* ***E*** *Mykorrhiza zwischen Maronenröhrling und Rot-Föhre*

Pinnwand

Gift- und Speisepilze

Name: ***Grüner Knollenblätterpilz***
Gruppe: Blätterpilze
Zeit: Juli bis Oktober
Standort: Laubwald
Besonderheit: tödlich giftig

Regeln für Pilzsammler

- Sammle nur Pilze, die du genau kennst.
- Drehe die Pilze vorsichtig mit dem ganzen Stiel aus dem Boden.
- Lege die Pilze in einen Korb, transportiere sie niemals in einem Plastiksack.
- Lass alte und madige Pilze zur Sporenstreuung stehen.
- Zerstöre keine Giftpilze. Auch sie sind für den Wald wichtig.

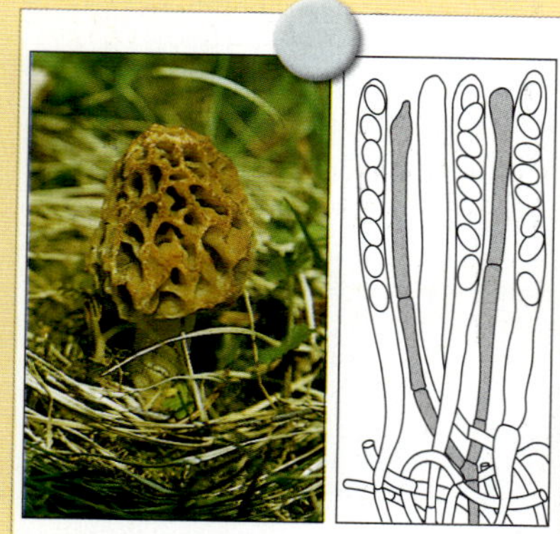

Name: ***Speisemorchel***
(mit Ausschnitt aus der Fruchtschicht)
Gruppe: Morcheln
Zeit: April bis Mai
Standort: Laub- und Mischwald
Besonderheit: Speisepilz

Name: ***Weißer Knollenblätterpilz***
Gruppe: Blätterpilze
Zeit: Juni bis September
Standort: Laubwald
Besonderheit: tödlich giftig

Name: ***Flaschenstäubling***
Gruppe: Stäublinge
Zeit: Juli bis November
Standort: Laub- und Nadelwald
Besonderheit: Speisepilz

Name: ***Satansröhrling***
Gruppe: Röhrenpilze
Zeit: Juni bis Oktober
Standort: Laubwald
Besonderheit: giftig

Einteilung von Pilzen
nach dem Ort der Sporenbildung

Stäublinge (oder Bauchpilze):
im Inneren des Fruchtkörpers
Blätterpilze:
auf der Außenseite von Lamellen, auf der Unterseite des Hutes
Röhrenpilze:
im Inneren von Röhren auf der Hutunterseite
Leistenpilze:
auf Leisten, die auf der Unterseite des Hutes beginnen und am Stiel herunterlaufen

Name: ***Steinpilz (Herrenpilz)***
Gruppe: Röhrenpilze
Zeit: Juli bis Oktober
Standort: Laub- und Mischwald
Besonderheit: Speisepilz

Name: ***Schopftintling***
Gruppe: Blätterpilze
Zeit: Mai bis November
Standort: Wegränder, Wiesen, Felder
Besonderheit: jung: Speisepilz; zerfließt im Alter, wobei sich der Hutrand violettschwarz verfärbt

Name: ***Maronenröhrling***
Gruppe: Röhrenpilze
Zeit: Juni bis November
Standort: vorwiegend Nadelwald
Besonderheit: Speisepilz

Name: ***Parasol***
Gruppe: Blätterpilze
Zeit: Juli bis Oktober
Standort: Laubwaldlichtungen
Besonderheit: Speisepilz

Name: ***Fliegenpilz***
Gruppe: Blätterpilze
Zeit: Juli bis November
Standort: Laub- und Nadelwald
Besonderheit: giftig

Name: ***Austernseitling***
Gruppe: Blätterpilze
Zeit: Herbst bis Frühling
Standort: vorwiegend Laubwald
Besonderheit: Speisepilz

Trüffeln sind Pilze, die völlig unterirdisch leben. Die Sporen entwickeln sich nicht wie bei den meisten anderen Pilzen an der Außenseite des Fruchtkörpers, sondern in seinem Inneren. Sie können nur dadurch verbreitet werden, dass Wildschweine die Fruchtkörper ausgraben und fressen. Schon in der Antike wurden Trüffeln, die wie runzlige schwarze Knollen aussehen, wegen ihres Aromas als Speisepilze geschätzt. Heute wachsen die berühmtesten Trüffeln in den Eichenwäldern des Perigord, einer Landschaft im Südwesten Frankreichs. Man kann Trüffeln nicht wie Champignons züchten, sondern sammelt sie im Wald traditionell mithilfe von Schweinen oder neuerdings auch von Hunden. Die geringe Ausbeute erhöht den Wert, sodass Feinschmecker und Feinschmeckerinnen für ein Kilogramm Trüffeln bis zu 3500 Euro bezahlen müssen.

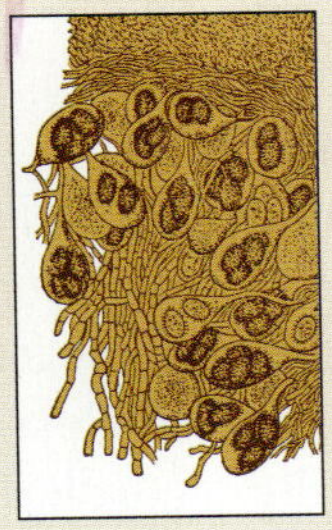

Fruchtgewebe

Trüffelsuche in Frankreich

Name: ***Panterpilz***
Gruppe: Blätterpilze
Zeit: Juli bis Oktober
Standort: Laub- und Nadelwald
Besonderheit: tödlich giftig

Name: ***Pfifferling („Eierschwammerl")***
Gruppe: Leistenpilze
Zeit: Juni bis Oktober
Standort: vor allem Nadelwald
Besonderheit: Speisepilz

2.8 Pilze zersetzen Holz

Totes Holz als Nahrungsgrundlage

Ein Wald, der zwar bewirtschaftet, nicht aber „aufgeräumt" wird, ist ein wahres Paradies für Pilze. Sie nutzen die Baumstümpfe und anderes Totholz wie herabgefallene Äste und liegen gebliebene Stämme als Nahrungsgrundlage. Einige dieser **Holzpilze**, zum Beispiel *Hallimasch* und *Grünblättriger Schwefelkopf*, die büschelweise an totem Holz zu finden sind, gehören zu den *Blätterpilzen*.

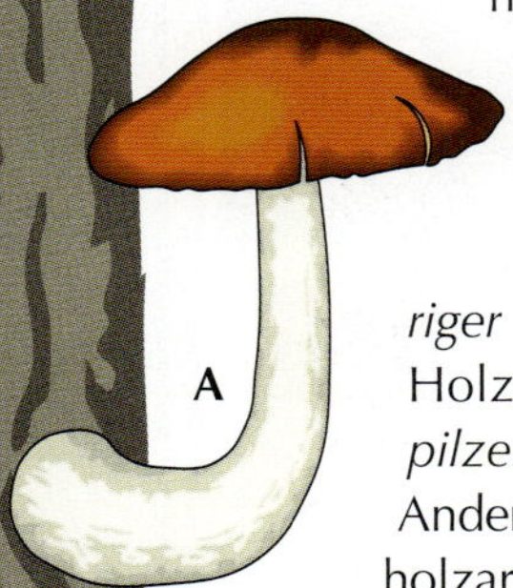

Andere Pilze besitzen einen harten, ledrigen oder holzartigen Fruchtkörper, der meist ohne Stiel an Baumstümpfen oder Stämmen sitzt und das ganze Jahr über zu finden ist. An der Unterseite des Hutes haben diese Pilze Poren. Daher heißen sie *Porlinge*.

Abbau von Cellulose

Mit ihrem verzweigten System von Hyphen können die Pilze tief in das Holz eindringen. Durch Abscheidungen der Hyphen zerlegen sie die Stoffe, aus denen das Holz besteht, in kleinere Bestandteile. Diese werden dann durch die Hyphenwand hindurch aufgenommen. Ein wesentlicher Bestandteil des Holzes ist *Cellulose*. Sie wird vom Pilz in Traubenzucker gespalten. Wenn die Pilze den Traubenzucker abbauen, um Energie für ihre Lebensvorgänge zur Verfügung zu haben, geben sie dabei Kohlenstoffdioxid ab. Dieses benötigen die grünen Pflanzen zur Fotosynthese. So spielen die Pilze eine wichtige Rolle im Kreislauf der Stoffe.

Braunfäule und Weißfäule

Ein anderer Bestandteil des Holzes ist das *Lignin*. Es verleiht dem Holz seine hohe Zug- und Druckfestigkeit. Lignin ist in den Zellwänden verholzter Pflanzenteile der Cellulose aufgelagert. Einige Holzpilze, wie der *Birkenporling*, zersetzen nur die Cellulose, nicht das Lignin. Das Holz wird brüchig und zerfällt würfelig. Da es braunrot gefärbt ist, wird dieser Zustand als **Braunfäule** bezeichnet. Zu den Verursachern von Braunfäule gehört auch der *Hausschwamm*, ein gefährlicher Zerstörer von Bauholz. Die meisten Holzpilze verfügen aber zusätzlich über Wirkstoffe, die das Lignin abbauen. Dabei behält das Holz längere Zeit seine faserige Struktur. Es sieht jetzt weiß aus; daher nennt man diese Art der Holzzersetzung **Weißfäule**.

Pilze als Schmarotzer

Einige der holzzersetzenden Pilze leben nicht nur an Totholz. So befällt der Hallimasch auch lebende Bäume, wenn sie – etwa durch eine längere Trockenperiode – geschwächt sind. Der zu den Porlingen gehörende *Zunderschwamm* lebt sogar vorwiegend an lebenden Buchen oder Birken. Diese Pilze sind also, zumindest gelegentlich, keine Fäulnisbewohner, sondern **Schmarotzer**.

> ! Pilze können Holz zersetzen. Manche Arten zersetzen nur Cellulose, die meisten aber Cellulose und Lignin. Dadurch spielen die Pilze eine wichtige Rolle im Kreislauf der Stoffe.

1▸ Bei Holzpilzen gibt es fließende Übergänge zwischen Fäulnisbewohnern und Schmarotzern. Begründe.

1 Holzzerstörende Pilze.
***A** Rehbrauner Dachpilz;*
***B** Schmetterlingsporling;*
***C** Holzkeule;*
***D** Grünblättriger Schwefelkopf;*
***E** Hallimasch*

Flechten

Pinnwand

Flechten

Graugrüne oder auch gelbliche Gebilde, die man auf Felsen und Mauern oder auf der Rinde von Bäumen findet, sind *Flechten*. Es sind *Doppelwesen aus Pilzen und Algen*, die in einer besonders engen Symbiose leben. Dabei liefert der Pilz der Alge Wasser und Mineralsalze und erhält dafür Kohlenhydrate. Außerdem schützen die Pilzhyphen die Alge vor zu starkem Sonnenlicht.

Name: ***Wand-Gelbflechte***
Typ: Blattflechte
Vorkommen: auf Rinde, Holz, Mauern, Gestein

Name: ***Trompetenflechte***
Typ: Strauchflechte
Vorkommen: auf mageren, kalkhaltigen Böden

Name: ***Kuchenflechte***
Typ: Krustenflechte
Vorkommen: auf der Rinde von Laubbäumen, an Mauern

Name: ***Korallenflechte***
Typ: Strauchflechte
Vorkommen: auf Geröll und alpinen Zwergsträuchern

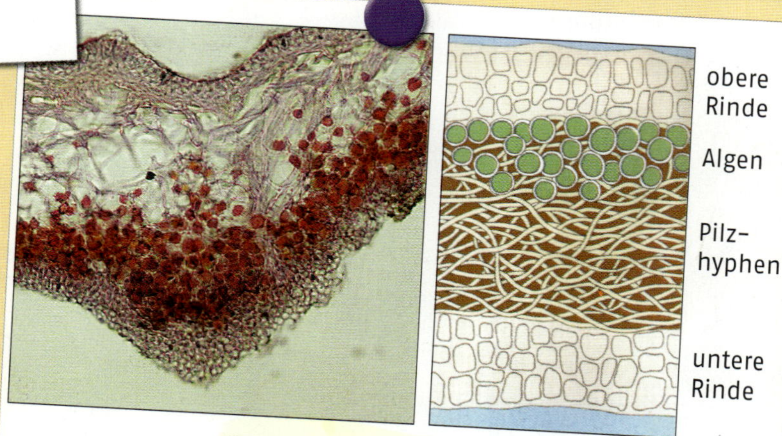

Schnitt durch eine Flechte

Flechten sind Pioniere

Flechten können aufgrund ihrer Widerstandsfähigkeit gegen Austrocknung und Kälte auch an extremen Standorten leben, wie z. B. oberhalb der Schneegrenze im Hochgebirge.

2.9 Tiere des Waldes

Höhlenbrüter

Wer früh am Morgen einen Waldspaziergang macht, wird vieles entdecken. Im Sommer beginnen die ersten Vögel schon kurz vor fünf Uhr zu singen. In der *Baumschicht* klopft ein Buntspecht. Er sucht nach Nahrung. Dabei legt er mit seinem langen, keilförmigen Meißelschnabel Larvengänge frei. Mit seiner Schleuderzunge kann er Käfer und Raupen aufspießen. Der Buntspecht lebt in einer selbst gezimmerten Brut- und Wohnhöhle. Hier zieht er auch seine Jungen auf. Grünspecht und Kleiber sind ebenfalls **Höhlenbrüter**.

Lebensraum Totholz

Besonders gut lassen sich Höhlen im weichen, morschen Holz abgestorbener Baumstämme bauen. Löcher und Hohlräume in diesem *Totholz* bieten auch selten gewordenen Tieren Brut- oder Überwinterungsmöglichkeiten. Hier können zum Beispiel Fledermäuse, Hornissen, Waldkauz und Schwarzspecht Quartier beziehen. Totholz ist ebenfalls Lebensraum für Nacktschnecken, Laufkäfer, Asseln und Spinnen.

Kronenbrüter, Stammbrüter

Plötzlich durchdringt der Schrei eines Eichelhähers den Morgen. Er warnt damit vor Gefahren wie einem herumstreifenden Fuchs. Eichelhäher bauen ihre Nester oben in der Baumkrone. Sie sind **Kronenbrüter**. Vögel wie der Buchfink bauen in Astgabeln nahe am Stamm (**Stammbrüter**).

Buschbrüter, Bodenbrüter

Amsel und Singdrossel bauen ihr Nest in der *Strauchschicht*. Sie gehören zu den **Buschbrütern**. Sie suchen in dieser Schicht auch nach Kleintieren und verzehren Beeren der Sträucher. Nachtigall und Zilpzalp brüten im dichten Gestrüpp in der Nähe des Bodens. Ein echter **Bodenbrüter** ist die Waldschnepfe.

1 Brutplätze verschiedener Vogelarten im Wald

***2 Der Wald ist Lebensraum für viele Tiere. A** Eichelhäher; **F** Kleiber; **G** Dachs; **H** Nacktschnecke*

Ökologische Nische

Jede Vogelart besetzt also einen bestimmten „Wohnort“ im Wald. Auch bei der Nahrungssuche hat jede Art ihre besonderen Ansprüche. Der Buntspecht sucht Insekten vorwiegend unter der Borke von Bäumen, der Kleiber am Stamm und die Blaumeise an den Zweigen. So vermeiden sie direkte Konkurrenz und können gemeinsam in einem Lebensraum existieren. Man bezeichnet diese Spezialisierung in den Umweltansprüchen als **ökologische Nische**.

Säugetiere des Waldes

Neben den Vögeln leben auch viele Säugetiere in den Schichten des Waldes. Der Baummarder z.B. bewohnt Baumhöhlen und jagt in der Baumschicht nach Beute. Größere Säugetiere leben am Waldboden. Sie sind häufig dämmerungs- oder nachtaktiv. Tagsüber halten sie sich versteckt und ruhen. Dazu gehören z.B. Fuchs, Dachs und Wildschwein. Der Fuchs jagt nach Mäusen, Kleintieren und Vögeln. Auch Aas und kranke Tiere werden gefressen. Das Jagdrevier eines Fuchses kann sich bis zu 8 km von seinem Bau entfernt erstrecken. Nur in der näheren Umgebung seines Baues wird nicht gejagt. Während der Fuchs schon bei Dämmerungsbeginn auf die Jagd geht, wartet der Dachs meist bis zur völligen Dunkelheit. Dann verlässt er seinen geräumigen Erdbau und sucht nach Insekten, Würmern, Schnecken und Mäusen. Auch Früchte und Pilze werden gefressen.

Das Wildschwein ist ein Allesfresser. Es ernährt sich von Wurzeln, Früchten, Kleintieren und Aas. Dabei wühlt es mit seinem Rüssel den Boden auf.

In der *Kraut-* und *Moosschicht* leben viele kleinere Tierarten. Hier findet man zum Beispiel verschiedene Schnecken, Spinnen, Käfer und Ameisen.

! Der Wald ist Lebensraum für viele Tierarten. Diese bevorzugen häufig eine bestimmte Schicht des Waldes. Durch die Spezialisierung auf bestimmte Nahrungsansprüche und Brutplätze wird Konkurrenz der Tiere untereinander vermieden.

B *Buntspecht;* **C** *Hornissen;* **D** *Waldmaus;* **E** *Baummarder;*

1 Totholz und Baumstümpfe sind ein begehrter Lebensraum. Erkläre.

2 Viele Tiere sind gut an die Lebensweise in einer bestimmten Waldschicht angepasst. Erkläre solche Anpassungen an einem selbst gewählten Beispiel.

3 Die Zeichnung zeigt einen Buntspecht bei verschiedenen Tätigkeiten an einem Baum. Benenne das jeweils dargestellte Verhalten.

2.10 Leben im Waldboden

Wer „räumt“ das Laub weg?

Im Herbst fallen in einem Mischwald pro Hektar etwa 400 kg Laub und Nadeln zu Boden. Keiner räumt sie weg und trotzdem wird die Streuschicht nicht dicker. Wer „räumt“ hier auf? Den Laubabbau besorgen verschiedene **Bodenorganismen**. In der Streuschicht leben vor allem wirbellose Tiere wie Regenwürmer, Tausendfüßer, Milben, Schnecken und Fadenwürmer. Sie sind oft sehr klein, lichtscheu und haben eine wurm- oder kugelförmige Gestalt.

Vom Blatt zum Blattskelett

Viele Bodenorganismen ernähren sich von Laub und toten Tieren. Betrachtet man das Laub oberer Streuschichten, bemerkt man, dass kleine „Fenster“ in die trockenen Blätter gefressen wurden. Diesen Fensterfraß verursachen *Springschwänze* und *Milben*. Diese Tiere sind 1 bis 2 mm groß. Andere Tiere wie *Asseln*, *Fliegen-* und *Schnakenlarven* fressen Löcher in die Blätter. In den unteren Schichten der Streulage findet man nur noch Blattskelette. Hier haben *Asseln*, *Tausendfüßer* und *Ohrwürmer* das weiche Blattgewebe zwischen den Blattadern gefressen. Diese Pflanzenfresser werden von Räubern wie *Spinnen* und *Hundertfüßern* gefressen.

Durch mehrfaches Fressen und Ausscheiden entsteht Humus

Viele Bodenorganismen scheiden mit ihrem Kot unverdaute organische Stoffe aus, die anderen Tieren als Nahrung dienen. So ernähren sich zum Beispiel *Milben* und *Fadenwürmer* von diesen Resten. Durch dieses mehrfache Fressen und Ausscheiden werden die organischen Stoffe auch mit Mineralstoffen gemischt. Es entsteht **Humus**. Einen wesentlichen Anteil an dieser Durchmischung haben *Regenwürmer*, von denen es bis zu 250000 pro Hektar Laubwald gibt. Bei ihrer Tätigkeit verkleben die Humusteilchen mit Sand- und Tonkörnern. Es entsteht eine Krümelstruktur, die eine gute Durchlüftung und Wasserversorgung des Bodens ermöglicht. Dadurch erhöht sich die Bodenfruchtbarkeit.

Der Wald düngt sich selbst

Die Zersetzung ist damit noch nicht beendet. Die Ausscheidungen werden von *Pilzen* und *Mikroorganismen* vollständig abgebaut. Es entstehen Wasser, Kohlenstoffdioxid und Mineralstoffe. Diese werden von den Pflanzen im Wald aufgenommen. Der Wald düngt sich also selbst.

> ! Bodenorganismen bauen Laub und andere organische Substanzen zu Humus ab. Dabei werden die Reste zunächst zerkleinert und dann von Mikroorganismen zersetzt.

1 Beschreibe die Humusbildung in einem Mischwald mithilfe der Abbildung 1.

2 Ein hoher Humusanteil verbessert die Bodenqualität. Begründe diese Aussage.

1 Humusbildung

ÜBUNG

Leben im Waldboden

V1 Zersetzung in der Streuschicht

Material: Plastiksäckchen; Zeitungspapier; dicke Bücher zum Beschweren; durchsichtige Selbstklebefolie; Zeichenkarton

Durchführung: *Im Wald:* Trage auf einer Fläche von 20 × 20 cm schichtweise die Laubstreu ab, bis die obere Bodenschicht erreicht ist. Entnimm aus jeder Schicht Blätter und verpacke sie in den Plastiksäckchen. *In der Klasse:* Suche Blätter mit verschiedenen Fraßspuren wie in der Abbildung heraus. Presse sie zwischen Zeitungspapier.

Aufgaben:

a) Beschreibe die Schichten der Laubstreu.

b) Lege die gepressten Fraßbilder auf den Zeichenkarton und beschrifte. Klebe sie mit der Folie fest.

c) Nenne mögliche Verursacher der Fraßbilder.

V2 Bodenorganismen bauen Stoffe ab

Material: 2 Marmeladengläser; Filter- oder Löschpapier (Durchmesser etwa 3 cm); Sand- und Humusboden; Wasser

Durchführung: Fülle ein Marmeladenglas bis zur Hälfte mit Sandboden. Lege ein Stück Filter- oder Löschpapier darauf. Bedecke es mit 3 cm Sandboden. Verfahre genauso in dem zweiten Glas mit dem Humusboden. In beiden Gläsern muss man den Boden feucht halten.

Aufgaben:

a) Notiere den Zustand der Filterpapiere nach 5, nach 10 und nach 15 Tagen. Achte darauf, dass jedes der Papiere wieder mit Erde bedeckt wird.

b) Erkläre deine Beobachtungen.

V3 Wer lebt in der Streuschicht?

Material: feuchte Laubstreu; große Petri- oder Fotoschale; Lupe oder Stereomikroskop; Fanggerät für kleine Bodentiere; Blockschälchen; Deckglas

Durchführung: Baue ein Fanggerät wie in der Abbildung. Breite einen Teil der Laubstreu in der Schale aus. Fange dann kleine Bodentiere durch Ansaugen mithilfe des Gerätes. Schütte die Tiere in ein Blockschälchen und decke es mit dem Deckglas ab.

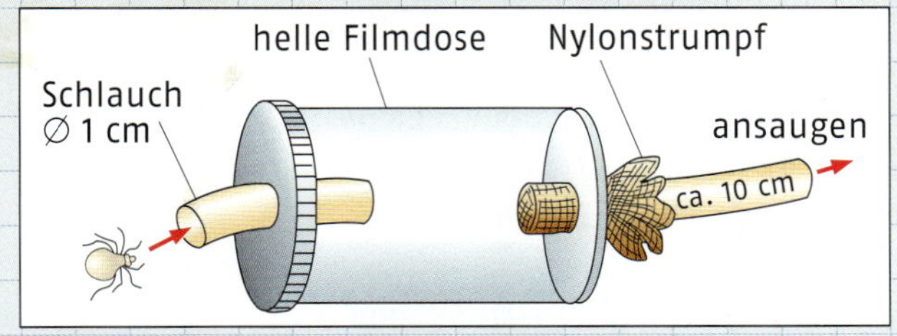

Aufgabe: Betrachte und bestimme einige Bodentiere. Verwende dazu eine Lupe oder ein Stereomikroskop. Nimm für die Bestimmung die Abbildungen auf dieser Seite und auf Seite 88 zu Hilfe.

V4 Untersuchung von Bodentieren

Material: feuchte Laubstreu; Fangvorrichtung für Bodentiere (siehe Abbildung); Lupe

Durchführung: Baue eine Fangvorrichtung wie in der Abbildung. Fülle dann die Laubstreu in den Trichter und beleuchte sie mit einer 60-Watt-Lampe wie dargestellt.

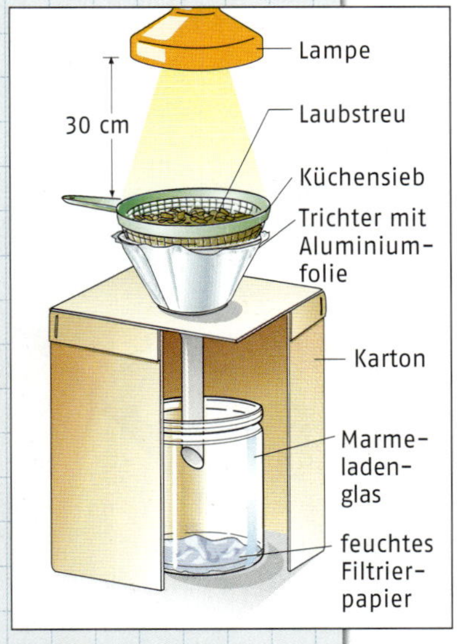

Aufgabe:

a) Kontrolliere das Fangglas mehrmals täglich ein paar Tage hintereinander.

b) Welche Lebensbedingungen der Bodentiere ändern sich durch die Lampe? Beschreibe, wie sie darauf reagieren.

c) Betrachte und bestimme einige Bodentiere mithilfe von Lupe oder Stereomikroskop. Nimm die Abbildungen auf dieser Seite und auf Seite 88 zu Hilfe.

Rote Waldameise
9–12 mm

Wolfsspinne
3–7 mm

Mistkäfer
bis 20 mm

Milben
bis 2 mm

Zwergfüßer
ca. 8 mm

Borstenschwanz
bis 20 mm

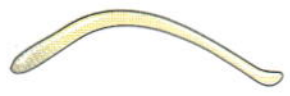

Fadenwürmer
bis 10 mm

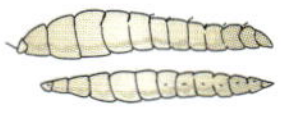

Mückenlarven
ca. 3 mm

2.11 Nahrungsbeziehungen im Wald

Nahrungsketten

An den jungen Blättern einer Eiche fressen hellgrüne Raupen. Es sind die Raupen des Eichenwicklers, eines Schmetterlings.
In diesem Augenblick landet eine Kohlmeise auf der Eiche. Sie hüpft den Ast entlang und sucht nach Beute. Sie erspäht die Raupen und frisst sie. Kohlmeisen selbst werden wiederum vom Waldkauz erbeutet und gefressen. Ordnet man die verschiedenen Lebewesen nach den Nahrungsbeziehungen, ergibt sich folgendes Bild:

Eichenblatt → Raupe des Eichenwicklers → Kohlmeise → Waldkauz. Der Pfeil bedeutet dabei: „wird gefressen von". Diese Reihenfolge bezeichnet man als **Nahrungskette**.
Kohlmeisen fressen nicht nur Eichenwicklerraupen, sondern auch andere Insekten und Spinnen. Sie selbst werden von Greifvögeln wie Sperber und Habicht gejagt.

Nahrungsnetz

Auch der Baummarder ernährt sich von verschiedenen Singvögeln. Jede Nahrungskette ist also über die einzelnen Glieder mit weiteren Nahrungsketten verbunden. Es entsteht ein vielfältiges **Nahrungsnetz**. In ihm sind alle Tiere und Pflanzen des Ökosystems Wald direkt oder indirekt verknüpft.

Grüne Pflanzen als Produzenten

Am Beginn jeder Nahrungskette steht immer eine grüne Pflanze. Pflanzen bauen mithilfe des Sonnenlichtes Stärke auf, sie betreiben Fotosynthese.

Dabei geben sie Sauerstoff ab, den die Tiere zum Atmen benötigen. Da sie Stoffe produzieren, bezeichnet man grüne Pflanzen auch als **Produzenten**. Sie bilden die Nahrungsgrundlage für alle Tiere.

Konsumenten

Tiere, die sich unmittelbar von Pflanzen ernähren, heißen **Konsumenten erster Ordnung**. Von ihnen ernähren sich andere Waldbewohner. Kohlmeise und Laubsänger jagen zum Beispiel nach den Raupen. Tiere, die von den Konsumenten erster Ordnung leben, sind **Konsumenten zweiter Ordnung**.

Sie selbst können wiederum von größeren Beutegreifern und Greifvögeln gefressen werden. **Endkonsumenten** bilden das Ende einer Nahrungskette.

Die Zuordnung der Tierarten zu den einzelnen Konsumentenordnungen ist nicht immer eindeutig. Sie kann etwa mit der Jahreszeit wechseln. Während die Kohlmeise zum Beispiel im Sommer nach Insekten und anderen Kleintieren jagt, ernährt sie sich im Winter bevorzugt von Samen.

Nahrungspyramide

Von Nahrungsglied zu Nahrungsglied werden in der Nahrungskette Stoffe weitergegeben.

Dabei kann jedoch nur etwa ein Zehntel der aufgenommenen Nahrung zum Aufbau des eigenen Körpers verwendet werden. Der Rest wird für die Erzeugung von Energie für Wachstum, Bewegung und Wärme gebraucht. Eine große Menge Pflanzen bilden deshalb die Nahrungsgrundlage für verhältnismäßig wenige Pflanzenfresser.

Pflanzenfresser dienen noch wenigeren Fleischfressern als Nahrung. Auf einer bestimmten Waldfläche nimmt also die Anzahl der Konsumenten von Stufe zu Stufe ab. Diese Abnahme der Organismen von Stufe zu Stufe lässt sich als **Nahrungspyramide** darstellen.

„Einbahnstraße" Energiefluss

Anhand einer Nahrungspyramide kann man auch den Weg der Energie verfolgen.
Die Pflanzen wandeln Lichtenergie in chemische Energie der von ihnen gebildeten Stoffe um. Etwa 90 %

dieser chemischen Energie verwenden sie für sich selbst. Diese Energie steht für die nächste Stufe nicht mehr zur Verfügung. An die Konsumenten 1. Ordnung werden nur die restlichen 10 % weitergegeben. Bei jeder weiteren Stufe gehen wieder ca. 10 % der jeweiligen Energiemenge in die höhere Stufe über. Diese Weitergabe von Energie bezeichnet man als **Energiefluss**. Zum Schluss steht keine Energie mehr zur Verfügung. Der Energiefluss ist eine Art „Einbahnstraße".

Nahrungsbeziehungen lassen sich als Nahrungsketten darstellen, die miteinander verknüpft ein Nahrungsnetz bilden. In einer Nahrungskette nimmt die Anzahl der Lebewesen von Glied zu Glied ab. Diese wird als Nahrungspyramide dargestellt.

1 Stelle mit folgenden Pflanzen und Tieren ein Nahrungsnetz auf: Eichel, Sperber, Eichhörnchen, Baummarder, Buntspecht, Borkenkäfer, Fichte, Waldkauz, Kohlmeise, Fichtenspanner, Eichenblatt, Eichenwicklerraupe.

2 Ordne den in Aufgabe 1 genannten Pflanzen und Tieren die Begriffe Produzent, Konsument erster Ordnung, Konsument zweiter Ordnung und Endkonsument zu.

3 Erläutere die dargestellte Nahrungspyramide in Abbildung 1.

4 Beschreibe den Energiefluss im Wald mithilfe der Abbildung 2.

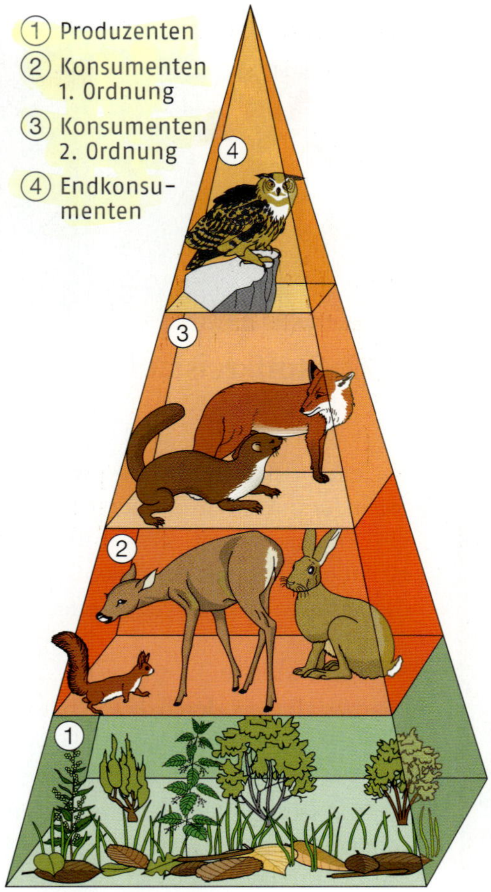

1 Nahrungspyramide

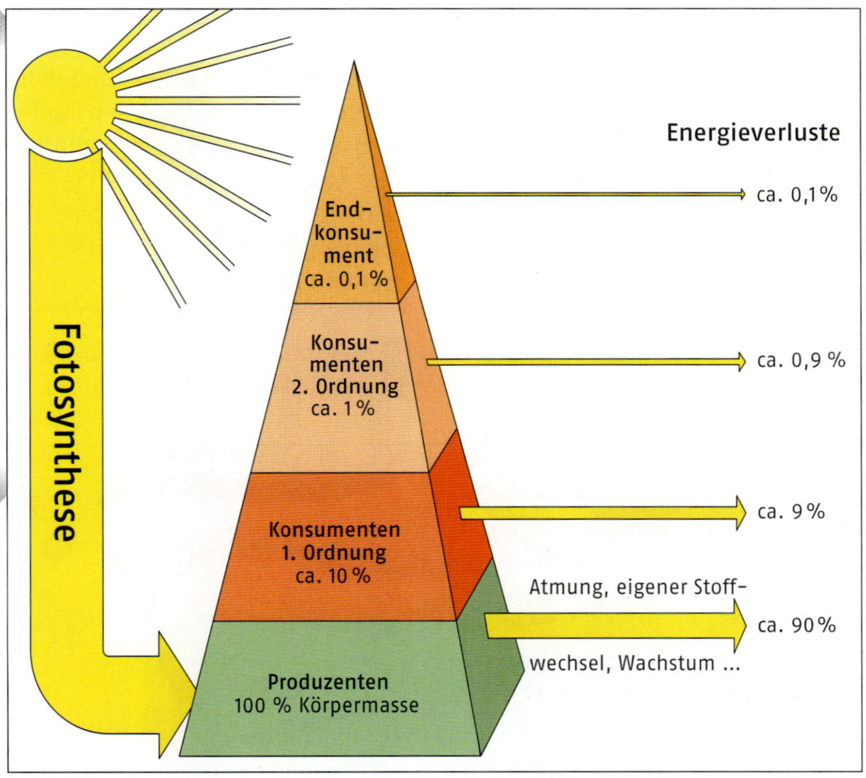

2 Energiefluss im Ökosystem Wald

2.12 Stoffkreisläufe im Wald

In einer Nahrungskette werden Stoffe und Energie weitergegeben. Die Energie nimmt dabei von Stufe zu Stufe ab. „Verschwinden" auch die Stoffe in der Nahrungskette?

Stoffkreisläufe

Pflanzen bauen durch Fotosynthese Körpermasse auf. Einige Pflanzen werden von Tieren gefressen. Andere Tiere fressen die Pflanzenfresser. Ein Teil der Pflanzenmasse wird nicht gefressen, sondern stirbt ab. So fallen Blätter und tote Äste zu Boden. Auch Tiere sterben. Sie alle werden von Bodenorganismen, vor allem Bakterien und Pilzen, abgebaut. Man nennt sie *Zersetzer* oder **Destruenten**. Bei diesem Abbau bleiben Mineralstoffe übrig, die von den Pflanzen wieder aufgenommen werden. Damit hat sich ein **Stoffkreislauf** geschlossen.

Kohlenstoffkreislauf

Kohlenstoff ist Bestandteil des Gases Kohlenstoffdioxid. Bei der Fotosynthese gelangt der Kohlenstoff aus der Luft in die Pflanze. Er ist hier in Nährstoffen, wie z. B. Traubenzucker, gespeichert. Ein Teil der Nährstoffe wird von der Pflanze selbst verbraucht. Dabei entsteht Kohlenstoffdioxid, das die Pflanze in die Luft abgibt.

Auch die Tiere bauen Nährstoffe zu Kohlenstoffdioxid ab, das sie wieder freisetzen. Das Gleiche geschieht, wenn Pflanzenreste, tote Tiere oder Ausscheidungen von Tieren von Destruenten zersetzt werden. Auch dabei wird Kohlenstoffdioxid frei.

Das frei werdende Kohlenstoffdioxid wird von den Pflanzen wieder aufgenommen. Der **Kohlenstoffkreislauf** hat sich geschlossen.

Andere wichtige Stoffkreisläufe sind jener des Sauerstoffs und des Stickstoffs.

> **!** Pflanzen, Tiere und abbauende Mikroorganismen bewirken Stoffkreisläufe im Wald. Dazu gehört der Kohlenstoffkreislauf. In einem naturnahen Ökosystem bleiben die Stoffe also weitgehend erhalten.

1› Beschreibe den Kohlenstoffkreislauf im Wald mithilfe der Abbildung 1.

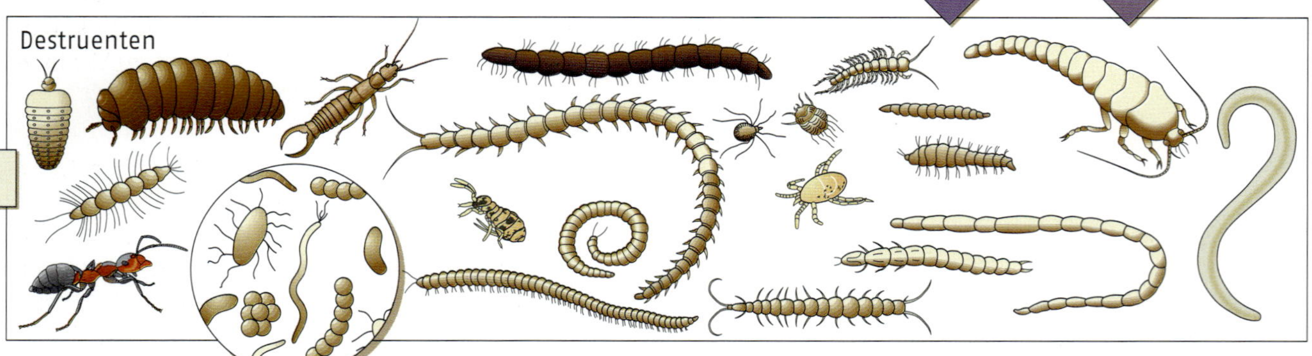

1 Stoffkreislauf im Wald

2.13 Leistungen des Waldes für den Menschen

Erholungsraum, Rohstofflieferant

Beim Wandern in Wäldern atmet man frische, saubere Luft, begegnet verschiedenen Pflanzen und Tieren und freut sich an der Schönheit der Natur. Der Wald hat einen hohen **Erholungswert**. Holzstapel am Wegrand verraten eine weitere Funktion des Waldes. Er ist **Rohstofflieferant**. Aus Holz werden Bauholz, Möbel, Papier und viele andere Produkte hergestellt.

Schutzwald

Andere Leistungen des Waldes sind nicht so leicht zu erkennen. Wälder halten zum Beispiel den Boden fest. Bergwälder schützen so die Siedlungen vor Schlamm-, Geröll- oder Schneelawinen. Wälder an Steilhängen bezeichnet man deshalb als **Schutzwälder**.

A

B

C

1 Leistungen des Waldes

Wasserspeicher und Hochwasserschutz

Besonders wichtig ist die Bedeutung der Wälder für den Wasserhaushalt. Kronendach und Krautschicht eines Waldes fangen rund 40 % der Niederschläge ab. Das Wasser verdunstet langsam wieder und befeuchtet die Luft. Der Waldboden wirkt als **Wasserspeicher**. Durch die Schwammwirkung der Moosschicht versickert das Wasser langsam und wird dabei gefiltert.
Es sammelt sich im Grundwasser. Im Frühjahr speichert der Waldboden viel Schmelzwasser und gibt es dann langsam wieder ab. Der Wald dient so dem **Hochwasserschutz**.

Luftfilter, Wind- und Lärmschutz

Waldflächen dienen auch der **Klimaverbesserung**. So steigt in Städten die warme, mit Schadstoffen verunreinigte Luft auf. Sie kühlt sich auf ihrem Weg ab und sinkt in den Wald. Dabei filtern die Blätter der Bäume Staub und Schadstoffe aus der Luft. Kühle, angefeuchtete und gereinigte Luft strömt in die Stadt zurück.
Wälder sind auch ein guter **Wind-** und **Lärmschutz**.

Wälder dienen der Erholung, liefern Holz und schützen vor Lawinen. Darüber hinaus verbessern sie das Klima und speichern und filtern Wasser.

1 Beschreibe mithilfe der Bildfolge 1 verschiedene Leistungen des Waldes.

2 Fallen dir noch andere Gefahrenquellen für den Wald ein? Welche?

2.14 Der Wald ist in Gefahr

Wer in den Wald geht, sucht Erholung. Doch den Wäldern geht es aufgrund verschiedener Gefahren schlecht. Naturwälder wurden gerodet oder zu **Wirtschaftswäldern** umgewandelt. **Luftschadstoffe** aus Haushalten, Verkehr und Industrie gefährden die Wälder. *Schwefeldioxid* und *Stickoxide* bilden mit dem Niederschlag **Säuren**. Diese greifen die Blätter und Nadeln an und versauern den Boden. Dadurch kommt es auch zum Absterben der Wurzeln und zu Veränderungen im Waldboden.
Etwa 60 % der Fichtenwälder Österreichs sind durch das Gas **Ozon** gefährdet. Es entsteht vorwiegend bei starker Sonneneinstrahlung aus Autoabgasen. Die Schutzwälder, die großteils aus Fichten bestehen, können dadurch ihre Aufgabe nicht mehr erfüllen. Die Fichten sind durch Luftschadstoffe und durch die höheren Temperaturen der letzten Jahre geschwächt. Die Bäume sind für **Sturm**, **Schädlinge** und **Krankheiten** anfälliger.

Seitenblicke Biodiversität – was ist das eigentlich?

Was bedeutet Biodiversität?

Wir haben uns in diesem Buch schon mit der Frage beschäftigt, was allem Lebendigen gemeinsam ist (Seite 63). Eine ebenso bedeutsame Frage ist, wie die Verschiedenheit des Lebens dargestellt werden kann. Die Vielfalt des Lebens wird auch als **Biodiversität** oder als **biologische Vielfalt** bezeichnet. Biodiversität umfasst die **Vielfalt der Arten**, die **Vielfalt innerhalb der Arten** sowie die **Vielfalt der Ökosysteme** und **der Lebensräume**.

Wie viele Arten gibt es?

Viele Menschen erstaunt es, dass keine genauen Angaben zur Artenzahl auf der Erde gemacht werden können. Im Jahr **2006** bekam die zwei millionste Art einen Namen. Das bedeutet, dass es für **2 Millionen Arten** eine genaue Beschreibung des äußeren Erscheinungsbildes gibt. Diese Zahl enthält alle bis zu diesem Zeitpunkt beschriebenen Arten von Bakterien, Algen, Pilzen, Einzellern, Pflanzen und Tieren.

Wie viele Arten gegenwärtig auf der Erde leben, ist nicht bekannt. Die Schätzungen der derzeit weltweit vorkommenden Arten liegen zwischen **3 Millionen und 100 Millionen**. Bei den meisten beschriebenen Arten, wissen wir nichts über ihre Lebensweise. Welche genauen Ansprüche haben die Arten eigentlich an ihren Lebensraum? Was ist ihre Nahrung? Mit welchen anderen Arten stehen sie in Wechselwirkung? Selbst für ein so kleines Land wie Österreich ist nicht genau bekannt, wie viele Arten hier leben. Expertinnen und Experten schätzten, dass es in Österreich etwa 45 800 Tierarten und 3100 Farn- und Blütenpflanzen gibt.

1 Hainschnirkelschnecken

2 Die Landschaft reicht in Österreich von der pannonischen Steppenlandschaft im Seewinkel im Burgenland

Vielfalt innerhalb der Arten

Jeder von uns Menschen ist einzigartig, ein Individuum, und ist von jedem anderen Menschen zu unterscheiden. Auch die Individuen der allermeisten anderen Arten unterscheiden sich. Es ist eigentlich kaum zu glauben, dass alle in Abbildung 1 gezeigten Schneckenhäuser zur selben Art gehören. Das Gehäuse der Individuen der Hainschnirkelschnecke können sich in ihrer Grundfarbe, der Farbausprägung sowie der Zahl der Bänder stark unterscheiden. Untersuchungen haben gezeigt, dass in verschiedenen Umweltsituationen jeweils andere Farbmuster einen Vorteil für die Schnecken bedeuten. So heizen sich z. B. dunkle Schalen schneller auf.

Drosseln ernähren sich unter anderem von Schnirkelschnecken. Wissenschafterinnen und Wissenschafter meinen, dass Drosseln ein Suchbild für die Schnecken entwickeln. Seltene Schalenmuster werden schwerer entdeckt als die häufigen.

Die Vielfalt innerhalb der Arten ist ein wichtiger Bestandteil der Biodiversität und eine wesentliche Grundlage für das Überleben der Arten.

(kleines Bild: Sägeschrecke) ***bis zu den Gletschern in den Alpen*** *(kleines Bild: Gletscher-Hahnenfuß).*

Vielfalt an Ökosystemen und Lebensräumen

Die Vielfalt der Arten hängt stark von der Vielfalt an Ökosystemen und Lebensräumen ab. Österreich hat für seine kleine Fläche eine erstaunlich vielfältige Landschaft, die sehr unterschiedlich strukturiert ist. Die hohe Biodiversität ist durch die unterschiedlichen Höhenstufen in Österreich bedingt: Der tiefste Punkt ist auf einer Seehöhe von 118 m, der höchste Gipfel ist 3798 m hoch.

Weiters treffen in Österreich Pflanzen und Tiere aus dem Westen, dem pannonischen Osten sowie aus dem mediterranen Süden zusammen. In Ostösterreich existieren noch die letzten Reste einer Steppenlandschaft, welche die artenreichsten Lebensräume des Landes sind. Viele Arten, wie zum Beispiel die Steppen-Glockenblume oder die Sägeschrecke, kommen bei uns nur auf diesen Trockenrasen vor.

Der Mensch – eine Gefahr für die Biodiversität

Viele der natürlichen Landschaften wurden durch die Tätigkeiten des Menschen völlig verändert. Wo kann man heute in Österreich noch ausgedehnte blühende Wiesen, Auwälder, unbewirtschaftete Wälder oder unregulierte, frei fließende Gewässer finden? Die Bautätigkeit, die Land- und Forstwirtschaft sowie die verschiedenen Freizeitaktivitäten, Verkehr und vieles mehr haben zu starken Veränderungen oder gar zur Zerstörung der natürlichen Lebensräume geführt. Dadurch geht die Zahl der Arten stark zurück, und es sterben immer wieder Arten aus.

Österreich gehört aufgrund seiner geografischen Lage und der Vielgestaltigkeit der Landschaft zu einer der vielfältigsten Länder Europas. Trotz des Artenrückgangs beherbergt Österreich noch immer eine überdurchschnittlich hohe Zahl an Lebewesen. Daher müssen in den nächsten Jahrzehnten Maßnahmen unternommen werden, um diese auch für die Zukunft zu erhalten.

1 Überlege dir, was jeder Einzelne und jede Einzelne zum Schutz der Artenvielfalt beitragen kann.

2 Überlegt euch in der Klasse, was ihr gemeinsam zum Schutz von Tieren und Pflanzen in eurer Umgebung machen könnt.

3 Im Jahr 2001 beschloss die Europäische Union den Verlust der biologischen Vielfalt bis 2010 zu stoppen. Suche im Internet, was der Staat Österreich unternehmen will, um das „2010-Ziel" zu erreichen.

Seitenblicke

Totholz – ein Lebensraum für eine erstaunliche Artenvielfalt

1 Zerfallender Baum

Die Nutzung des Waldes führte dazu, dass wesentliche Elemente eines Urwaldes, nämlich **Altholz** und **Totholz**, selten in den heutigen Wäldern zu finden sind. Altholz sind lebende, alte Bäume mit abgestorbenen Ästen, Baumhöhlen, Blitzrinnen und Borkenverletzungen. Als Totholz werden alle abgestorbenen Baumteile bezeichnet, tote Äste am Baum oder auf dem Boden liegend, tote, stehende Bäume, Baumstrünke und umgefallene Stämme. Altholz und Totholz machen in Urwäldern ein Viertel bis zur Hälfte der Bäume aus!

Totholz wird von vielen Organismen besiedelt

Der Abbau von Totholz ist ein Prozess, der sich über einige Jahrzehnte bis mehrere Jahrhunderte erstreckt. Die Dauer hängt von der Holzart und von der Höhenlage ab. In Bergwäldern verläuft der Zerfall des Holzes langsamer. Der Abbau vollzieht sich in *drei Phasen*:

Die erste ist die **Besiedelung des frisch abgestorbenen Holzes**. Erstbesiedler sind holzfressende Tiere, wie Borkenkäfer, Bockkäfer sowie die Larven der Bockkäfer oder der Holzwespen. Das Abfressen der Rinde und die Bohrtätigkeit der Larven im Holz ermöglichen es anderen Insekten sowie Pilzen und Bakterien, das Totholz zu besiedeln.

Die zweite Phase des Abbaus ist der **Zerfall des Holzes**. Nun werden jene Tiere häufiger, die teilweise von zersetztem Holz leben oder die Bohrgänge anderer Tiere nutzen, wie Hirschkäfer, Schwarzkäfer, Schnellkäfer sowie Mücken und Fliegen. Dazu kommen Tiere, die sich als Räuber von Holzfressern ernähren.

Die dritte Phase ist jene, in der das Holz immer stärker zerfällt und eine **Bodenbildung** einsetzt. Ab diesem Zeitpunkt findest du im Boden lebende Tiere, wie Fliegenlarven, Tausendfüßer, Asseln und Springschwänze. Sie zersetzen die Reste des Holzes noch weiter. Dieser Mulm, eine Mischung aus stark zerfallenem Holz und dem Kot der holzfressenden Organismen, wird von Pilzen und Bakterien weiter abgebaut.

Totholz hat in bewirtschafteten Wäldern keinen Platz

Alt- und Totholz kommen in den Wäldern nur noch selten vor. Totholz entspricht für die holzbewohnenden Organismen einsamen Inseln, die sich in einer sonst nicht nutzbaren Umwelt befinden. Daher gehören Totholzbewohner derzeit zu den am meist gefährdeten Organismengruppen.

*2 **A** Bockkäfer; **B** Riesenholzwespe; **C** Die Feuerkäferlarve frisst andere im Totholz lebende Larven.*

1 Startet mit Euren Lehrerinnen und Lehrern in Eurem Schulgarten eine Initiative für die Ansiedelung von Holzbewohnern. Lasst heruntergefallene Äste liegen: Bald könnt ihr darauf die ersten Ansiedler beobachten. Macht Haufen mit ausgeschnittenen Ästen. Igel, Eidechsen und Erdkröten überwintern darin.

2 Warum dauert in höheren Lagen der Abbau des Holzes länger?

3 Mache eine Internetrecherche: Warum ist Totholz in den Wäldern wichtig?

2.15 Naturschutz aus Verantwortung

Um Wälder zu erhalten, muss man die Ursachen der Schäden bekämpfen.

Einen wichtigen Beitrag leistet dabei die **Verminderung der Luftschadstoffe**. Der Ausstoß von Schwefeldioxid ist in den letzten Jahren bereits gesunken. Die Stickoxid- und Ozonwerte sind aber immer noch zu hoch. Weniger Autofahren und ein geringerer Benzinverbrauch der Autos senken den Ausstoß an Luftschadstoffen und können so dem Wald helfen.

Neben diesen Maßnahmen muss den Waldschäden auch forstwirtschaftlich entgegengesteuert werden.

Was soll sich dabei für den Wald ändern? Es werden zum Beispiel *Waldschutzgebiete* eingerichtet. Sie sichern das Überleben geschützter Tier- und Pflanzenarten. Seltene heimische Baumarten werden dort gezielt nachgezogen.

Doch das Ausweisen von Schutzgebieten hilft nur einem kleinen Teil des Waldes. Um auch den übrigen Wäldern zu helfen, sollen folgende Maßnahmen ergriffen werden:

Großflächige Kahlschläge werden vermieden.

Die Wälder sollen sich zunehmend wieder selbst durch Aussamung verjüngen. Damit dies gelingt, sollen verstärkt Rehe und Hirsche gejagt werden.

Bei Neuanpflanzungen werden heimische, standortgemäße Baumarten gewählt. Der Misch- und Laubwaldanteil wird dabei erhöht.

Totholz und Holzabfall werden im Wald zurückgelassen. Sie dienen Kleintieren als Lebensraum.

Wälder sollen alt werden. Die Lebenszeit der angepflanzten Bäume verlängert sich. Stämme sollen möglichst einzeln geerntet werden.

Alle diese Maßnahmen unterstützen die biologische Vielfalt des Ökosystems und sollen die Wälder stabilisieren. Ziel der **naturgemäßen Waldwirtschaft** ist ein naturnaher, standortgerechter Wald. Meist wird dies ein Mischwald sein.

Nur durch Verringerung der Luftschadstoffe und naturgemäße Waldwirtschaft lassen sich die Waldschäden stoppen.

1 Nenne Gründe, warum ein artenreicher Mischwald widerstandsfähiger gegen Sturm und Schädlinge ist als z. B. ein Fichtenforst.

***1** Naturnaher Wald*

3 Ökosystem See

3.1 Die Pflanzenzonen eines Sees

1 Ein See und seine Bewohner.
① *Teichrohrsänger,* ② *Libelle,* ③ *Teichhuhn,* ④ *Schwan,* ⑤ *Haubentaucher,* ⑥ *Stockente,* ⑦ *Wasserläufer,* ⑧ *Eisvogel,* ⑨ *Graureiher,* ⑩ *Wasserfrosch,* ⑪ *Kammmolch,* ⑫ *Rückenschwimmer,* ⑬ *Hecht,* ⑭ *Plötze,* ⑮ *Libellenlarve,* ⑯ *Gelbrandkäfer mit Kaulquappe,* ⑰ *Teichmuscheln,* ⑱ *Schlammschnecke*

Ein See übt auf uns eine starke Anziehungskraft aus. Auf Streifzügen entlang seines Ufers gibt es vieles zu entdecken. Gehst du vom Land zum Ufer, über einen Steg zum offenen Wasser, erkennst du, dass sich der Pflanzenbewuchs schnell ändert. Unterschiedliche Pflanzengesellschaften wachsen ringförmig bis zur freien Seefläche.

Bruchwald

Landseitig stehst du zuerst in einem Wald, der sich aus *Schwarz-Erlen* und verschiedenen Arten von *Weiden* zusammensetzt. Darunter wachsen gelb blühende *Sumpfdotterblumen* und der rote *Blutweiderich*. *Teichbinsen* mit runden und *Seggen* mit dreikantigen Stängeln breiten sich hier aus. Die Pflanzen dieses **Bruchwaldes** vertragen ständig hohes Grundwasser oder zeitweise Überflutung.

Röhricht

Etwas weiter am flachen Uferrand, wo ständig Wasser steht, beginnt das **Röhricht**. Hier finden wir die gelbe *Wasser-Schwertlilie*, das *Pfeilkraut* und den *Froschlöffel*. Diese Sumpfpflanzen erhielten ihre Namen nach der Form ihrer Blätter, die an Schwerter, Pfeile und Löffel erinnern. Der Froschlöffel hat allerdings unterschiedliche Blattformen. Untergetauchte Blätter sehen ganz anders aus als Luftblätter.

In dieser Zone wachsen auch *Rohrkolben* und *Schilf*. Sie kommen bis zu einer Wassertiefe von 1,5 m vor. Mit ihren verzweigten Wurzelstöcken sind sie fest im Schlamm verankert. Ihre hohen Halme sind heftigen Windstößen und Wellenschlägen ausgesetzt. Diesen Angriffen geben die elastischen Halme jedoch federnd nach und richten sich sofort wieder auf. Der röhrenförmige Stängelaufbau und die Knoten verleihen den Schilfhalmen die erforderliche Festigkeit und Biegsamkeit. Die äußerst reißfesten Blätter flattern bei Sturm wie Fahnen zur windabgewandten Seite.

Schwimmblattzone

An das Röhricht schließt sich in stillen Buchten die **Schwimmblattzone** an. *Seerosen* mit weißen und *Teichrosen* mit gelben Blüten breiten sich hier aus. Lange Stiele stellen die Verbindung zu den Erdstängeln her. Bei schwankendem Wasserstand können diese Stiele jede Bewegung so ausgleichen, dass die Blätter und Blüten immer an der Oberfläche schwimmen.
Die gesamte Pflanze ist von Luftkanälen durchzogen. Dadurch werden die Erdstängel im sauerstoffarmen Boden mit Luft versorgt.

Tauchblattzone

In dieser **Tauchblattzone** kommen neben *Laichkräutern* auch *Tausendblatt*, *Wasserpest* und *Hornkraut* vor, deren Blätter meistens sehr klein sind. Sie besitzen keine Spaltöffnungen. Die Nährstoffe werden über die Blattoberfläche aus dem Wasser aufgenommen. Je nach Trübung können ab 5–10 m Tiefe auch Tauchpflanzen nicht mehr wachsen, weil das Sonnenlicht nicht mehr zur Fotosynthese ausreicht.

Unbelebte Faktoren

Man erkennt, dass sich durch unterschiedliche unbelebte Faktoren in den einzelnen Zonen ganz bestimmte Pflanzengesellschaften ansiedeln. Diese Faktoren sind z.B. Wasserstand, Licht- und Windverhältnisse.

> ! Am Seeufer bilden sich verschiedene Pflanzenzonen aus. Vom Land zum Wasser folgen nacheinander: Bruchwald, Röhricht, Schwimmblattzone und Tauchblattzone. In ihnen sind die Pflanzen den unterschiedlichen Umweltbedingungen angepasst.

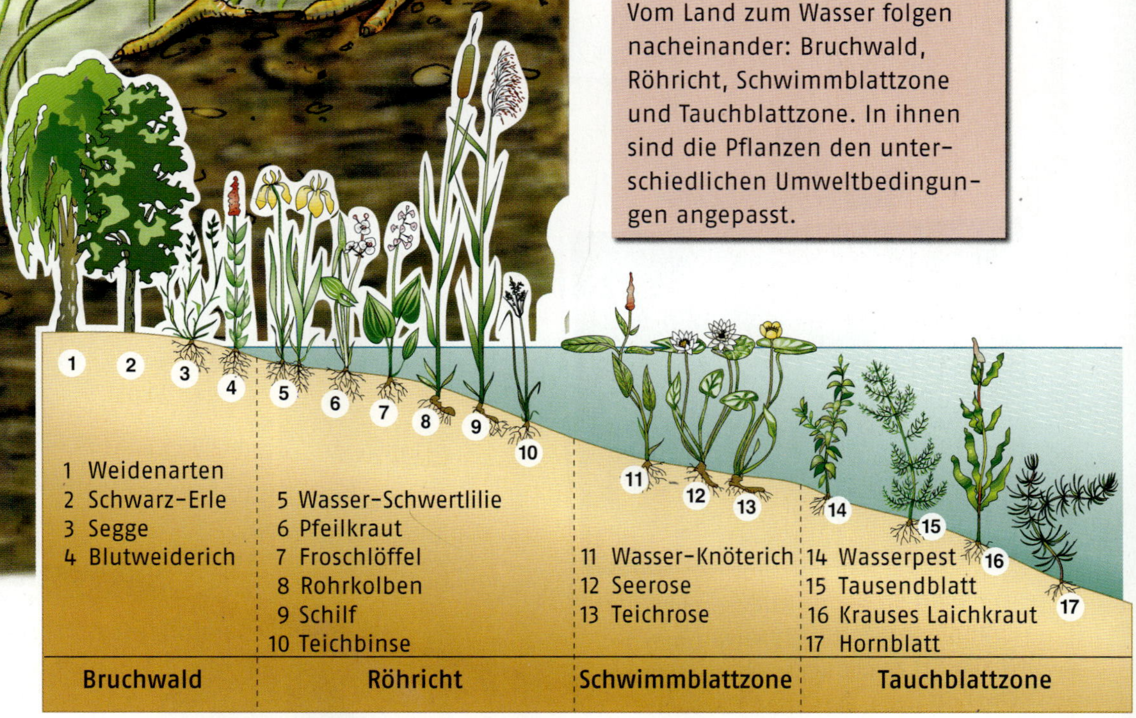

2 *Pflanzengürtel eines Sees* *(Schema)*

Über die Spaltöffnungen, die sich an der Blattoberseite befinden, stehen die Kanäle mit der Außenluft in Verbindung. Die tellergroßen Schwimmblätter enthalten luftgefüllte Hohlräume. Deshalb schwimmen sie wie eine Luftmatratze. Während das Wasser von der Oberseite des Blattes an einer dünnen Wachsschicht abperlt, haftet es an der Unterseite. So wird verhindert, dass starke Wellen das Blatt umschlagen können.

Je tiefer das Wasser wird, umso mehr treten die Schwimmblattpflanzen zurück und andere Wasserpflanzen, die ganz untergetaucht leben, breiten sich aus.

1 Lege eine Tabelle mit den Pflanzenzonen eines Sees und der darin vorkommenden Pflanzen an.

2 Wie sind die Pflanzen der Tauchblattzone an das Leben unter Wasser angepasst?

3 Vergleiche auf Seite 100 die Blattoberflächen von Land- und Schwimmblättern des Wasser-Knöterichs. Beachte die Lage der Spaltöffnungen und begründe diese.

Seitenblicke

Anpassungen bei Wasserpflanzen

Wasser-Hahnenfuß

Der Wasser-Hahnenfuß bildet zweierlei Blätter aus: Schwimmblätter (①) und Tauchblätter (②).

Seerose

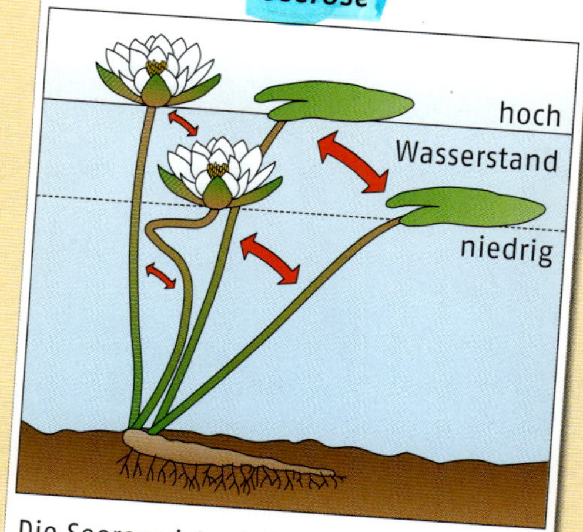

Die Seerose ist mit biegsamen Stängeln an den schwankenden Wasserstand angepasst.

Froschlöffel

Je nach Standort bildet der Froschlöffel unterschiedliche Lebensformen aus.

Wasser-Knöterich

Aus einem im Boden kriechenden Wurzelstock wächst ein etwa 1 m langer Stängel mit lang gestielten, lanzettlichen Blättern. Wasser-Knöterich wächst sowohl an Land als auch im Wasser. An der Wasseroberfläche bilden sich Schwimmblätter, die im Sommer von einer rosaroten Blütenähre überragt werden.

Wasser-Knöterich

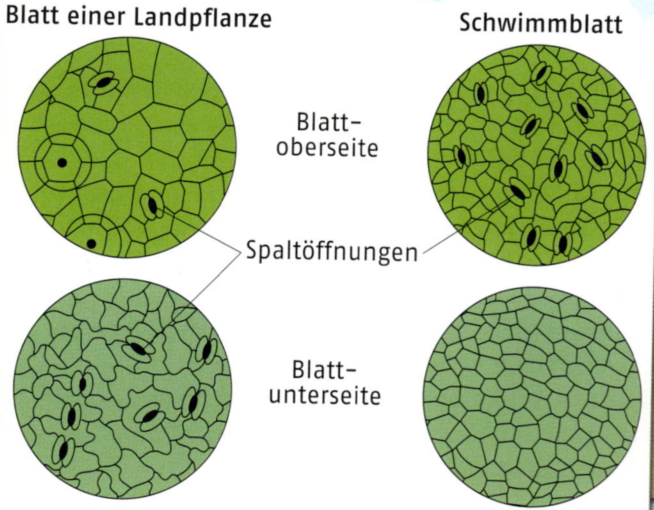

Durch die Spaltöffnungen erfolgt der Gasaustausch und die Abgabe von Wasserdampf.

1 Erläutere, wie Froschlöffel, Seerose und Wasser-Hahnenfuß an ihre Umweltbedingungen angepasst sind.

2 Vergleiche die Lage der Spaltöffnungen auf den Land- und Schwimmblättern des Wasser-Knöterichs. Erkläre.

ÜBUNG

Wasserpflanzen

V1 Untersuchung eines Schilfblattes

Material: 2 Pappstreifen (10 × 3 cm); Alleskleber; Nagel; Bindfaden; verschiedene Gewichtstücke; Schilfblatt (Vorsicht, scharfe Ränder!); Schreibmaterial

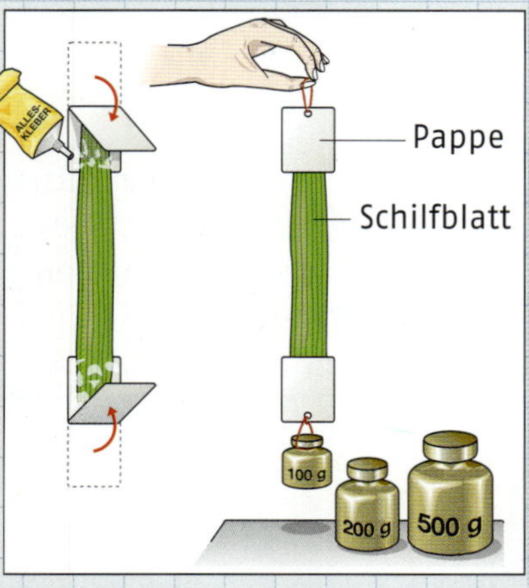

Durchführung: Falte beide Pappstreifen in der Mitte und bestreiche beide Innenseiten mit Alleskleber. Lege je ein Ende des Schilfblattes dazwischen und drücke es zusammen. Bohre mit dem Nagel in jeden Pappstreifen ein Loch und ziehe jeweils einen Bindfaden hindurch. Hänge nacheinander die Gewichte daran und hebe sie hoch.

Aufgaben:

a) Stelle fest, welcher Belastung das Blatt standhält, ohne zu zerreißen.

b) An welche Umweltbedingung am See ist das Schilfblatt mit seiner Reißfestigkeit angepasst?

V2 Leitung von Luft durch ein Seerosenblatt

Material: große Schale; Wasser; sauberes Tuch; Nadel; Seerosenblatt; Zeichenmaterial

Durchführung: Besorge aus einem Gartenteich ein Seerosenblatt mit einem langen Stiel. Reinige das Endstück und blase kräftig Luft in den Stängel. Drücke dabei mit einer Hand das Blatt unter Wasser. Stich Löcher in die Blattadern, um den Weg der Luft zu verfolgen, und wiederhole den Versuch.

Aufgaben:

a) Beschreibe, was du bei beiden Versuchen beobachtest.

b) Zeichne ein Blatt mit Stiel und trage mit roter Farbe den Weg der Luft ein.

c) Erkläre, welche Bedeutung die Durchlüftung für die Pflanze hat.

V3 Untersuchung eines Seerosenstängels

Material: Stiel einer Seerose; Rasierklinge mit Korkhalterung; Pinzette; Glas mit Wasser; Objektträger; Deckglas; Pipette; Lupe oder Mikroskop; Zeichenmaterial

Durchführung: Schneide eine möglichst dünne Scheibe vom Stiel ab.

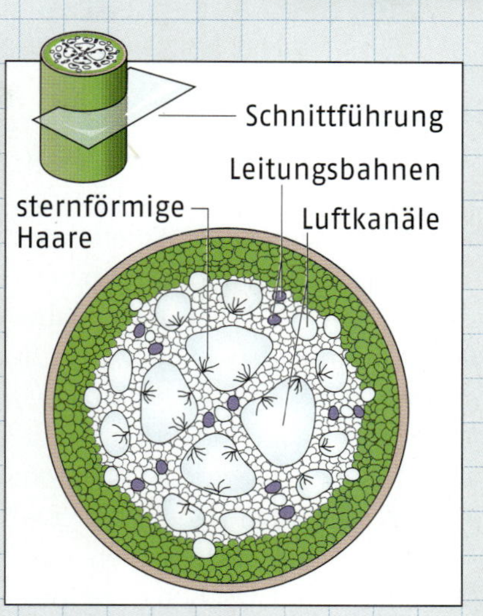

Betrachte sie mit der Lupe oder mikroskopiere sie bei schwacher Vergrößerung. Betrachte die Schnittfläche.

Aufgabe: Zeichne den Querschnitt und beschrifte ihn mithilfe der Abbildung.

A4 Vermehrung des Schilfrohrs

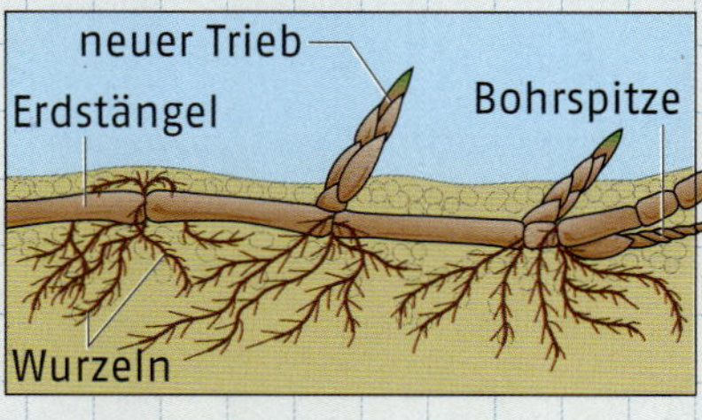

Schilf vermehrt sich ungeschlechtlich. Dabei breiten sich die Erdstängel waagrecht nach allen Richtungen im Erdreich aus. Die Ausläufer dringen mit ihren Bohrspitzen auch durch festen Boden. Der Erdstängel ist durch Knoten untergliedert, an denen Triebe austreten. Sie wachsen empor und bilden neue Halme. Die Wurzelbüschel verankern die Pflanzen im Untergrund.

Aufgabe: Erkläre, warum Schilfrohr in kurzer Zeit große Bestände bilden kann.

3.2 Wasservögel sind den Zonen des Sees angepasst

Stockente

An vielen Seen kann man **Stockenten** beobachten. Von Zeit zu Zeit tauchen sie Kopf und Vorderkörper ins Wasser, sodass der Schwanz fast senkrecht in die Höhe ragt. Dabei rudern sie mit den Füßen. Mit offenem Schnabel pflügen sie durch den Schlamm. Wenn sie den Schnabel schließen, werden Schlamm und Wasser hinausgedrückt. Die Nahrung, wie Insektenlarven oder Würmer, bleibt zwischen den Hornleisten des Seihschnabels hängen.

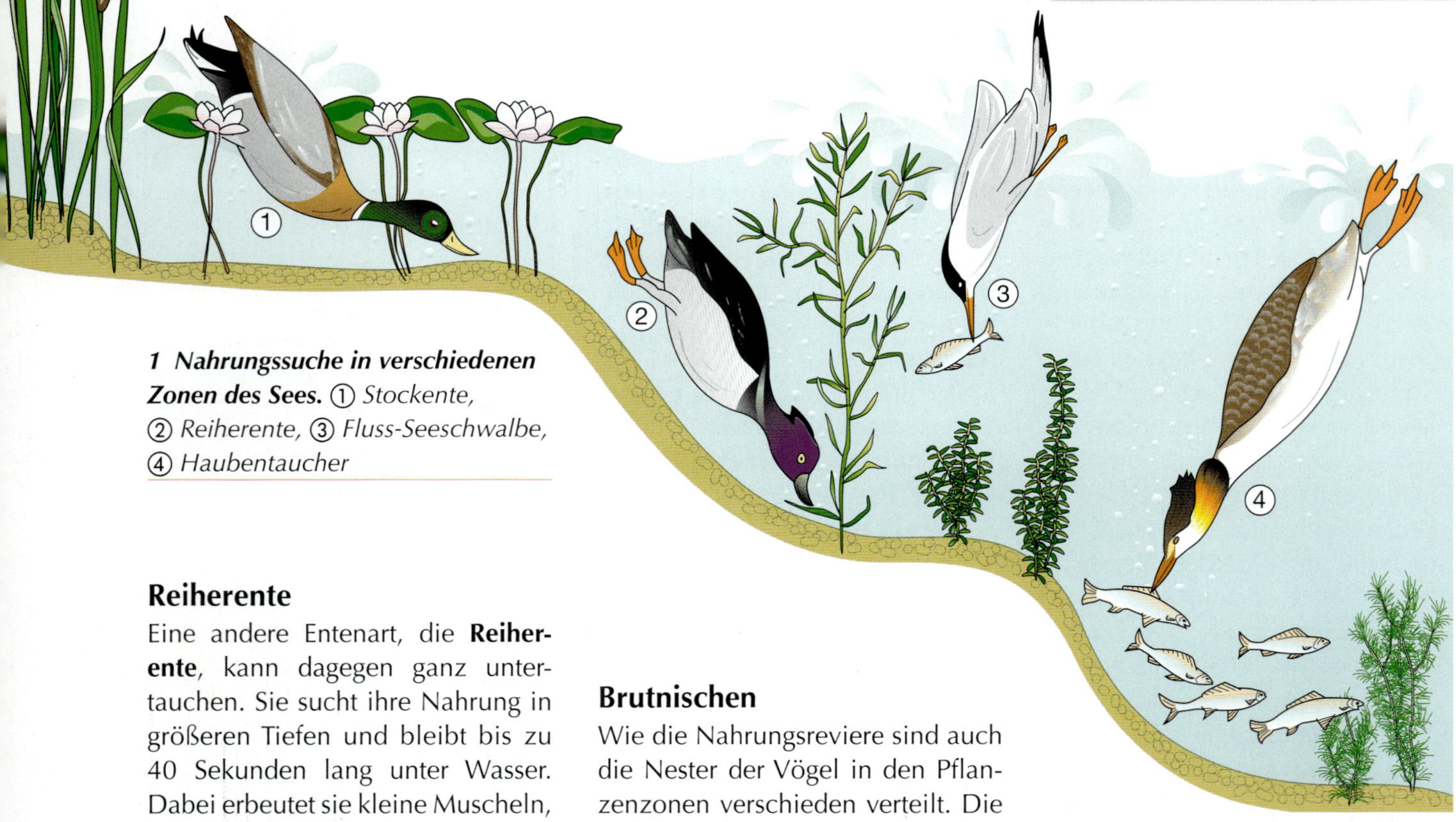

1 Nahrungssuche in verschiedenen Zonen des Sees. *① Stockente, ② Reiherente, ③ Fluss-Seeschwalbe, ④ Haubentaucher*

Reiherente

Eine andere Entenart, die **Reiherente**, kann dagegen ganz untertauchen. Sie sucht ihre Nahrung in größeren Tiefen und bleibt bis zu 40 Sekunden lang unter Wasser. Dabei erbeutet sie kleine Muscheln, Schnecken und Würmer.

Haubentaucher

Die **Haubentaucher** sind nicht nur geschickte Schwimmer, sondern auch ausgezeichnete Taucher. Sie gleiten bis zu 7 m Tiefe hinab. Die Flügel werden eng angelegt und beide Beine mit den Schwimmfüßen gleichzeitig bewegt. Ihre Beute sind kleine Fische.

Fluss-Seeschwalbe

Die **Fluss-Seeschwalbe** jagt aus der Luft. Wenn sie einen Fisch erspäht, schießt sie wie ein Pfeil ins Wasser. Die Beute wird mit dem Schnabel festgehalten und noch während des Fluges verzehrt.

Nahrungsnischen

Vergleicht man den Nahrungserwerb der verschiedenen Wasservögel, dann stellt man fest, dass sich die einzelnen Arten auf bestimmte Zonen im See spezialisiert haben. Dadurch ist es möglich, dass viele Arten auf engstem Raum nebeneinander leben können.

> ! Verschiedene Arten von Wasservögeln suchen in unterschiedlichen Bereichen Nahrung und Nistgelegenheiten, ohne sich Konkurrenz zu machen.

Brutnischen

Wie die Nahrungsreviere sind auch die Nester der Vögel in den Pflanzenzonen verschieden verteilt. Die Stockenten brüten an Land, die Reiherenten auf kleinen Inseln. Die Haubentaucher bauen ein schwimmendes Nest am Rand des Röhrichts. Die Fluss-Seeschwalbe nistet zwischen Kieselsteinen an Ufern ohne Pflanzenwuchs.

1 Wie ist es möglich, dass viele Vogelarten auf engem Raum zusammenleben können?

2 Du kennst bereits einen anderen Lebensraum mit Nahrungs- und Brutnischen. Berichte!

Wasservögel

Seitenblicke

Nester der Wasservögel

Vogelart	Nest
Stockente	auf dem Erdboden; aus allerlei Pflanzenteilen; Nestmulde mit Daunenfedern ausgekleidet
Lachmöwe	einfaches Nest aus angehäuftem Pflanzenmaterial am Boden; Koloniebrüter
Teichhuhn	am Wasserrand; napfförmiges Nest aus Schilfblättern und Halmen
Teichrohrsänger	über dem Wasser, zwischen mehrere Schilfhalme geflochten; aus Gras und Spinngewebe, mit Speichel verklebt
Blässhuhn	Nest meist am Boden im Röhricht, in oder am Wasser
Rohrdommel	Nest bodennah im Röhricht, aus Haufen von zerstückelten Halmen, Nestmulde mit feinem Pflanzenmaterial ausgelegt
Haubentaucher	am Rand des Röhrichts; schwimmendes Floß zwischen Schilfhalmen verankert; aus hohlen Stängeln aufgeschichtet

Brutzeit von Wasservögeln

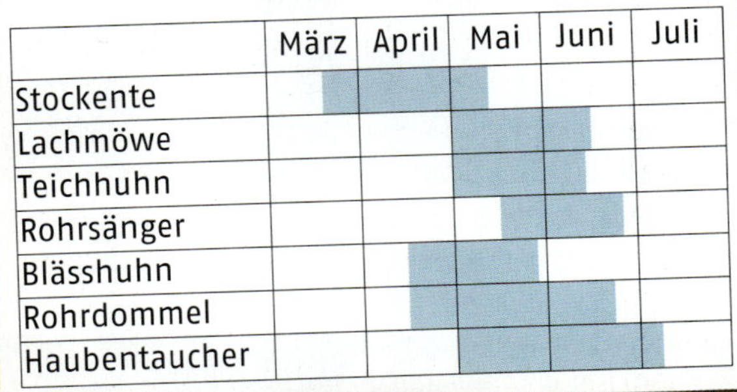

„Huckepack" bei Haubentauchern

Kleine Haubentaucher reisen auf dem Rücken ihrer Eltern übers Wasser. Haubentaucher brüten auf Seen mit langen, dichten Röhrichtgürteln. Die bevorzugten Gewässer haben eine Mindestgröße von etwa 10 ha und eine Wassertiefe von etwa 6 m.

1. Welche Aufgaben erfüllt das Schilf beim Nisten der Wasservögel?
2. In welcher Zeit sollten die Uferzonen von Menschen gemieden werden? Begründe.
3. Nenne Ansprüche der Haubentaucher an ihr Brutrevier.

Brutstätten von Wasservögeln

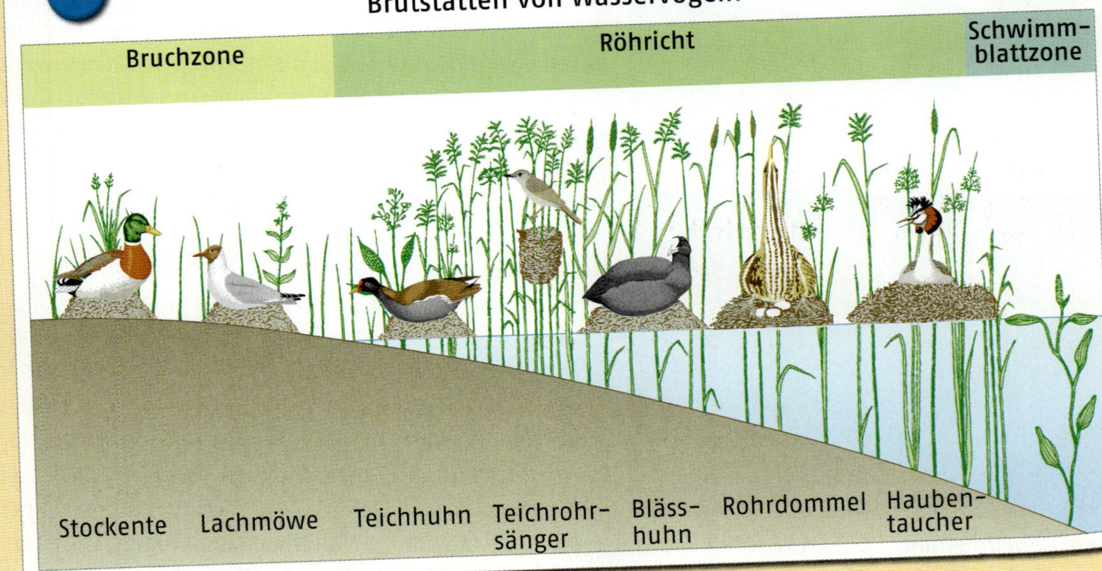

1 ***Taumelkäfer.*** ***A*** *Er schwimmt schnell an der Wasseroberfläche;* ***B*** *plattenförmig verbreitertes Ruderbein*

2 ***Großer schwarzer Kolbenwasserkäfer.*** ***A*** *beim Auffüllen des Luftvorrats;* ***B*** *Antenne durchstößt beim Luftholen die Wasseroberfläche.*

3 ***Larve der Stechmücke.*** ***A*** *beim Atmen;* ***B*** *Atemröhre*

4 ***Larve einer Kleinlibelle.*** ***A*** *unter Wasser;* ***B*** *Blättchen der Tracheenkiemen*

3.3 Insekten in Seen und Teichen

Taumelkäfer

Wer ruhig am flachen Ufer eines Sees sitzt, kann an der Wasseroberfläche ein lebhaftes Tierleben beobachten. Da fällt der *Taumelkäfer* durch seine eigentümliche Bewegungsweise auf. Schnell und wendig schwimmt er in Kreisen und Spiralen an der Wasseroberfläche. Er sucht dort nach Beute. Mit seinen zweigeteilten Augen kann er sowohl über als auch unter Wasser sehen. Mit den beiden kurzen hinteren **Ruderbeinen** bewegt er sich vorwärts. Die Beinglieder sind verbreitert und können wie ein Fächer auseinandergespreizt und wieder zusammengeklappt werden. Mit dem ersten Beinpaar wird die Beute ergriffen.

Großer schwarzer Kolbenwasserkäfer

Der *Große schwarze Kolbenwasserkäfer* holt an der Wasseroberfläche Luft. Dabei berührt er mit einer der beiden Kopfhälften die Oberfläche. Durch Vibration der Antennen wird Luft von den letzten Antennengliedern in einer Haarrinne am Kopf zur Vorderbrust geleitet. Der Käfer speichert zusätzlich noch Luft unter den Flügeldecken und ebenfalls auf der fein behaarten Bauchseite. Dadurch kann es vorkommen, dass sich der Käfer auf den Rücken dreht und sich so fortbewegt.

Stechmückenlarven (Gelsenlarven)

Auch kleine Larven der *Stechmücke* tauchen auf, um Luft zu tanken. Sie hängen dabei schräg unter der Wasseroberfläche und strecken ihre Atemröhre wie einen **Schnorchel** in die Luft.

Libellenlarven

Die etwa streichholzlangen Larven einer *Kleinlibelle* bekommt man nicht leicht zu sehen. Sie leben ständig unter Wasser und brauchen zum Atmen nicht aufzutauchen. Sie atmen mithilfe der drei **blattförmigen Tracheenverzweigungen** am Hinterende und mit dem **Enddarm**. Dieser ist an der Innenseite mit zahlreichen dünnwandigen Häutchen, den **Tracheenkiemen**, ausgekleidet. Sie entziehen dem eingesogenen Atemwasser den Sauerstoff.

Libelle – unvollkommene Verwandlung

Das Leben der *Libellen* beginnt im Wasser. Aus den Eiern schlüpfen keine fertigen Libellen, sondern flügellose Larven. Sie leben ausschließlich im Wasser. Während ihrer ein- bis dreijährigen Larvenzeit streifen sie mehrmals die zu eng gewordene Körperhülle ab. Zur letzten Häutung klettern sie an einem Pflanzenstängel aus dem Wasser. Aus der Larvenhaut schlüpft eine ausgewachsene Libelle, die meist nur wenige Wochen lebt. In dieser Zeit kommt es zur Paarung.

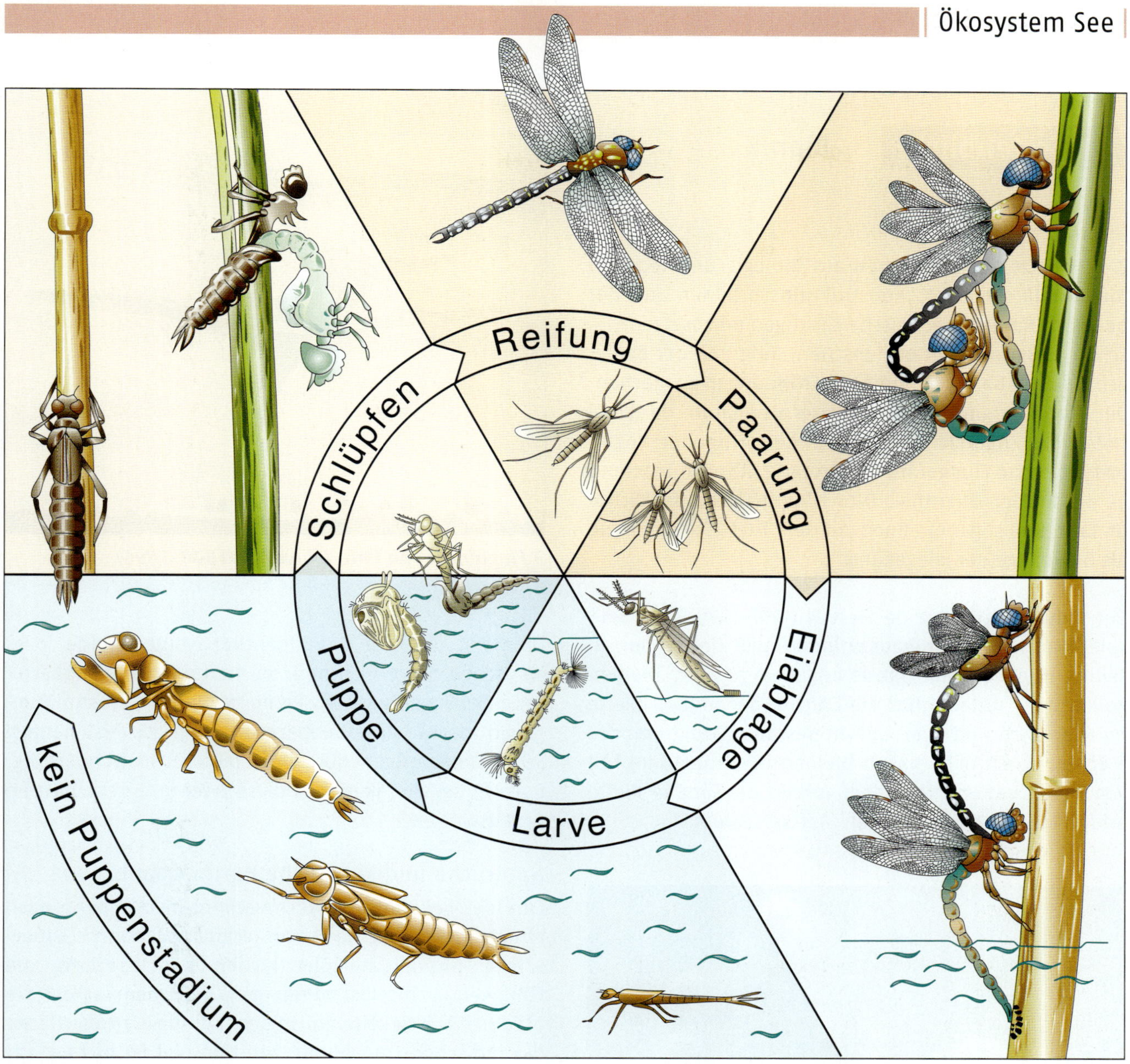

5 Entwicklung von Libelle (außen) und Stechmücke (innen)

Die Geschlechtspartner vereinigen sich zu einem *Paarungsrad*: Das Männchen hält das Weibchen am Kopf fest, das Weibchen biegt sein Hinterleibsende nach vorne zum Begattungsorgan des Männchens. Die befruchteten Eier werden an Wasserpflanzen abgelegt. Die Entwicklung der Libellen erfolgt ohne ein Puppenstadium, also durch *unvollkommene Verwandlung*.

Stechmücke – vollkommene Verwandlung

Anders entwickeln sich die Larven der *Stechmücken*. Sie bilden nach ihrer Larvenzeit eine Puppe aus. Unter einer Puppenhülle wandeln sich während einer Ruhezeit die Organe der Larve in die eines voll entwickelten Insekts um. Nach wenigen Tagen reißt die Hülle auf und eine junge Mücke zwängt sich heraus. Nach sechs Wochen ist die *vollkommene Verwandlung* der Stechmücke vom Ei über die Larve und Puppe abgeschlossen.

! Wasserinsekten sind in Atmung und Fortbewegung unterschiedlich an das Leben im Wasser angepasst. Stechmücken machen eine vollkommene Verwandlung durch. Bei Libellen fehlt das Puppenstadium.

1 Warum hat der Taumelkäfer geteilte Augen?

2 Wozu braucht der Große Kolbenwasserkäfer seine Antennen?

3 Beschreibe die Atmung der Larven von Kleinlibellen.

4 Nicht nur die Larven, auch die Puppen der Stechmücke sind beweglich. Welchen Vorteil hat das?

5 Beschreibe mithilfe der Abbildung 5 die Entwicklung von Libelle und Stechmücke.

Seitenblicke

Bionik

Die Natur als Vorbild

Bionik setzt sich zusammen aus **Bio**logie und Tech**nik**. Die Bionik versucht, Konstruktionsvorbilder aus der belebten Natur in technische Lösungen umzusetzen. Schon lange versuchten Menschen, aufgrund der Beobachtung von Naturphänomenen Erfindungen zu machen. Der Künstler und Wissenschafter Leonardo da Vinci (1452–1519) beobachtete genau den Flug der Vögel, bevor er erste **Fluggeräte** konstruierte. Ähnlich machten es die Brüder Lilienthal. Otto Lilienthal veröffentlichte im Jahr 1889 sogar ein Buch mit dem Titel „Der Vogelflug als Grundlage der Fliegekunst".

Der Schweizer George de Mestral (1907–1990) zum Beispiel war neugierig herauszufinden, wie Kletten im Fell seines Hundes beim Spazierengehen hängen bleiben konnten. Er untersuchte die Früchte der Großen Klette im Mikroskop und stieß auf interessante Strukturen der Früchte. Durch Widerhaken bleiben die Früchte im Fell von Tieren haften. Nach dem Vorbild der Großen Klette erfand Mestral daraufhin den **Klettverschluss**.

*1 **A** Große Klette; **B** Klettverschluss (mikroskopische Aufnahme)*

2 Flugobjekt von Otto Lilienthal (1848–1896)

Leonardo da Vinci und Lilienthal wollten beide, dass Menschen fliegen können. Sie hofften durch Beobachtung des Vogelflugs, das Problem zu lösen. Mestral hingegen machte eine Beobachtung und zog erst danach Schlussfolgerungen für eine technische Verwertung. Auch in der Bionik gibt es diese zwei unterschiedlichen Arbeitsweisen.

Natürliche und künstliche Haftmechanismen

Eine der bekanntesten technischen Umsetzungen nach einem Vorbild aus der Natur ist der sogenannte **Lotuseffekt**. Biologische Oberflächen haben häufig die Fähigkeit, sich selbst zu reinigen. Außerdem werden sie oft durch Flüssigkeiten nicht benetzt. Die Blattoberfläche der indischen Lotusblume zum Beispiel ist nicht glatt. Sie ist fein genoppt. Wenige tausendstel Millimeter große Wachspartikel führen dazu, dass Schmutzpartikel schlecht auf der Oberfläche haften. Der an den Noppen anhaftende Schmutz wird mit dem abperlenden Regenwasser abtransportiert. Diese Form der Selbstreinigung von Oberflächen kann mittlerweile bei technischen Produkten nachgeahmt werden, wie bei Fassadenbeschichtungen für Häuser oder bei Sprays zur Imprägnierung von Schuhen.

Haie bewegen sich teilweise sehr schnell durch das Wasser. Dabei ist es wichtig, dass der Widerstand beim Schwimmen vermindert wird. Die Haut der Haie besteht aus eng aneinander liegenden Schuppen. Auf den Schuppen befinden sich kleine Rippen, die in Richtung der Strömung ausgerichtet sind. So wird der Reibungswiderstand beim Schwimmen verringert. Heute werden Folien mit ähnlicher Struktur hergestellt. Sie werden auf Flugzeuge aufgeklebt, wodurch der Luftwiderstand verringert wird.

Schulteich

ÜBUNG

V1 Anlage eines Schulteiches

1 Arbeitsschritte beim Bau eines Schulteiches.
*A Erstellung des Bau- und Pflanzplanes; **B** Ausheben der Teichgrube; **C** Abdichtung des Gewässerbodens mit Folie oder ungebrannten Tonziegeln; **D** Flutung und Bepflanzung des Gewässers*

Material: Teichfolie von etwa 1 mm Dicke; Spaten; Schaufeln; Sand; Ton; Wasser- und Sumpfpflanzen

Durchführung: a) Die Wahl eines geeigneten Standortes gehört zu den wichtigsten Vorbereitungen beim Teichbau. Der Teich muss so angelegt werden, dass das Gewässer viel Licht bekommt und langfristig nicht stört. Es sollte deshalb ein etwas abseits gelegener, sonniger Platz auf dem Schulgelände gewählt werden. Im Herbst dürfen möglichst keine Blätter in das Wasser fallen. Ihr müsst die Umgebung des Teiches bei der Gestaltung mit bedenken. Es dürfen keine Düngemittel und Insektenschutzmittel eingesetzt werden. Es sollten in der Umgebung Büsche und Steinhaufen als Unterschlupfmöglichkeiten vorhanden sein.

b) Die Teichgrube wird ausgehoben. Der Teich muss in der Mitte mindestens 120 cm tief sein, damit Wassertiere im Winter unter einer Eisdecke überleben können. Die Flachwasserzone, in der sich das Wasser rasch erwärmt, sollte mindestens 100 cm breit und bis zu 30 cm tief sein. Wechselwarme Tiere werden hier bei Sonnenschein schnell aktiv.

c) Die Innenwände der Teichgrube werden geglättet und von spitzen Gegenständen, wie z. B. scharfkantigen Steinen und abgebrochenen Wurzeln, befreit. Bei Bedarf bringt man etwas Feinsand auf den Untergrund auf. Anschließend legt man die Teichfolie in die Mulde. Falls möglich, sollte als zusätzliche Abdichtung und Schutz eine Schicht ungebrannter Tonziegel auf die Folie gelegt werden. Auf die Teichabdichtung legt man eine mindestens 5 cm dicke Schicht aus mineralstoffarmem Sand. Der Folienrand kann zusätzlich mit Steinen befestigt werden.

d) Jetzt füllt man Wasser in den Teich. Anschließend setzt man Sumpf- und Wasserpflanzen ein, die man aus anderen Garten- oder Schulteichen oder im Fachhandel besorgt. Man sollte bevorzugt empfindliche und langsam wachsende Pflanzen, zum Beispiel Fieberklee, Calla, Sumpfblutauge, Krebsschere und Wasserschlauch, in den neuen Teich einbringen. Die Pflanzen werden mit den Töpfen in den Teichgrund eingesetzt. Im Herbst werden zusätzlich Samen von Sumpf- und Uferpflanzen gesammelt und ausgesät.

e) Zum Schluss legt man eine Mappe an, in der regelmäßig Gewässeruntersuchungen, Fotos und sonstige Unterlagen über den Schulteich protokolliert werden.

f) Ein Mal im Jahr, im Herbst oder im Frühjahr, entfernt man einen Teil der Pflanzen. Die Bestände der sich stark ausbreitenden Arten werden reduziert.

3.4 Nahrungsbeziehungen im See

Grüne Pflanzen

Im Wasser eines Sees schweben winzige Lebewesen, die man mit dem bloßen Auge nicht sieht. Untersuchen wir einen Tropfen davon im Mikroskop, so entdecken wir jedoch zahlreiche Kleinlebewesen. Viele davon sind *Algen*, grüne Pflanzen, die sich ihre Nahrung durch Fotosynthese selbst erzeugen – siehe die Seiten 8 und 9.

Pflanzenfresser

Algen sind die Hauptnahrung vieler Wassertiere. Von ihnen lebt z. B. der *Wasserfloh*, der sich ruckartig durchs Wasser bewegt. Mit seinen blattartigen Beinen am Bauch wirbelt dieser Kleinkrebs das Wasser auf und strudelt dabei Algen als Nahrung in seinen Mund (s. S. 43).

Fleischfresser

Zwischen den Wasserpflanzen lauern Libellenlarven, die Wasserflöhe erbeuten und verzehren. Obwohl die Larven durch ihre Tarnfarbe kaum auffallen, werden sie von Fischen, wie z. B. dem *Rotauge*, entdeckt und gefressen. Aber auch dieser Fisch ist vor Feinden nicht sicher. Er wird von einem Raubfisch wie dem *Hecht* gefangen.

Nahrungsketten

Algen, Wasserfloh, Libellenlarve, Rotauge und Hecht stehen in einer Nahrungsbeziehung zueinander. Da diese Lebewesen ähnlich wie die Glieder einer Kette zusammenhängen, spricht man von einer **Nahrungskette**. An ihrem Anfang stehen stets Pflanzen. Dann folgen Pflanzenfresser, die wiederum von Fleischfressern verzehrt werden.

Nahrungsnetz

In einem See oder Teich gibt es viele verschiedene Nahrungsketten. Ein Fisch wie das Rotauge lebt nicht nur von Libellenlarven, sondern frisst auch noch Wasserflöhe, Mückenlarven und andere Kleinlebewesen. Andererseits ist das Rotauge nicht nur ein Beutetier des Hechtes, sondern es wird auch vom Haubentaucher gefressen. Meistens hat ein Tier also mehrere Beutetiere, von denen es sich ernährt, und zugleich mehrere Feinde, die es verfolgen. Diese vielseitigen Wechselbeziehungen werden als **Nahrungsnetz** bezeichnet, weil die verschiedenen Nahrungsketten verknüpft sind wie die Fäden eines Netzes.

Solange sich die Lebensbedingungen in einem See nicht wesentlich ändern, erhält sich dieses Ökosystem weitgehend selbst. Die Grundlage bilden die Pflanzen.

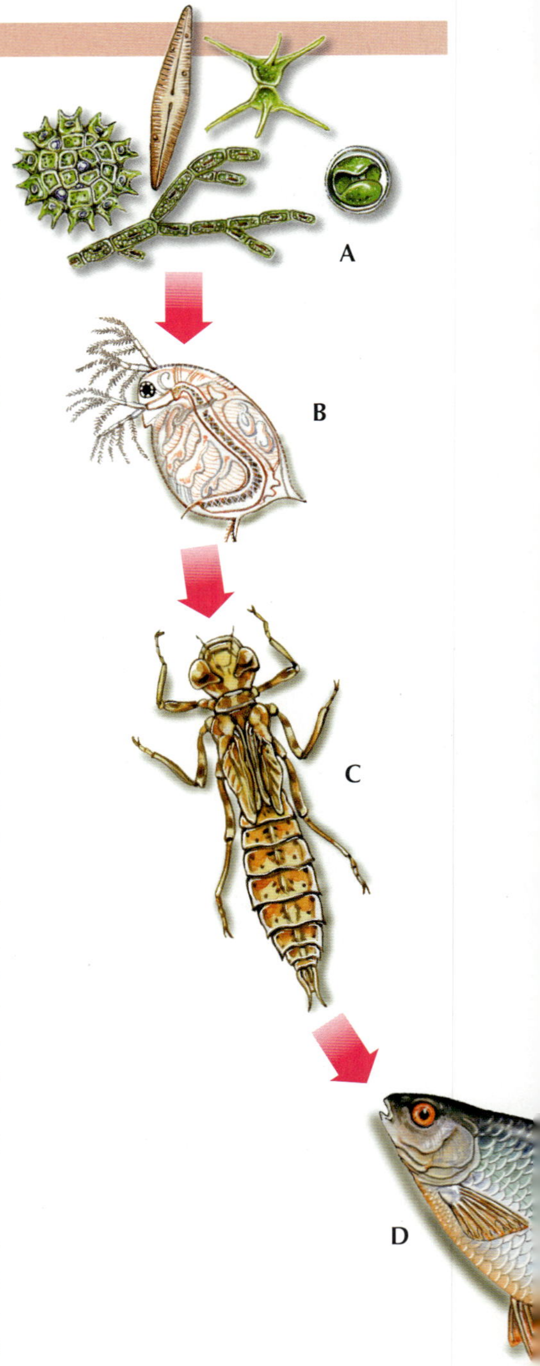

Erzeuger und Verbraucher

Pflanzen, z. B. Algen, bauen mithilfe von Lichtenergie aus Kohlenstoffdioxid, Wasser und Mineralstoffen die Pflanzenmasse auf. Sie stellen also aus leblosen oder anorganischen Stoffen organisches Pflanzenmaterial her. Die Pflanzen sind daher **Erzeuger** oder *Produzenten*.

Tiere können sich ihre Nährstoffe nicht selbst herstellen. Sie sind auf andere Lebewesen angewiesen, von denen sie sich ernähren. Sie sind daher **Verbraucher** oder *Konsumenten*.

1 Ausschnitt aus dem Nahrungsnetz eines Sees

Die *Pflanzenfresser* unter ihnen benötigen pflanzliche Nährstoffe, die sie in körpereigene, tierische Stoffe umwandeln. Von den Pflanzenfressern ernähren sich die *Fleischfresser*, wie z. B. die Raubfische.

Biologisches Gleichgewicht in einem gesunden See

Doch nicht alle Lebewesen werden verzehrt. Unzählige Organismen sterben und sinken auf den Grund. Dort werden sie entweder von Abfallfressern aufgenommen oder direkt von Bakterien und Pilzen zersetzt. Diese **Zersetzer** bauen die tierischen und pflanzlichen Reste ab und zerlegen sie in ihre Ausgangsstoffe wie Wasser, Kohlenstoffdioxid und Mineralstoffe. Bei dieser natürlichen **Selbstreinigung** tragen also die Zersetzer dazu bei, das Gewässer sauber zu halten. In einem gesunden See stellt sich ein gleich bleibendes Verhältnis von Erzeugern, Verbrauchern und Zersetzern ein. Man bezeichnet dieses Verhältnis als **biologisches Gleichgewicht**.

Stoffkreislauf

Auch bei den lebenswichtigen Gasen wie Sauerstoff und Kohlenstoffdioxid verhält es sich ähnlich. Algen und Tauchblattpflanzen geben bei der Fotosynthese Sauerstoff ans Wasser ab. Alle tierischen Lebewesen brauchen dieses Gas zur Atmung. Kohlenstoffdioxid wird von Pflanzen aufgenommen und bei der Fotosynthese zur Herstellung von Traubenzucker genutzt. So schließt sich der **Kreislauf der Stoffe**.

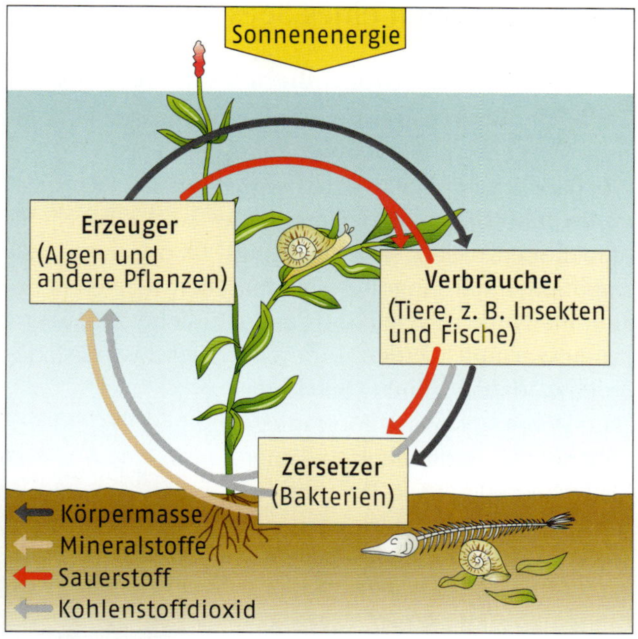

3 Stoffkreislauf im See

Pflanzen stehen am Anfang einer Nahrungskette, als weitere Glieder folgen Pflanzen- und Fleischfresser. Die vielfältigen Nahrungsbeziehungen der Lebewesen untereinander werden als Nahrungsnetz bezeichnet. Zwischen Erzeugern, Verbrauchern und Zersetzern besteht ein Stoffkreislauf.

1. Erläutere, wie eine Nahrungskette im See aufgebaut ist. Vergleiche mit einer Nahrungskette im Wald.
2. Pflanzen stehen oft am Anfang einer Nahrungskette. Begründe diese Aussage.
3. Suche aus der Abbildung des Nahrungsnetzes auf Seite 108 mehrere Nahrungsketten heraus und schreibe sie auf.
4. Welche Aufgaben erfüllen die Zersetzer im Kreislauf der Stoffe?

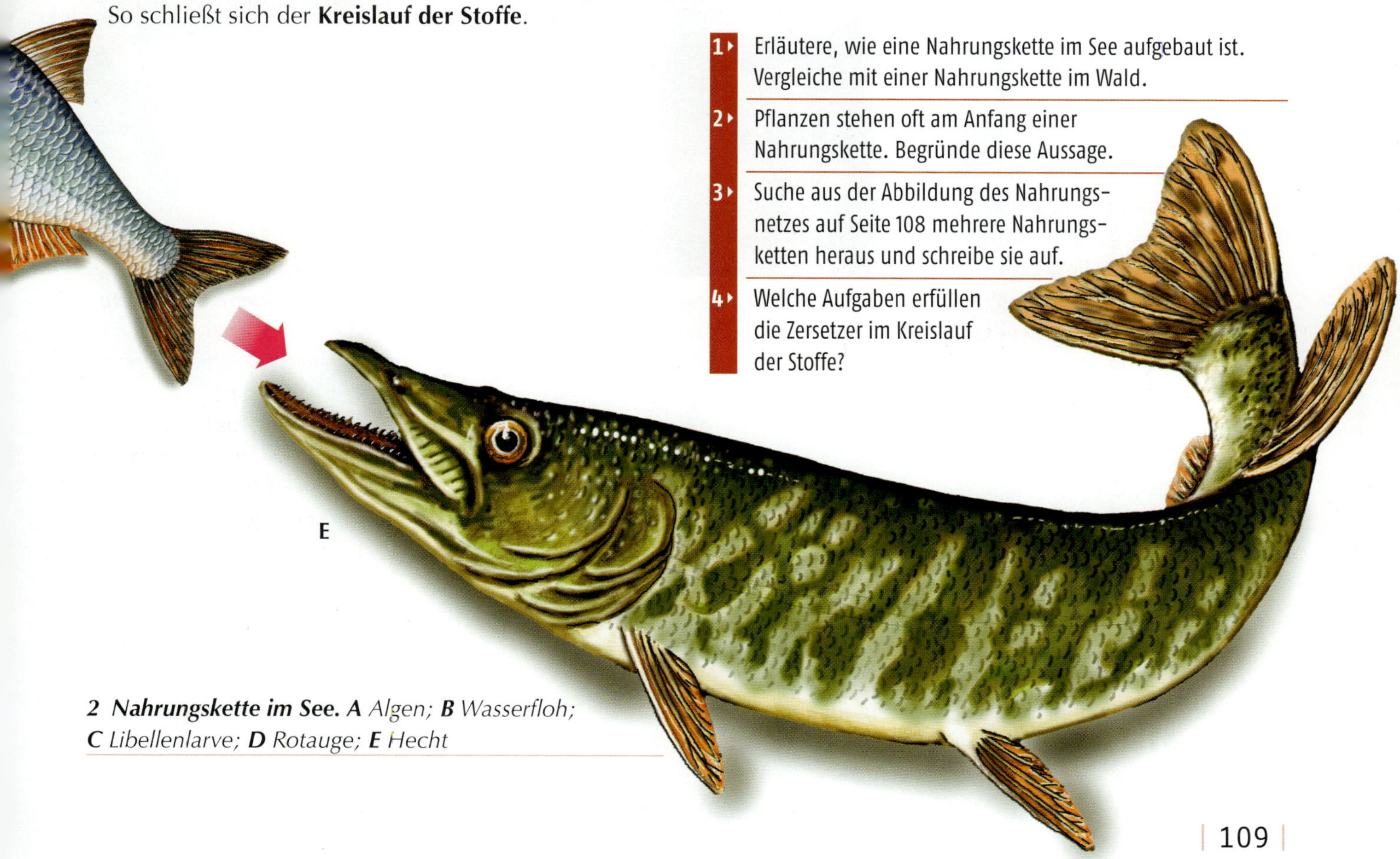

2 Nahrungskette im See. A *Algen;* **B** *Wasserfloh;* **C** *Libellenlarve;* **D** *Rotauge;* **E** *Hecht*

3.5 Belastungen eines Sees

Störungen eines empfindlichen Ökosystems

Ein Blick auf eine Tourismuskarte zeigt, dass ein See viele Menschen anzieht. An seinen Ufern liegen Dörfer, Wochenendsiedlungen und Campingplätze. Ausflugslokale, Bootshäfen und Strandbäder sind zusätzliche Attraktionen. Seen sind allerdings Ökosysteme, die empfindlich auf Eingriffe des Menschen reagieren. So führt die Nutzung dazu, dass die natürlichen Pflanzenzonen zerstört werden. Am Ufer verschwindet die Bruchwaldzone durch Bebauung. Das Röhricht muss Bootsanlegestellen und Badestellen weichen. Als Folge finden viele Tierarten keinen Schutz und keine Nahrung mehr. Besonders schwerwiegend ist die Zerstörung der Schilfgürtel, weil Schilf beträchtlich zur Selbstreinigung des Seewassers beiträgt.

1 Strandbad

2 Campingplatz am See

Folgen des Badebetriebs

An den zugänglichen Stellen drängen sich die Seebesucherinnen und -besucher. Sie **zertreten** die empfindlichen **Bodenpflanzen** und hinterlassen große Mengen **Abfall**. Manches davon wird achtlos ins Wasser geworfen oder am Ufer liegen gelassen. Dort, wo Strandbäder entstehen, werden Bäume und Sträucher der Uferbefestigung beseitigt und durch kahle Grasflächen ersetzt. Auch die Pflanzen der Uferzone vertragen den Badebetrieb nicht. Nach und nach verliert das Ufer seinen natürlichen Schutzsaum und ist damit Wind und Wellenschlag ausgesetzt. Der **fruchtbare Boden** wird **weggespült** und die Zugangsstellen zum See werden kahl und lebensfeindlich.

3 Abfälle im Wasser

5 Ausschnitt aus einer Freizeitkarte

Beschädigungen von Wasserpflanzen

Auch Aktivitäten auf dem See wie Surfen, Segeln oder Bootfahren wirken sich nachteilig auf das Ökosystem aus. So werden Vögel beim Brüten oder der Aufzucht der Jungen gestört. Werden sie zu oft aufgescheucht, verlassen sie diesen Lebensraum. Auch Wasserpflanzen reagieren sehr empfindlich auf Beschädigungen durch Boote oder Surfbretter. Werden die Pflanzen geknickt oder abgebrochen, sterben sie häufig ab.

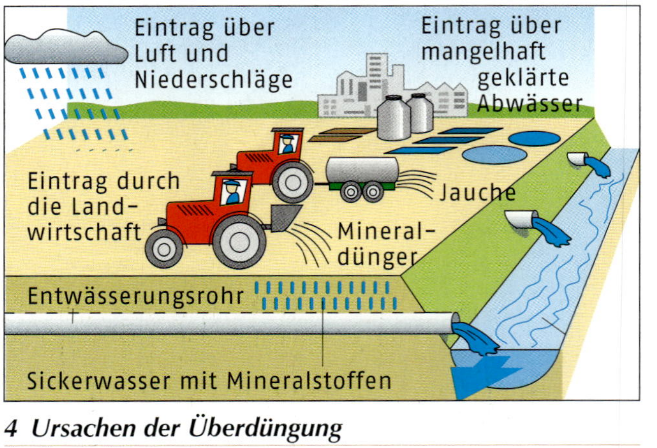

4 Ursachen der Überdüngung

6 Fütterung von Wasservögeln

Nicht selten trifft man am Ufer auf Scharen von Stockenten, weil sie dort von „Tierliebhaberinnen" und „Tierliebhabern" gefüttert werden. Futter, das nicht aufgenommen wird, sinkt auf den Grund und verfault.

Überdüngung des Sees

Die Besiedelung der Ufer und der Ansturm der Touristinnen und Touristen haben zur Folge, dass große Mengen **Abwasser** anfallen. Nicht alle Klärwerke sind in der Lage, Mineralstoffe wie Phosphat oder Nitrat ausreichend aus dem Abwasser zu entfernen. So gelangen sie über Zuflüsse ins Seewasser. Dieselben Stoffe werden durch Bäche von **überdüngten Äckern** und **Weiden** eingeschwemmt. Erstaunlich hoch ist auch der Eintrag von Nährstoffen durch die Luft und die Niederschläge. Schließlich sammeln sich im See mehr Mineralstoffe an, als von den Wasserpflanzen aufgenommen werden können. Diese *Überdüngung* begünstigt das Algenwachstum. Im Wasser treiben dann Fadenalgen wie grüne Wattebäusche oder die Oberfläche ist mit einem grünen Schleim aus Blaualgen überzogen.

„Der See kippt um"

Als Folge dieser **Algenblüte** dringt wenig Licht ins Wasser und die Tauchpflanzen sterben ab. Auch die Algen sterben nach einiger Zeit ab und sinken zu Boden. Dort werden sie durch Bakterien zersetzt. Dabei wird viel Sauerstoff verbraucht, der den übrigen Lebewesen fehlt. Es entsteht mehr abgestorbene Tier- und Pflanzenmasse, als abgebaut werden kann. So bilden sich stinkender Faulschlamm und giftige Gase. Das Leben im Wasser erlischt an **Sauerstoffmangel**. Man nennt dieses Seesterben: „Der See kippt um."

7 Algenblüte

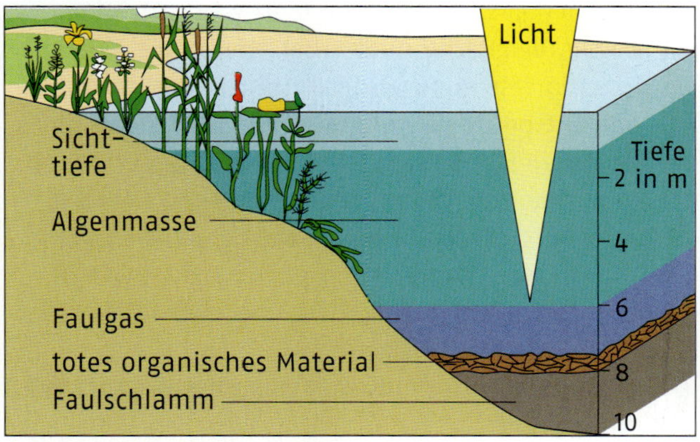

8 Folgen der Überdüngung

Die Tier- und Pflanzenwelt der Seen wird durch Besiedelung und Wassersport gefährdet. Der Eintrag häuslicher und landwirtschaftlicher Düngestoffe kann zu Sauerstoffmangel führen.

1 Beschreibe Auswirkungen, die starker Tourismus auf einen See hat.

2 Beschreibe Maßnahmen, wie ein belasteter See wieder gesunden kann.

ÜBUNG

Wasseruntersuchung

V1 Wasseruntersuchung mit den Sinnen

Material: Flaschen oder Gläser aus Weißglas; Aufkleber; Schreibmaterial

Durchführung: Fülle die Gefäße mit Wasserproben aus verschiedenen Gewässern und verschließe sie. Beschrifte die Aufkleber mit den Entnahmeorten. Halte ein weißes Blatt Papier hinter jedes Glas und untersuche auf Trübung und Färbung. Prüfe dann den Geruch. Ordne jeweils eine der genannten Eigenschaften der jeweiligen Wasserprobe zu. *Trübung:* klar, fast klar, trüb, stark getrübt. *Färbung:* farblos, grün, gelb, braun, grau. *Geruch:* geruchlos, frisch, modrig, faulig.

Aufgaben: a) Untersuche die Wasserproben und stelle ihre Eigenschaften fest.

b) Erkläre, worauf die gefundenen Eigenschaften zurückzuführen sind. *Hinweis:* Algen können das Wasser grün färben. Braune Schwebstoffe weisen auf Pflanzenreste oder Bodenteilchen hin. Faulige Gerüche werden durch die Zersetzung von Pflanzen und Tieren unter Sauerstoffabschluss verursacht.

V2 Untersuchung auf pflanzliches Plankton

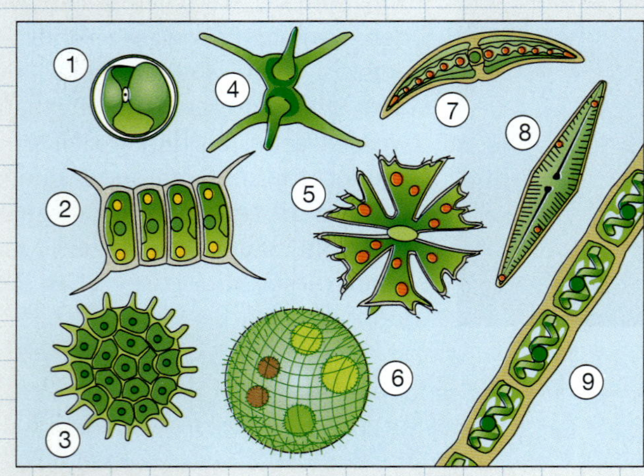

1 Pflanzliches Plankton. *① Grüne Kugelalgen, ② Gürtelalge, ③ Zackenrädchen, ④ Dornenstern, ⑤ Malteserkreuzalge, ⑥ Kugelalge, ⑦ Mondalge, ⑧ Weberschiffchen-Kieselalge, ⑨ Schraubenalge*

Die winzigen Algen des pflanzlichen Planktons schweben im Wasser, wobei gezackte oder stachelige Fortsätze die Sinkgeschwindigkeit herabsetzen. Kieselalgen haben als Besonderheit einen zweischaligen festen Panzer aus Kieselsäure.

Material: Kaffeefilter oder Filterpapier; Teelöffel; Mikroskop; Objektträger; Deckglas; Teich- oder Seewasser; Schreibmaterial

Durchführung: Gieße das Wasser durch den Filter. Entnimm aus dem Filtersatz mit dem Löffel etwas Wasser und bringe es auf den Objektträger auf. Lege ein Deckglas auf und mikroskopiere.

Aufgaben: a) Zeichne die Umrisse einiger Algen.

b) Woran erkennst du, dass Algen zu den Pflanzen gehören?

c) Das pflanzliche Plankton ist die Grundlage allen Lebens in den Gewässern. Begründe diese Aussage anhand der Seite 108.

V3 Bestimmung des Nitratgehaltes

Nitrat ist ein Mineralstoff, der als Dünger der Stickstoffversorgung der Pflanzen dient. Er ist wasserlöslich und versickert bei Überdüngung im Grundwasser.

Material: Dose mit Nitrat-Teststäbchen; verschraubbare Gläser; Wasserproben; Aufkleber; Schreibmaterial

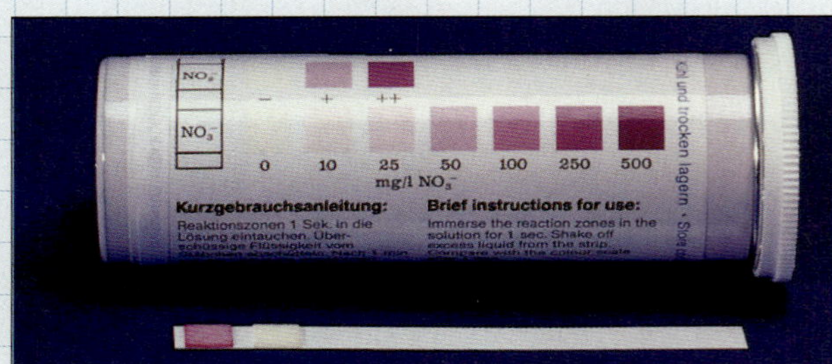

2 Farbvergleich mit Nitrat-Teststäbchen

Durchführung: Fülle die Gläser mit verschiedenen Wasserproben, z. B. aus einem See und seinen Zuflüssen. Beschrifte die Aufkleber mit der Entnahmestelle. Nimm ein Stäbchen aus der Dose und tauche es eine Sekunde ins Wasser. Vergleiche nach einer Minute die Färbung der unteren Testzone mit der Farbskala auf der Dose. Lies den entsprechenden Nitratgehalt des Wassers ab.

Aufgaben: a) Stelle die Nitratwerte der Wasserproben fest und notiere sie auf dem Aufkleber.

b) Beurteile die Nitratwerte. Beachte folgende Einstufung der Werte: 10 mg/l = hoch, 25 mg/l = außerordentlich hoch, 50–100 mg/l = belastet, >100 mg/l = stark belastet.

c) Welche Folgen kann die Belastung des Wassers mit Nitrat haben?

Was wird aus dem Baggersee?

Seitenblicke

Sand und Kies sind wichtige Rohstoffe für den Bau von Straßen und Häusern. Doch bei ihrer Gewinnung entstehen riesige Löcher, die öden Mondlandschaften ähneln. Was soll mit einem solchen Baggerloch geschehen, wenn Sand und Kies abgebaut sind?

Nach dem Gesetz ist der Verursacher der Naturzerstörung verpflichtet, das ursprüngliche Landschaftsbild wiederherzustellen. So kann er die Grube verfüllen und wieder Bäume anpflanzen. Diese Maßnahme wird als **Renaturierung** bezeichnet. Es sind aber auch andere Nutzungsformen möglich. Oft prallen dabei die Wünsche unterschiedlicher Interessensgruppen aufeinander.

Ein **Verein von Biologinnen und Biologen** will das Gebiet für den *Biotop-* und *Artenschutz* erhalten. Sich selbst überlassene Sandgruben besiedeln sich von allein. Nach einigen Jahren zeichnen sie sich oft durch eine Vielfalt an seltenen Pflanzen und Tieren aus.

Der **Angelverein** möchte den Baggersee zu einem *Fischgewässer* mit naturnahen Ufern umgestalten und mit heimischen Fischarten besetzen.

Die **Bürgerinitiative** wünscht, dass das Gelände als *Naherholungsgebiet* hergerichtet wird. Sie plant, ein Strandbad mit einer Liegewiese anzulegen. Die Restflächen werden mit Laubbäumen bepflanzt. Rad- und Wanderwege sollen den Erholungssuchenden die Möglichkeit bieten, ihre Freizeit in einer möglichst ungestörten Natur zu verbringen.

Der **Sportklub** möchte das Gelände als *Motocross-Piste* haben und auch als Mountainbike-Parcours mitbenutzen. Er sichert zu, dass keine Natur zerstört wird und die Lärmbelästigung sich in Grenzen hält.

Der **Naturschutzverein** will das Baggerloch möglichst naturnah anlegen und daraus ein *Vogelschutzgebiet* entwickeln. Durch Wohngebiete und Straßenbau sind große Naturflächen verloren gegangen. Als Ausgleich könnte das Gebiet der Erhaltung von Tieren und Pflanzen dienen. Vögel finden dort auf dem Wasser, am Ufer und an den Sandwänden ideale Lebensräume.

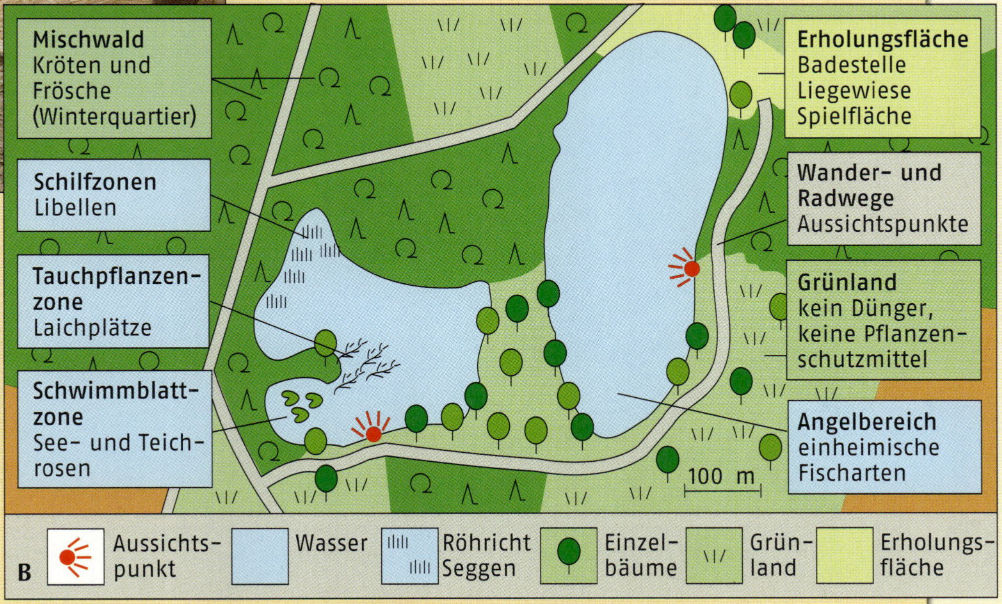

1 ***Kiesgrube.*** ***A*** *Kiesabbau;* ***B*** *Plan des Gemeinderates zur Renaturierung*

Der **Gemeinderat** lädt alle interessierten Gruppen zu einer Bürgerversammlung ein. Er stellt seinen Plan vor und gibt allen die Gelegenheit, sich zu seinem Vorhaben zu äußern.

1. Betrachte den Plan und stelle fest, welche Ziele verwirklicht werden sollen.
2. Zu welchen Konflikten kann der Plan führen?
3. Entwirf einen Plan nach deinen Vorstellungen.
4. Gestaltet in der Klasse eine Bürgerversammlung als Rollenspiel. Bildet Gruppen, die die Meinung der genannten Interessenten und Interessentinnen vertreten.

4 Ökosystem Fließgewässer

4.1 Quelle – Bach – Fluss

Sprudelnd und schäumend fließt der Bergbach zwischen Felsen und Geröll. Der Bach ist ein **Fließgewässer**, das sich aus dem sauberen, kühlen Wasser einer **Quelle** entwickelt.

Oberlauf

Im quellnahen **Oberlauf** fließt das Wasser sehr schnell und hat über das ganze Jahr eine Temperatur zwischen 5 °C und 10 °C. Der Sauerstoffgehalt des Wassers ist sehr hoch. Neben wenigen sandigen Nischen bilden vor allem Felsen und große Steine den Gewässerboden. Das Wasser ist nicht tief. Es gibt kaum Wasserpflanzen. Die Tiere sind an die reißende Strömung angepasst. Auf den Steinen findet man *Lidmückenlarven*, die mit ihren Saugnäpfen fest auf der Unterlage verankert sind. Die *Köcherfliegenlarven* besitzen einen „Köcher" aus Steinchen, der sie vor dem Abdriften schützt. *Eintagsfliegenlarven* sind durch ihre flachen Körper der Wasserströmung angepasst. Leitfisch im quellnahen Oberlauf ist die *Bachforelle*, weshalb man diesen Bachabschnitt auch **Forellenregion** nennt. Etwas weiter entfernt von der Quelle, aber immer noch im Oberlauf, folgt die **Äschenregion**.

Mittellauf

Weiter abwärts wird das Gewässer tiefer und die Wassertemperatur zeigt höhere Schwankungen. Im Sommer steigt sie bis auf 15 °C an, während sie im Winter auf Tiefsttemperaturen von etwa 4 °C sinkt. Die Strömungsgeschwindigkeit liegt unter einem Meter pro Sekunde und der Gewässerboden besteht aus Kies und Sand. Viele *Köcherfliegenlarven* bauen hier ihre Gehäuse aus Sand. Wir befinden uns im **Mittellauf**, der nach seinem Leitfisch auch **Barbenregion** heißt.

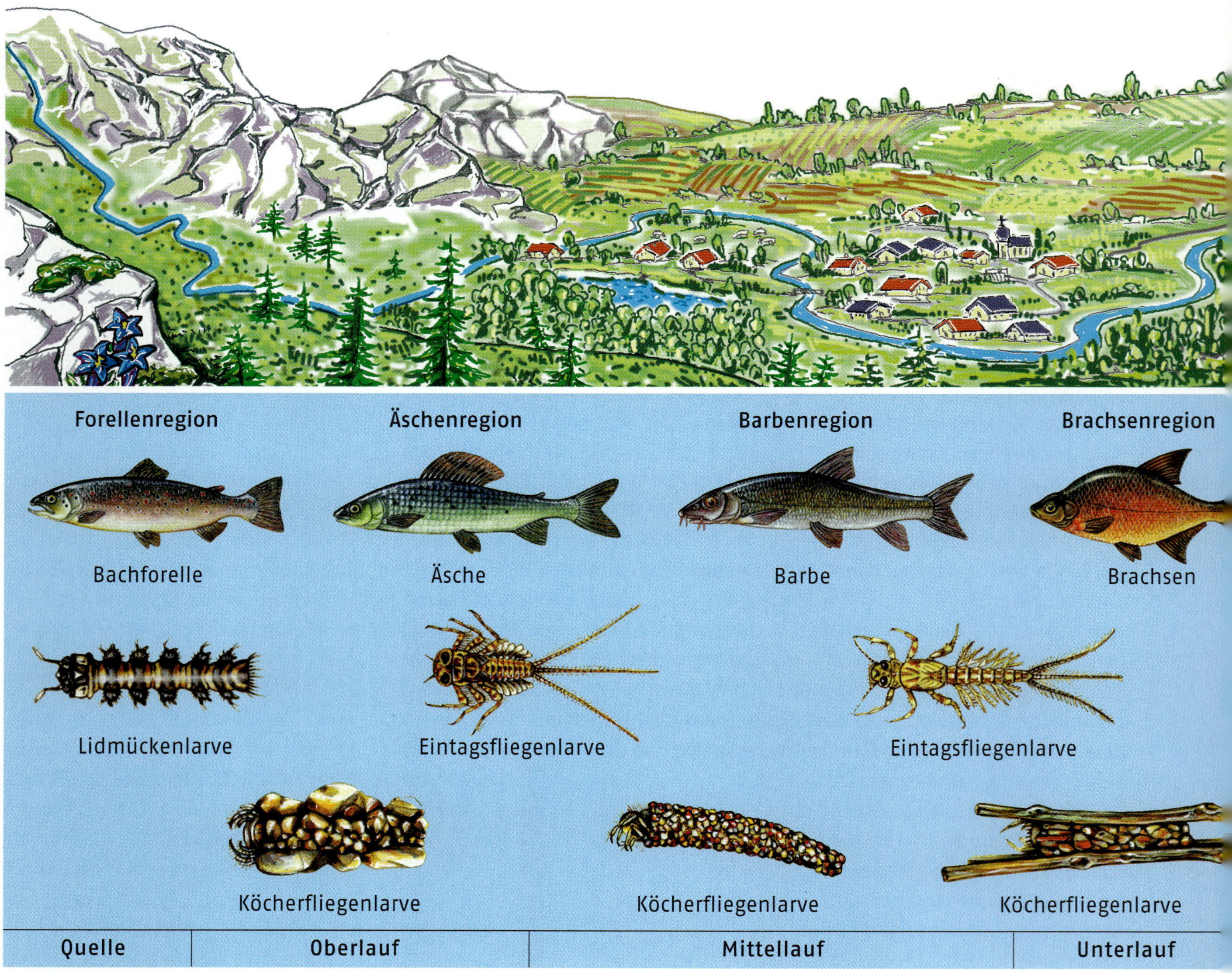

1 Der Bach im Überblick

Unterlauf

Im **Unterlauf** des Flusses erreicht das träge dahinströmende Wasser im Sommer Temperaturen bis etwa 20 °C, während es im Winter an der Oberfläche gefriert. Viele Wasserpflanzen leben hier. Die *Köcherfliegenlarven* bauen ihre Gehäuse deshalb meist aus Pflanzenteilen. Leitfisch im Unterlauf ist die *Brachse*, weshalb man von der **Brachsenregion** spricht.

Gewässer-Güteklassen

Das saubere und sauerstoffreiche Wasser eines Baches bietet optimale Lebensbedingungen für sehr viele Arten. Dieses Gewässer hat die **Güteklasse I**. Das Bild ändert sich, wenn etwa Abwasser aus einer unzureichend arbeitenden Kläranlage in großer Menge eingeleitet wird. Das Abwasser enthält viele Nährstoffe und Abfallstoffe, die den Bach belasten. Das Wasser hat nun die **Güteklasse IV**. Wasserpflanzen gibt es kaum. Es findet eine starke Vermehrung der Zersetzer statt. Unter Sauerstoffverbrauch zerlegen sie Stoffe von abgestorbenen Tieren in Mineralstoffe. Dies kann zum Absinken des Sauerstoffgehaltes im Wasser bis hin zur völligen Sauerstofffreiheit führen. Die meisten Tierarten sterben. Nur wenige Arten wie *Schlammröhrenwürmer* und *Rote Zuckmückenlarven* besiedeln massenhaft diesen Gewässerabschnitt. Durch den Abbau der Stoffe wird das Wasser klarer. Es gibt wieder einige Wasserpflanzen. *Wasserasseln*, *Rollegel* und *Quellenblasenschnecken* gehören zu den typischen Tieren des stark verschmutzten Wassers der **Güteklasse III**. Erst im mäßig belasteten Wasser der **Güteklasse II** ist wieder eine große Artenvielfalt anzutreffen.

> Die Reinigung des verschmutzten Gewässers durch die Lebensgemeinschaft des Baches nennt man Selbstreinigung. Arten, die für eine bestimmte Gewässergüte typisch sind, heißen Zeigerorganismen.

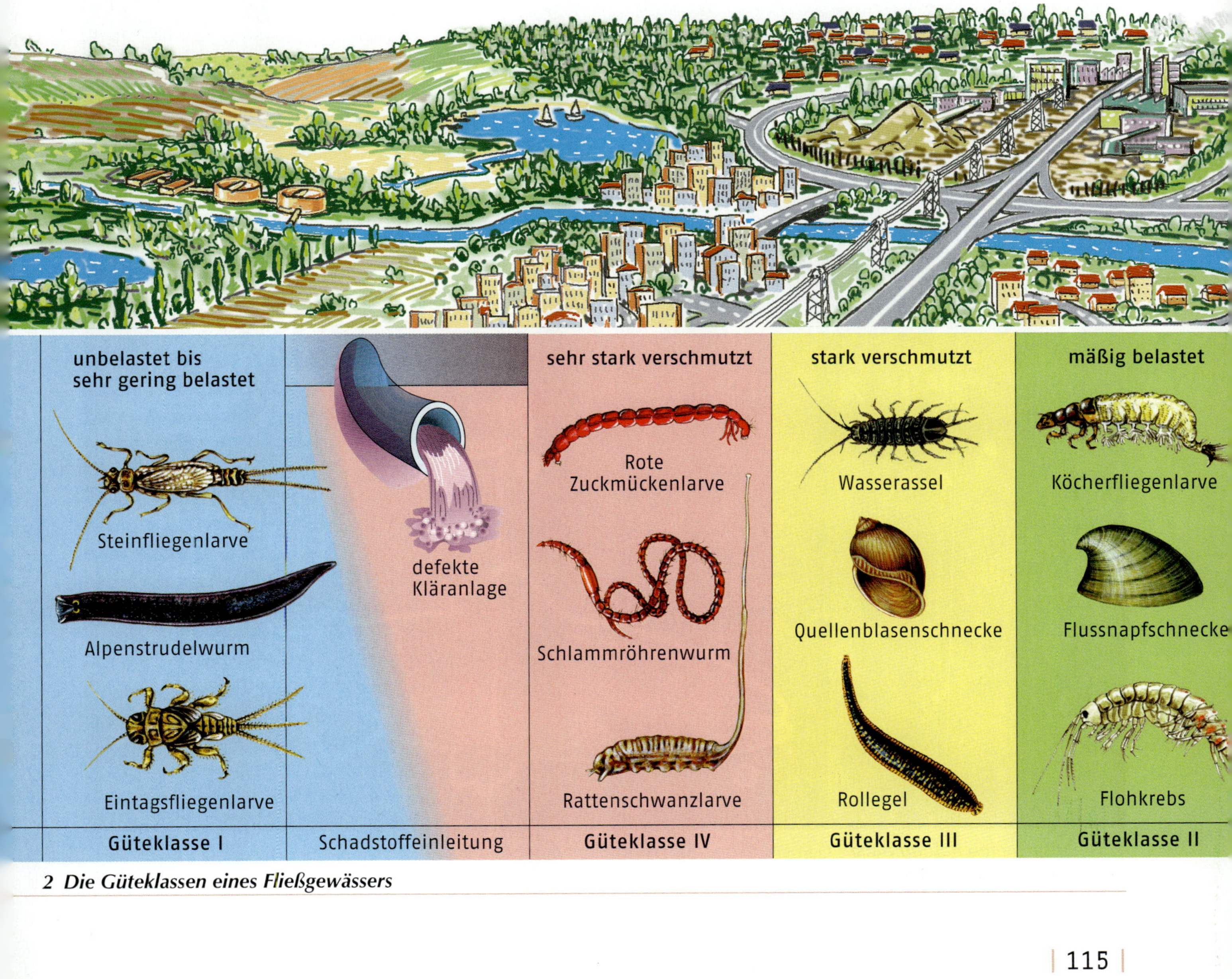

2 *Die Güteklassen eines Fließgewässers*

1 Lebensgemeinschaft im Bach. *① Köcherfliege; ② Feuersalamander; ③ Bachforelle; ④ Großlibelle; ⑤ Großlibellenlarve; ⑥ Kugelmuschel; ⑦ Bachflohkrebs; ⑧ Köcherfliegenlarve; ⑨ Steinfliegenlarve; ⑩ Eintagsfliegenlarve*

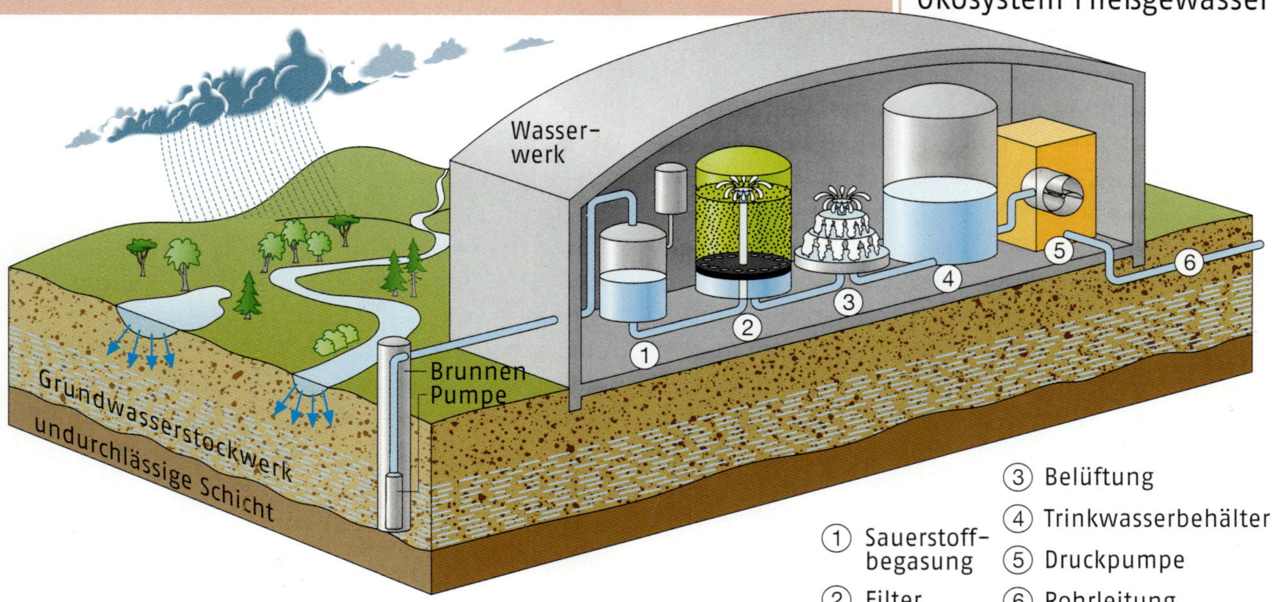

1 Grundwasserbildung und Trinkwassergewinnung

4.2 Trinkwasser in Gefahr

Trinkwasser aus Grundwasser

Wir drehen den Wasserhahn auf und erhalten Wasser von guter Qualität. Wo kommt es her und wie wird die Qualität gesichert? Unser **Trinkwasser** ist zum Teil Quellwasser, zu einem Teil wird es aus Grundwasser gewonnen. **Grundwasser** bildet sich aus Regenwasser oder Flusswasser, das im Erdreich versickert. Dabei bilden die Bodenschichten einen natürlichen Filter und reinigen das Wasser. Wenn es auf eine wasserundurchlässige Schicht stößt, staut es sich darüber. In dieses *Grundwasserstockwerk* bohrt man tiefe Brunnen. Das Grundwasser wird hochgepumpt und im Wasserwerk aufbereitet. Dabei wird es mit Sauerstoff angereichert, um unerwünschte Stoffe auszuflocken. Wirkungsvolle Filter halten die Verunreinigungen zurück. Nach dem Belüften wird das Trinkwasser mit Hochdruckpumpen ins Rohrleitungsnetz abgegeben. Von dort gelangt es in unsere Häuser.

Anforderungen an das Trinkwasser

Bevor das Trinkwasser das Wasserwerk verlässt, wird es streng kontrolliert. Es muss hygienisch einwandfrei, klar, farb- und geruchlos sein. Für Schadstoffe sind Grenzwerte festgelegt. Bei lebenslangem Genuss darf unsere Gesundheit nicht leiden. Um diesen Anforderungen zu genügen, dürfen wir das Grundwasser nicht verunreinigen. In manchen Gegenden mussten schon Brunnen geschlossen werden, weil die Filterwirkung des Bodens erschöpft war und Gefahrstoffe wie Öl, Pflanzenschutz- und Düngemittel ins Grundwasser sickerten.

Wir müssen also alles tun, um die Verschmutzung unseres Trinkwassers zu vermeiden. Dazu gehört natürlich auch ein sparsamer Verbrauch von Wasser, aber auch von Haushaltschemikalien.

> Unser Trinkwasser wird in manchen Regionen Österreichs größtenteils aus Grundwasser gewonnen.
> Das Grundwasser muss vor Verunreinigungen geschützt werden.

1▸ Beschreibe die Trinkwassergewinnung anhand der Abb. 1.

2▸ Nenne Gefahren für das Grundwasser.

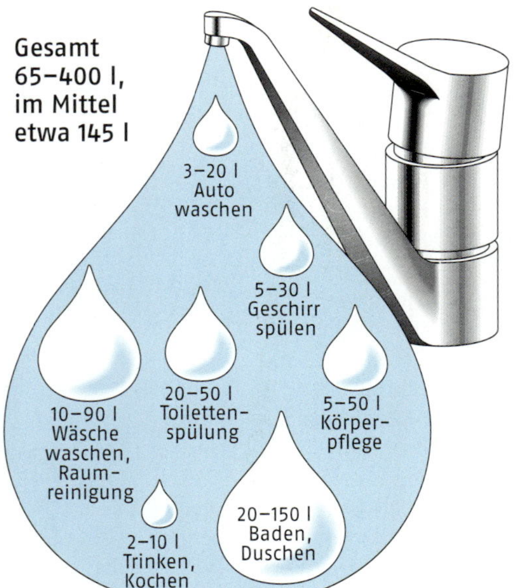

2 Wassernutzung im Haushalt (pro Kopf und Tag)

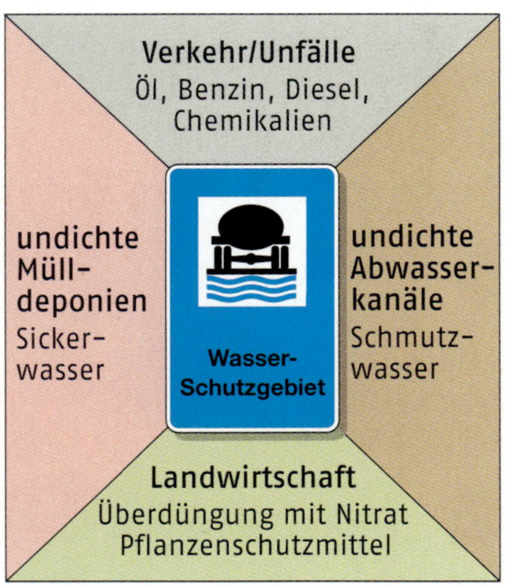

3 Gefahren für das Trinkwasser

4.1.A: Dr. Jaenicke; 4.1.B: Dr. Jaenicke; 5.3.A: Dr. Jaenicke; 5.4: Dr. Jaenicke; 6.5.A: Dr. Jaenicke; 6.5.B: Dr. Jaenicke; 6.6.A: Dr. Jaenicke; 6.6.B: Dr. Jaenicke; 7.1: Dr. Jaenicke; 7.2: Dr. Jaenicke; 7.3: Dr. Jaenicke; 8.1.A: Dr. Jaenicke; 9.1: Inst./wiss. Fotografie Kage, Lauterstein; 10.1: Dr. Jaenicke; 10.2.A: Hans Pfletschinger/Toni Angermayer; 12.1.A-D: Dr. Philipp; 12.2.A: Dr. Philipp; 12.2.B: Kage/OKAPIA; 13.1: Kjell-Arne Larsson/Okapia; 15.1: Dr. Philipp; 15.2.A- D: Dr. Philipp; 16.1.A: Blickwinkel/A. Hartl; 16.1.B: Blickwinkel/F. Hecker; 16.1.C: Blickwinkel/H. Schmidbauer; 17.1.A: Blickwinkel/Hecker/Sauer; 17.1.B: Blickwinkel/J. Kottmann; 17.1.C: Blickwinkel/McPHOTO; 17.1.D: Blickwinkel/J. Kottmann; 17.1.E: Blickwinkel/Hecker/Sauer; 18.1: Dr. Jaenicke; 18.2: Weber; 18.4: Weber; 18.5: Weber; 18.6: Laßnitz/OKAPIA; 20.1: Dr. Jaenicke; 20.2.A-G: Dr. Jaenicke; 21.3.A-C: Pfletschinger/Toni Angermayer; 24.1.A: Blickwinkel/Hecker/Sauer; 24.1.B: Alimdi.net/Hans Lang; 24.1.C: Blickwinkel/biopix; 25.2: Hanns-Peter Lochmann/dpa/picturedesk.com; 25.3: Blickwinkel/F. Hecker; 25.4: Dr. Hannes Paulus; 26.1.A: Konopka; 26.1.B: Löber/TopicMedia; 26.1.C: Pfletschinger/Toni Angermayer; 26.1: Dr. Jaenicke; 27.1.F: Strutz/TopicMedia; 29.1.A: Blickwinkel/G. Ewald; 29.1.B: Blickwinkel/F. Hecker; 29.1.C: Juniors Bildarchiv; 29.1.D: WILD-LIFE/D. Harms; 30.1: Pfletschinger/Toni Angermayer; 31.1: Vock/Okapia; 31.2: Pfletschinger/Toni Angermayer; 31.3: Konopka; 32.1: Lane/TopicMedia; 32.2: Gisland/Okapia; 32.3: Schart/Arnold/OKAPIA; 32.4, 32.5: Dr. Sauer/OKAPIA; 35.2.A, C: Pfletschinger/Toni Angermayer; 34: Pfletschinger/Toni Angermayer; 36.1: NHPA/TopicMedia; 36.2: Hecker/TopicMeida; 36.3: Pfletschinger/Toni Angermayer; 36.4: Pfletschinger/Toni Angermayer; 36.5: De Cuveland/TopicMedia; 37.1: Gohier/OKAPIA; 37.2: Proctor/OKAPIA; 37.3: Farkaschorsky/Okapia; 37.4: Struck/TopicMedia; 37.5: Pfletschinger/Toni Angermayer; 37.6; Struck/TopicMedia; 37.7: Hecker/TopicMedia; 37.8: Hecker/TopicMedia; 37.9: Kapp/TopicMedia; 38.1: Switak/Okapia; 38.2: Ziesler/Angermayer; 38.3: Ziesler/Angermayer; 38.4.A: Ramage/OSF/Okapia; 38.4.B: Ramage/OSF/Okapia; 39.1: Pfletschinger/Toni Angermayer; 39.2: McDonald/Okapia; 40.1: Pfletschinger/Toni Angermayer; 40.2.A: Pfletschinger/Toni Angermayer; 40.2.B: P. Karg; 40.2.C: Dsauer/TopicMedia; 40.2.D: Pelka/TopicMedia; 40.2.E: Blickwinkel/A. Laule; 40.2.F: Mehlkorn/OKAPIA; 41.3.A: Göthel/OKAPIA; 41.3.B: Kage/OKAPIA; 41.3.C: Pfletschinger/Toni Angermayer; 41.4: eye of science; 42.1.A: Maier/TopicMedia; 42.2.A: Pfletschinger/Toni Angermayer; 42.2.B: Hartl/OKAPIA; 43.1: Pfletschinger/Toni Angermayer; 43.2: Wotte/TopicMedia; 43.3: Pohlner/OKAPIA; 43.4: Wotte/TopicMedia; 43.5: Köster/Angermayer; 43.6: Luther/OKAPIA; 43.7: Georg Quedens; 44.1: Bühler/TopicMedia; 45.1: Varin/OKAPIA; 45.2: Schroedel; 45.3: Pfletschinger/Toni Angermayer; 45.4: Hecker/OKAPIA; 45.5: NHP/Dalton/TopicMedia; 45.6: blickwinkel/A. Hartl; 46.1.A: Martin Magele; 47.3.A, B: Pfletschinger/Toni Angermayer; 49.1: Hecker/TopicMedia; 49.2: Pfletschinger/Toni Angermayer; 49.3: Armin Maywald/Okapia; 49.4: Hecker/OKAPIA; 49.5: Rohdich/TopicMedia; 49.6: Querdens/Amrun; 49.7: Pohlner/OKAPIA; 50.1: Pfletschinger/Toni Angermayer; 50.2.A, B: Pfletschinger/Toni Angermayer; 50.2.C: Kage/OKAPIA; 51.4.A-C: Pfletschinger/Toni Angermayer; 52.1.A: Greiber + Meyer; 53.1: Hartl/OKAPI; 53.2: Aitken/TopicMedia; 53.3: Hartl/OKAPIA; 53.4: Lenz/TopicMedia; 53.5: Vann/OKAPIA; 54.1.C: R. Väth; 55.1.C: Dr. Keil; 56.1.A: Blickwinkel/S. Sailer/A. Sailer; 56.1.B: NAS/Abbeg/OKAPIA; 57.1: Clansen/FU Berlin; 57.2: Lane/TopicMedia; 57.3: Cookie/OSF/OKAPIA; 58.1.A: Dr. Jaenicke; 58.1.B: eye of science; 58.1.C: Spindler; 58.1.D: Jung/Nature + Science; 59.3.A: Philipp; 59.3.B: Keil; 60.1.A: Wellinghorst; 60.1.B: Holl; 60.2.A, B: Greiter + Meyer; 61.3.A, C: Umweltschutz Nord GmbH & Co; 62.1.A: Volker Minkus; 62.1.B: Volker Minkus; 62.1.C: Wanner/Karly; 63.1.A: Blickwinkel/NaturimBild/A. Wellmann; 63.1.B: Blickwinkel/R. Koenig; 63.1.C: Blickwinkel/F. Neukirchen; 63.1.D: Blickwinkel/A. Held; 63.1.E: Blickwinkel/F. Hecker; 64.1.A: Weber; 64.1.B: Mollenhauer/OKAPIA; 64.1.C: Dr. Philipp; 64.1.D: Wellinghorst; 64.1.E: Wendler/OKAPIA; 66.1.links: Thonig/MAURITIUS; 66.1.Mitte: Dr. Philipp; 66.1.rechts: Tönnies; 67.1.links: Dr. Philipp; 67.1.Mitte: Dr. Philipp; 67.1.rechts: Reinhard/Okapia; 68.2.A: Österreich Werbung/Wiesenhofer; 69.1: 69.2.B: Österreich Werbung/Mallaun; 70.1.A: Dr. Philipp; 71.1: Österreich Werbung/Trumler; 73.1: iStockphoto.com/Daniel Wrench; 73.2: Wellinghorst; 73.3: Pott/OKAPIA; 73.4: Tönnies; 73.5: Weber; 73.6: Dr. Jaenicke; 73.7: Singer/OKAPIA; 73.8: Tönnies; 74.1.A: Schacke/OKAPIA; 74.1.B: Tönnies; 75.1.A: TopicMedia; 75.1.B: Dobers; 76.1.A, B: Tönnies; 77.1: Wellinghorst; 77.2: Dr. Jaenicke; 77.3: Dr. Jaenicke; 77.4: Tönnies; 77.5: Weber; 77.6: Dr. Jaenicke; 78.1: Tönnies; 81.1.B, C: Reinhard/OKAPIA; 81.1.D: Angermayer; 82.1: Reinhard/Angermayer; 82.2: Angermayer; 82.3: Wanecek/OKAPIA; 82.4: Reinhard/OKAPIA; 82.5: Geyer/TopicMedia; 82.6: Schreupp/OKAPIA; 82.7: Bühler/TopicMedia; 83.1: Angermayer; 83.2: Layer/TopicMedia; 83.3: Reinhard/OKAPIA; 83.4: Stübbe Frithjof/TopicMedia; 83.5: Holzner & Lenquick/TopicMedia; 83.6: Lacz/TopicMedia; 83.7: Schmidt-Stohn/Naturbild/OKAPIA; 83.8: Reinhard/OKAPIA; 84.1.B: Pott/OKAPIA; 84.1.C: Hecker/OKAPIA; 84.1.D: Skibbe/TopicMedia; 84.1.E: Vock/OKAPIA; 85.1: Weber; 85.2: Macleau/OSF/OKAPIA; 85.3: Stuck/TopicMedia; 85.4: NHPA/TopicMedia; 85.5: Nittinger/XENIEL DIA; 86.2.A: Schaef/Adpics/F1 ONLINE; 86.2.F: Wottre/TopicMedia; 86.2.G: Reinhard Tierfoto; 86.2.H: Pfletschinger/Toni Angermayer; 87.2.B: Laub/OKAPIA; 87.2.C: Schmidt/OKAPIA; 87.2.D: Lenz/TopicMedia; 87.2.E: TopicMedia; 88: Kage/OKAPIA; 93.1.A: Dr. Philipp; 93.1.B, C: Wellinghorst; 94.1: Dr. Harald Krenn; 94.2.groß: Österreich Werbung/Diejun; 94.2.klein: Blickwinkel/B. Trapp; 95.1: Beate Schleep/dpa/picturedesk.com; 95.2: Reinhard, H./Arco Images; 96.1: Blickwinkel/R. Bala; 96.2.A: Blickwinkel/J. Kottmann; 96.2.B: Blickwinkel/Hecker/Sauer; 96.2.C: Blickwinkel/Hecker/Sauer; 97.1: Reinhard/OKAPIA; 100: Reinhard, H./Arco Images; 101: Beuck; 103: Arndt/TopicMedia; 104.1: Blickwinkel/K. Wothe; 104.2: Blickwinkel/A. Hartl; 104.3: Martinez/TopicMedia; 104.4: Pfletschinger/Toni Angermayer; 106.1.A: Blickwinkel/R. König; 106.1.B: Science Photo Library/picturedesk.com; 106.2: Science Photo Library/picturedesk.com; 107.B-C: Wellinghorst; 110.1: Kuhn/OKAPIA; 110.2: Dr. Philipp; 110.3: Grzimek/OKAPIA; 111.6: Fabian; 111.8: Schmidt/TopicMedia; 112.2: Simper; 113.1.A: Wellinghorst; 116: Reinhard/OKAPIA; Cover: Digitalstock.de/H. Walter, Digitalstock.de/K. Rollett-Vlcek

Liebe Leserinnen und Leser!

Österreich unterzeichnete 1995 die *Biodiversitäts-Konvention* und verpflichtete sich 2003, wie alle anderen europäischen Länder, den Rückgang der Biodiversität bis zum Jahr 2010 zu stoppen (www.biologischevielfalt.at). Soll dieses sogenannte „2010-Ziel" auch dauerhaft von der Bevölkerung getragen werden, stellt die *Wissensvermittlung über die Vielfalt der Natur Österreichs* eine besondere Herausforderung für den Biologieunterricht in der Sekundarstufe 1 dar. Das Bildungsziel, den Reichtum an Pflanzen und Tieren sowie die Fülle der Lebensräume ansprechen zu können, bekommt in einer Zeit, in der Kinder und Jugendliche ihre Freizeit immer mehr in virtuellen Ersatzwelten verbringen, eine wesentliche Bedeutung. Besonders wichtig ist es, die Jugendlichen wieder zum Beobachten der Natur zu animieren und dazu zu bewegen, dies als eine grundlegende Bereicherung für das eigene Leben zu verstehen. Daher liegt der Schwerpunkt der aktualisierten Lehrbuchserie BIO LOGISCH auf der Darstellung der heimischen Fauna und Flora sowie auf der Beschreibung der Besonderheiten der Lebensräume in Österreich. Auf den neu konzipierten Seiten wird im Besonderen darauf eingegangen.

Das jedem Band **beigelegte Themenheft** soll als eine zusätzliche Anregung genutzt werden, vor die Haustüre zu gehen und die Natur selbst zu entdecken, zu erforschen und zu verstehen.

Die erhältlichen **Materialien für Lehrerinnen und Lehrer** enthalten zusätzlich *vertiefende Informationen* und *Arbeitsunterlagen* zu den thematisch neu gestalteten Seiten. Ebenso sind jene Themen in die Materialien übernommen worden, die aufgrund der Neugestaltung der Lehrbücher ersetzt wurden.

Die Autorinnen und Autoren sowie der Verlag hoffen damit, den Lehrerinnen und Lehrern sowie den Schülerinnen und Schülern ein aktuelles, relevante Themen aufgreifendes Schulbuch für einen modernen Biologieunterricht und eine selbstständige Naturerkundung in die Hand geben zu können.

Barbara Koch, Eva-Maria Koch

BIO LOGISCH

Tiere und Pflanzen der heimischen Wiesen

Beobachten Forschen Verstehen

Dieses Heft gehört:

____

E. DORNER

Inhalt

Erklärung der Symbole

L → Das Zeichen weist auf die **grün** und **fett** gedruckten Wörter in einer Zeile hin. Diese Wörter werden im Lexikon (Seite 31, 32) erklärt.

Dieses Symbol kennzeichnet Aufgaben, die du allein lösen sollst.

Dieses Symbol kennzeichnet Aufgaben, die du gemeinsam mit deinen Mitschülerinnen und Mitschülern lösen sollst.

Trickkiste

Schätz- oder Wissensfrage

Liebe Schülerinnen und Schüler!

Ergänzend zu euren Schulbüchern bietet euch der Verlag E. DORNER ein Themenheft zu den „Tieren und Pflanzen der heimischen Wiesen". Damit ihr die Bewohner dieses Lebensraumes besser kennen lernen könnt und erfahrt, was Wiesen eigentlich genau sind, haben wir für euch auf den folgenden 25 Seiten Aktivitäten, Versuche und Beobachtungsaufgaben zusammengestellt.

Doch zu Beginn noch ein bisschen praktisches Hintergrundwissen: **Kulturwiesen** sind landwirtschaftliches Grünland, das durch Mähen von Menschenhand entsteht und erhalten wird. Der Großteil der Wiesenpflanzen sind *Gräser.* Sie geben daher den Wiesen oft auch ihre speziellen Namen (zum Beispiel Pfeifengraswiese). Den Rest**bestand** bilden *krautige Pflanzen* wie Löwenzahn oder Wiesen-Salbei.

Es gibt aber auch einige **natürliche Wiesen**: die **Puszta-Steppe** in Ungarn, die **Prärien** in Nordamerika, die **Savannen** in Afrika oder die **Tundra** in Sibirien. Sie bilden sich überall dort aus, wo wenig Niederschlag fällt oder lange, frostreiche Winter das Wachsen von Bäumen behindern. In Österreich findet ihr Graslandschaften erst oberhalb der **Baumgrenze** oder an trockenen, felsigen Südhängen.

Bevor ihr startet, möchten wir jedoch noch etwas anmerken. Es ist wichtig, dass ihr bei allen Aktivitäten darauf achtet, dass ihr euch entweder nur am Rand einer hoch gewachsenen Wiese aufhaltet oder den Besitzer oder die Besitzerin um Erlaubnis bittet, die Wiese betreten zu dürfen. Das Kennenlernen dieses Lebensraumes soll ja anderen Menschen keinen Schaden bringen.

Nun steht eurer Erkundung nichts mehr im Wege. Wir wünschen euch viel Spaß!

Barbara Koch und Eva-Maria Koch

Welche Wiesen gibt es?

Bei einem ausgedehnten Spaziergang oder einer längeren Autofahrt hast du sicher schon beobachtet, dass es verschiedene Wiesentypen gibt. Kaum eine Wiese gleicht komplett der anderen.

Das Aussehen einer Wiese wird von mehreren Faktoren beeinflusst: von **Naturfaktoren** wie *Niederschlag, Bodenverhältnisse* oder *Gelände* genauso wie von **Kulturfaktoren** wie der *menschlichen Nutzung,* der *Düngung* und der *Pflege.*

Vier **Wiesentypen** stellen wir dir nun bei der folgenden Aufgabe genauer vor: die Magerwiese, die Fettwiese, den Trockenrasen und die Feuchtwiese. Lies dir dazu die vier Beschreibungen durch und versuche jedem Wiesentyp davon den passenden Text zuzuordnen. Trage die richtige Nummer bei den Bildern ein.

(1)... kommen auf nährstoffarmen, ungedüngten Böden vor.

(2)... gedeihen auf feuchten bis nassen Standorten.

(3)... kommen auf gedüngten oder nährstoffreichen Böden vor.

(4)... gedeihen auf nährstoffarmen und trockenen Standorten.

Magerwiese

Fettwiese

Trockenrasen

Feuchtwiese

Charakterarten von Wiesen

Jeder Wiesentyp besitzt auch typische **Charakterarten.** Diese Pflanzen sind an spezielle ökologische Bedingungen angepasst. Sie geben uns daher Auskunft über den jeweiligen Standort (trocken, feucht, nährstoffreich, sonnig etc.).

L

Um diese Charakterarten kennen zu lernen, könnt ihr die folgenden Untersuchungen durchführen. Arbeitet dabei in Gruppen an unterschiedlichen Wiesentypen und vergleicht eure Ergebnisse.

Wiesentypen in eurer Umgebung

Sucht euch mithilfe von Google Earth (http://earth.google.de) ein Exkursionsgebiet zum Thema Wiesentypen aus, das sich in der Nähe eurer Schule befindet. Nehmt eine Druckvorlage des Gebietes mit ins Gelände und führt nun die folgenden Untersuchungen durch:

Jede Gruppe steckt sich im ausgewählten Exkursionsgebiet eine Untersuchungsfläche von zehn Meter Länge und ein Meter Breite entlang des euch zugewiesenen Wiesenrandstreifens ab. Versucht nun, die häufigsten Arten eurer Untersuchungsfläche mit Bestimmungsbüchern zu benennen und zählt/schätzt deren Häufigkeit (siehe Bestimmungsanleitung S. 6).

Art	Blütenfarbe	Häufigkeit
Gewöhnlicher Löwenzahn	gelb	3

Bestimmung der Häufigkeit

	Anzahl der Pflanzen	Häufigkeit
vereinzelt	1–2	1
wenig	3–9	2
häufig	10–20	3
sehr häufig	über 20	4

Sucht nun jene Arten aus eurer Liste heraus, die häufig bis sehr häufig vorkommen. Ein Bestimmungsbuch gibt euch Auskunft, für welchen Standort diese Pflanzen typisch sind. Daraus könnt ihr erkennen, dass es sich bei eurer Untersuchungsfläche um folgenden Wiesentyp handelt:

Nun könnt ihr euren erhobenen Wiesentyp und den der jeweils anderen Gruppen in den Ausdruck eures Exkursionsgebietes eintragen. Benutzt dafür verschiedene Farben (rot = Fettwiese, grün = Magerwiese, gelb = Trockenrasen, blau = Feuchtwiese). Klebt euer Ergebnis hier ein!

Vergleich der Wiesentypen

Vergleicht nun mit den anderen Gruppen eure Ergebnisse. Zeichnet jene Blumen, die in eurer Wiese am häufigsten vorkommen, auf ein Blatt Papier und hängt dieses zum Vergleich neben die Blätter eurer Mitschülerinnen und Mitschüler. Erkennt ihr Unterschiede? Kommen gewisse Arten auf allen Wiesen vor oder nur auf eurer? Sind alle Wiesen gleich bunt? (Macht dazu ein Foto von eurer Wiese!) Wie viele Arten kommen auf den unterschiedlichen Wiesen vor?

Geschützt oder sogar giftig?

Als letzte Erhebung bei der Bestimmung der Wiesentypen und Charakterarten sollt ihr noch darauf achten, ob ihr auch seltene, unter Naturschutz stehende oder giftige Arten in eurer Wiese entdecken könnt. Eure Bestimmungsliteratur wird euch dabei helfen.

Notiert euch die Namen der geschützten und giftigen Pflanzen:

Bunte Blütenmalerei

Zum Schluss kannst du noch eine kreative Erinnerung an diese Übungen anfertigen. Sammle verschiedene Blüten und Blätter (bitte achte darauf, dass du keine geschützten Pflanzen pflückst!). Durch Zerquetschen und Reiben auf einem Blatt Papier kannst du die Farben der Pflanzen festhalten. Vervollständige die leere Farbpalette, die deinem Wiesentyp entspricht! Wer hat das bunteste Bild?

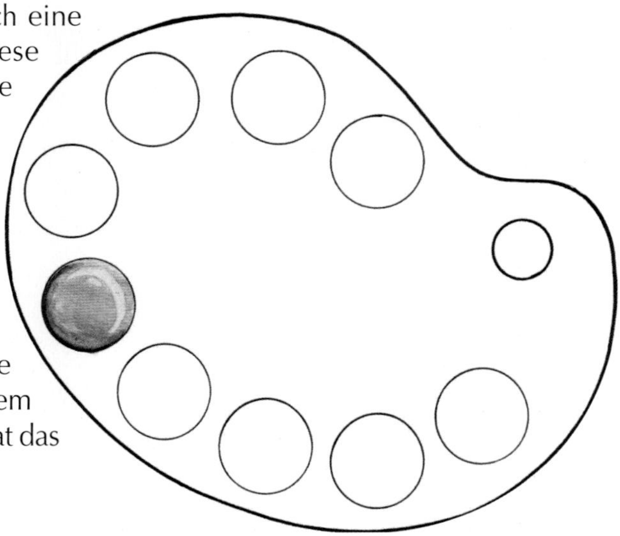

Trickkiste

Die „Hosenstulpwiese" im Topf

Hast du schon einmal deine eigene Wiese in einem Topf gezüchtet? Das ist ganz einfach: Laufe mit umgestülpten Hosenbeinen am Rand einer hoch gewachsenen Wiese entlang und streife dabei ein paar Pflanzen. Spaziere dann nach Hause und stelle dich dort auf ein sauberes Tuch. Stülpe deine Hosenbeine wieder um und schüttle den „unscheinbaren Dreck", der sich dort angesammelt hat, auf das Tuch. Gib die Pflanzenteile in einen Topf und gieße dein Versuchsobjekt regelmäßig. Beobachte, was passiert! Wächst in deinem Topf eine kleine Wiese heran, die du mit deinen Hosenstulpen gesammelt hast?

Wissensfrage

Wie viele Typen von Grünland gibt es in Österreich?

Der Stockwerkbau der Wiese

In einer Wiese leben viele Tier- und Pflanzenarten auf engstem Raum zusammen. Wenn du dir eine Wiese vor dem ersten Schnitt anschaust, kannst du erkennen, dass sich die Pflanzen stockwerkartig anordnen. Die Pflanzen verteilen sich je nach ihren Ansprüchen: Manche brauchen beispielsweise sehr viel Sonnenlicht und wachsen hoch, andere kommen mit weniger aus und bleiben kleiner. Sie „gehen einander aus dem Weg", um den engen Raum optimal auszunützen.

Aus der Sicht eines Insekts

Lege dich am Rand einer hohen Wiese auf den Rücken und schaue dir die Wiese einmal von unten an! Welchen Eindruck hast du gewonnen? Stelle diesen kurz zeichnerisch dar!

Der Anspruch auf Sonnenlicht

Halte deine flache Hand an einem sonnigen Tag in die oberste Schicht einer Wiese. Bewege dann deine Hand langsam in Richtung Boden. Was verändert sich dabei auf deiner Hand? Was spürst du?

Das Wiesenhaus

Zum anschaulichen Verständnis kann man die Struktur einer Wiese auch mit einem Haus vergleichen. Dazu soll nun jeder und jede von euch folgende Abbildung auf ein DIN A3-Blatt kopieren:

Das Wiesenhaus

Ergänze nun den Text, der in den folgenden Blumensymbolen zu finden ist, in die entsprechenden Blumen deines Wiesenhauses. Welche Blume gehört in welches Stockwerk?

Dasselbe machst du mit dem Text in den Fenstern. Übertrage den Text in die linke Spalte der Wiesenhaus-Fenster (Fenster rechts werden später ergänzt!).

Bodenschicht
schattig
feucht

Blütenschicht
sonnig
warm
bunt

Krautschicht
schattiger
kühler

Wurzelschicht
dunkel
feucht
nass

Blüten von Sonnen-pflanzen	Margerite
Hahnen-fuß	Gräser

Blätter, Stängel	niedere Pflanzen
Günsel	Glocken-blume

Rosetten-pflanzen	Moose
Pilze	Flechten

Wurzeln der Flach-wurzler	Wurzeln der Tief-wurzler
Erde	Steine

Arteninventar

Das leer stehende Haus auf Seite 10 soll nun „inventarisiert“ werden. Bestimme dazu mittels eines Bestimmungsbuches die Wiesenpflanzen in der Umgebung deiner Schule oder deines Zuhauses. Presse und trockne diese Blumen und klebe sie im Anschluss in das Haus ein! Achte darauf, welche Art in welchem Stockwerk „lebt“.

Zu guter Letzt kannst du im Wiesenhaus auch noch verschiedene Pflanzenwurzeln zeichnerisch ergänzen. Um aber genau zu wissen, wie man diese richtig darstellt, solltest du vorher noch folgenden Versuch durchführen:

Grabe verschiedene Blumen (auf jeden Fall Löwenzahn und Gräser) mithilfe einer kleinen Schaufel aus. Die Wurzeln sollten dabei nicht beschädigt werden. Wasche die Wurzeln in Wasser und stelle sie anschließend in durchsichtige, mit Wasser gefüllte Behälter.

Betrachte die verschiedenen Wurzeln und zeichne sie dann in dein Wiesenhaus ein. Kannst du zudem den ausgegrabenen Pflanzen die Begriffe **Flachwurzler** und **Pfahlwurzler** zuordnen? Notiere dir, welche Wurzeln zu welcher Pflanzenart gehören!

L

Kalendarium

Halte hier die wichtigsten Termine von der Erstellung deines Wiesenhauses fest!

Wiesenhaus beklebt am	
Bestimmungsübung am	
Pflanzen pressen am	
Wurzelversuch durchgeführt am	
Fertigstellung am	

Farbe für das Wiesenhaus

Bunt ist nicht nur deine untersuchte Wiese, sondern hoffentlich auch bald dein Wiesenhaus. Gib dem Dach, der Hauswand und der Umgebung durch Farben deiner Wahl noch den letzten Schliff, bevor es im Schulgebäude ausgestellt wird.

Wer ist giftig?

Alle Wiesenblumen haben besondere, arttypische Eigenschaften. Der Löwenzahn zum Beispiel besitzt Früchte, die einen Flugschirm für ihre Verbreitung ausbilden. Der Wiesen-Salbei nutzt einen Hebelmechanismus in seiner Blüte, um seinen Pollen auf Blüten besuchende Insekten abzustreifen. Und manche Wiesenblumen sind giftig.

Kennst du giftige Wiesenblumen? Hast du bei der Wiesentyp-Übung auf Seite 7 bereits welche bestimmt? Betrachte bei dieser Aufgabe auch Weideflächen in der Umgebung. Schau, ob dir Pflanzen auffallen, die nicht von Weidetieren gefressen werden. Welche sind das? Recherchiere zudem auch in Büchern und im Internet, welche Wiesenpflanzen giftig sind. Notiere sie dir.

Giftige Pflanzen:

Scharfer Hahnenfuß,

Finde heraus, weshalb diese Pflanzen einen Giftstoff produzieren!

Wer ist geschützt?

Geflecktes Knabenkraut

Spinnenragwurz

Durch die zunehmende Intensivierung der Landwirtschaft, das heißt durch häufigeres Mähen und oftmaliges Düngen, sind bereits viele Wiesenblumen selten geworden. Sie werden von anderen, konkurrenzstärkeren Arten (z. B. dem Löwenzahn) verdrängt. Meist findet man die konkurrenzschwachen Arten nur mehr an mageren Wiesenrändern oder auf wenig bis ungedüngten Wiesen. Um ein Aussterben dieser seltenen Blumen zu verhindern, wurden sie unter Naturschutz gestellt. Außerdem wird versucht, jene Wiesen, die viele geschützte Arten beheimaten, zu erhalten.

Erkennst du die geschützten Pflanzen auf den beiden Fotos auf S. 13? Sie gehören zu einer Pflanzenfamilie, die durch intensive Landwirtschaft stark bedroht ist. Weißt du, welche Familie das ist?

Pflanzennamen: ______________________________

Pflanzenfamilie: ______________________________

Wisst ihr, welche anderen geschützten Wiesenblumen es in Österreich noch gibt? Sucht sie aus Büchern und aus dem Internet unter Naturschutz gestellte Arten heraus. Gestaltet ein Plakat mit den wichtigsten geschützten Wiesenblumen und verfasst zu jeder Blume einen kurzen Steckbrief (Name, Familie, Blütenfarbe, Blühzeit, Lebensraum, besondere Merkmale).

Name: Geflecktes Knabenkraut
Familie: Orchideen
Blütenfarbe: pink bis violett
Blühzeit: zwischen Mai und August
Lebensraum: auf feuchten Magerrasen, in feuchten Nieder- oder Quellmooren und in lichten Wäldern
Besondere Merkmale: Blattoberseite mit runden Flecken

Trickkiste

Essen von der Blumenwiese

Nicht nur Kuh, Schaf und Pferd können den guten Geschmack von Wiesenpflanzen genießen. Auch für uns Menschen gibt es ein paar schmackhafte Rezepte. Wir stellen euch zwei davon vor:

Frühlingskräutersuppe
Wascht eine handvoll Erdbeerblätter, Sauerampfer, ganz junge Brennnesseln, Gänseblümchen, Schafgarbenblättchen und Gundermann, hackt sie klein und kocht sie in Fleischbrühe auf. Zum Verfeinern könnt ihr noch 1–2 Eidotter und ein wenig Milch hinzugeben. Die Suppe darf dabei aber nicht mehr kochen.

Wildgemüsesalat
Auch als Salat schmecken Wiesenpflanzen gut. Sammelt Löwenzahnblätter, junge Brennnesseln, Gänseblümchen und Sauerklee, wascht sie gründlich und hackt sie klein. Gebt noch gehackte Nüsse und ein Dressing eurer Wahl darüber. Mahlzeit!

Schätzfrage

Schätze, wie viel Prozent der Pflanzenbewohner einer Wiese Gräser sind!

Was kreucht und fleucht auf den Wiesen?

Bienen schwirren umher und sammeln Nektar, um Honig herzustellen. Die bunten Blütenköpfe der Wiesenblumen ziehen viele Schmetterlinge an. Spannerraupen teilen sich mit den Schnecken die zahlreichen Blumenblätter. Regenwürmer lockern die Erde und fressen abgestorbene Pflanzenteile. Marienkäfer „befreien" die Margeriten von Blattläusen. Schwalben schießen auf der Jagd nach Insekten über die Wiesenbestände dahin.

Den Bewohnern auf der Spur

Ein kurzer Blick reicht nicht aus, um all die kleinen und großen tierischen Bewohner einer Wiese aufzuspüren. Nehmt ihr jedoch kleine Fangnetze, Becherlupen oder **Bodenfallen** zu Hilfe, könnt ihr viele Wiesenbewohner vorsichtig einfangen und beobachten. Auch Maulwurfshügel könnt ihr gut erkunden. Dabei werdet ihr sicherlich auf den wichtigen Wiesenbodenbewohner – den Regenwurm – stoßen.

Bestimmungsübung

Nach dem Einfangen sollst du nun die Tiere in Großgruppen einteilen: Handelt es sich um ein Insekt oder ein Spinnentier? Ist es eine Wanze, ein Käfer oder ein Tausendfüßer? Wer hat eine Schnecke oder einen Wurm gefunden? Kannst du bei manchen Tieren sogar den Artnamen herausfinden?

Trage dein Bestimmungsergebnis in diese Liste ein und notiere dir, wie das Beispiel vorzeigt, neben der Anzahl auch ein paar Merkmale und Eigenschaften der entdeckten Tiere.

Tiergruppe/Art	Anzahl	Eigenschaften	Merkmale
Insekt, Hummel 	*10*	*sammelt Nektar und bestäubt dabei Blüten*	*pelzartig behaart, gelb-schwarz gefärbt*

Insekten auf der Wiese

Im Frühling kannst du sie bei einem Spaziergang entlang von Wiesen gleich hören – die **Insekten**, die *artenreichste Tiergruppe der Welt*. Das laute Zirpen der Grillen, das stetige Brummen der Hummeln oder auch das motorsägenähnliche Rauschen der Zikaden sind nicht zu überhören. Wiesenblumen und Wiesengräser bieten vielen Insekten Nahrung und ein Zuhause.

Auf den folgenden Seiten wirst du drei der zahlreichen Insektenordnungen, die sich auf Wiesen tummeln, näher kennen lernen: die **Hautflügler**, die *Schmetterlinge* und die *Käfer*.

L

Körperbau eines Hautflüglers

Beobachte einen Hautflügler deiner Wahl (Hummel, Biene, Wespe oder Ameise). Platziere Millimeterpapier unter dem Insekt und betrachte es nun mit der Lupe oder einem Auflichtmikroskop. Schaue dir dabei besonders die Proportionen des Körpers im Größenvergleich mit den Kästchen des Millimeterpapiers, die Farben sowie die Oberfläche des Tieres an. Zeichne dann das Insekt mithilfe des Rasters so naturgetreu wie möglich auf.

Was machen die Hautflügler im Winter?

Im Winter stoppen die Wiesenpflanzen ihr Wachstum und ihre Vermehrung. Sie legen sozusagen eine Winterpause ein. Aber was machen die Insekten so ganz ohne Nahrung und bei Minusgraden? Es gibt unterschiedliche Strategien. Weißt du, welches Insekt wie überwintert? Ordne die Textabschnitte den passenden Arten zu! Benenne sie!

Wenn es draußen kalt wird, machen sie sich auf den Weg in ihr Winternest, das mehrere Meter unter der Erde liegt. Dort unten ist es wärmer als in den oberirdischen Gängen aus Fichtennadeln, Zapfen- und Holzstückchen.

Die jungen Königinnen werden begattet und überdauern als Einzige des Staates den Winter. Sie verstecken sich in morschem Holz oder unter Rinden und halten eine Winterstarre.

Sie verbringen die kalte Jahreszeit im Stock, in der sogenannten Wintertraube. Sie rücken dabei eng zusammen und bleiben immer in Bewegung. Dadurch wird Wärme erzeugt, und die Temperatur fällt nicht unter 14 °C ab.

Auch hier überwintert nur die begattete Jungkönigin als einziges Wesen des Staates. Sie bevorzugt bei ihrer Überwinterung allerdings Verstecke in Erdhöhlen.

Schmetterlinge selber züchten!

Schmetterlinge eignen sich hervorragend, um den Vorgang der Metamorphose – der Verwandlung vom Ei zum Schmetterling – zu beobachten. Voraussetzung dafür ist, dass du einen Zuchtbehälter baust (Bauanleitungen findest du im Internet). Ab Ende April kannst du dich auf die Suche nach Eiern oder Raupen machen.

Die Raupen des Kleinen Fuchses eignen sich für die Aufzucht am besten. Diese fressen nämlich hauptsächlich Brennnesseln. Zudem ist ihr Schlüpfzeitpunkt vor den Sommerferien im Mai oder Juni.

Gib die Eier in den Zuchtkasten und versorge die geschlüpften Raupen immer wieder mit frischen Brennnesselblättern. Beobachte, was in den nächsten Wochen passiert und ergänze folgende Tabelle:

Entwicklung des Schmetterlings	**Zeitraum/Zeitpunkt**	**Aussehen (Farbe, Größe, Haare ...)**
Eiphase		
Raupenphase		
Termine der Häutungen		
Puppenphase		
Schlüpfzeitpunkt des Schmetterlings		

Wie oft haben sich deine Raupen gehäutet? ______________________

Was passiert in den ersten zwei Lebensstunden des Schmetterlings?

____

So eine Käferei

Auch zahlreiche Käferarten treiben sich auf Wiesen herum, da sie dort für sich und ihren Nachwuchs ausreichend Nahrung finden. Versuche, aufgrund ihres Aussehens und ihrer Lebensweise (Sprechblasen) die unterschiedlichen Käfer zu erkennen. Wer ist denn nun wer? (Ä = AE; Ü = UE)

1. Ich kann aus der Rückenlage schnell emporschnellen. Diese Fähigkeit hat mir meinen Namen gegeben.

5. Meine Larven fressen gerne die Wurzeln von Gräsern. Ich werde oft mit dem Junikäfer verwechselt.

2. Meine Mundwerkzeuge erinnern an einen Elefanten.

4. Ich bin ein gern gesehener Räuber, denn ich fresse Blattläuse.

3. Ich habe schnelle Beine und glänze auffällig.

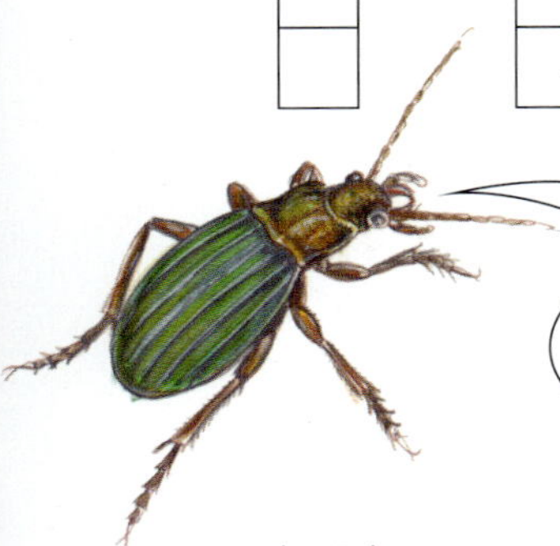

Spinnen – Räuber auf der Lauer

Wiesen werden aber nicht nur von Insekten besiedelt, sondern auch von verschiedensten **Spinnentieren** – den Milben, Weberknechten und Webspinnen. Vor allem die Webspinnen sind mit zahlreichen Familien vertreten. Je nachdem, was sie fressen, leben sie in den unterschiedlichen Stockwerken der Wiese.

Weißt du, in welchen Stockwerken diese Spinnen leben?

Krabbenspinnen: Krabbenspinnen sind reine Lauerjäger, die keine Fangnetze bauen. Sie sitzen auf Blüten und jagen vorbeikommende Insekten. Als wahre „Meister" der Täuschung passen sie ihre Körperfärbung in wenigen Tagen ihrer Umgebung an. Ihre Farbvarianten reichen von leuchtend gelb, über weiß mit roten Streifen bis hin zu Grün- und Brauntönen.

Wenn du diese Spinnen beobachten möchtest, musst du die ______________________ genau untersuchen.

Wolfsspinnen: Wolfsspinnen leben auf dem Boden und bewohnen meist Erdhöhlen, die sie mit Seide auskleiden. Sie bauen keine Fangnetze. Sie verlassen nachts ihr Versteck und begeben sich auf die Jagd nach Insekten.

Wenn du diese Spinnen beobachten möchtest, musst du die ______________________ genau untersuchen.

Baldachinspinnen: Dies sind meist sehr kleine, unauffällige Spinnen. Sie sind sehr häufig auf Wiesen zu finden, da sie dort große Raumnetze, die oft ganze Wiesen umspinnen, bauen können. Ihre Netze sind in verschiedenen Ebenen parallel zum Boden ausgerichtet. Einerseits bietet dies Schutz vor Angreifern, andererseits ist das Netz ideal für das Fangen von Insekten.

Wenn du diese Spinnen beobachten möchtest, musst du die ______________________ genau untersuchen.

Hast du bei deiner ersten Bestimmungsübung (Seite 16) bereits viele Spinnen gefangen? Wenn ja, dann kannst du diese bei der folgenden Aufgabe noch einmal genauer anschauen. Falls du noch nicht so viele entdeckt hast, dann gehe ein zweites Mal mit Becherlupen oder Fangnetzen ausgestattet auf Exkursion an einen Wiesenrand. Beobachte und bestimme die gefangenen Spinnen im Auflichtmikroskop. Trage im Anschluss deine Ergebnisse in diesen Protokollbogen ein:

Protokollbogen – Spinnenexkursion Datum:

Ort: Wiesentyp:

Wetter: Lage:

Spinnenart	**Anzahl**	**Lebensraum**
Tapezierspinne	3	Bodenschicht

Suche ein schönes Spinnennetz auf oder am Rand einer Wiese, besprühe es vorsichtig mit Tintenwasser, so dass du seinen Aufbau besser erkennen kannst. Zeichne das Netz ab und zähle die Beutetiere, die sich im Netz befinden.

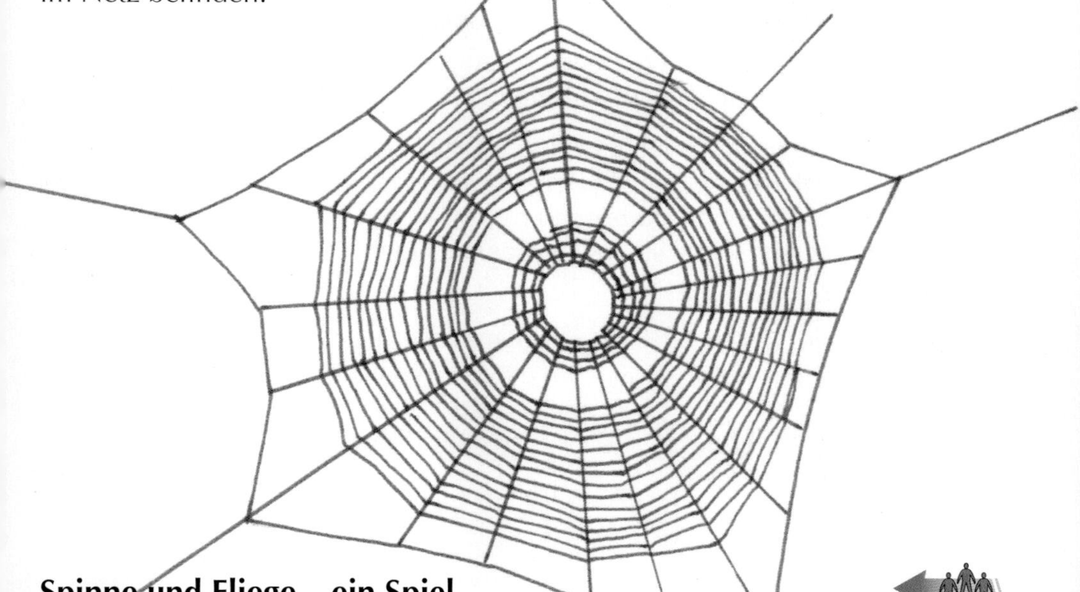

Spinne und Fliege – ein Spiel

Ein Spieler oder eine Spielerin ist die „Spinne" und kniet auf einer Isomatte, die in der Mitte einer Rasenfläche positioniert wird (Alternative für drinnen: Weichboden in Hallenmitte). In zehn Metern Entfernung stehen der Spinne in einer Linie die anderen Spieler und Spielerinnen, die Fliegen, gegenüber. Die Spinne lockt die Fliegen mit Rufen wie „Kommt, ihr Fliegen" an. Diese müssen nun versuchen, das Spinnennetz (= mit Schnur abgestecktes Feld rund um die Isomatte/den Weichboden) mit den Händen zu berühren, ohne von der Spinne gefangen zu werden. Die Spinne darf ihr Netz nicht verlassen.

Alle Spieler und Spielerinnen müssen das Spinnennetz berühren, um auf die andere Seite gelangen zu können. Die Fliegen, die gefangen werden, werden auch zu Spinnen. Wenn die Fliegen ungefangen die Spinne durch Zupfen am Netz geärgert haben und sicher auf der anderen Seite angekommen sind, geht das Jagdspiel wieder von vorne los.

Wie lange dauert es, bis die hungrigen Spinnen alle Fliegen erwischt haben?

Tiere im Wiesenhaus

Einige tierische Wiesenbewohner hast du nun bereits kennen gelernt. Doch es gibt noch viele mehr. Und diese sollst du nun alle gemeinsam in das Wiesenhaus eintragen. Den pflanzenkundlichen Teil deines Wiesenhauses hast du ja bereits erarbeitet. Die folgenden tierischen Ergänzungen machen es vollständig.

Trage in die noch leeren Fenster des Wiesenhauses die typischen Bewohner der einzelnen Wiesen-Stockwerke ein. Zeichne die Insekten, die du auf deinen Exkursionen beobachten konntest, auf kleine weiße Kärtchen und klebe sie ins Wiesenhaus rechts dazu!

Trickkiste

Weißt du, warum Schmetterlinge so farbenprächtig sind?

Der Trick: Die Schmetterlingsflügel sind von Millionen kleiner Schuppen bedeckt, die dachziegelartig angeordnet sind. Die herrlichen Farbtöne des Schmetterlingsflügels entstehen hauptsächlich dadurch, dass **Lichtreflexe** an der Oberfläche dieser Schuppen entstehen. Je nach Einfallswinkel des Lichtes, verändert sich der Farbeindruck, den wir wahrnehmen.

L

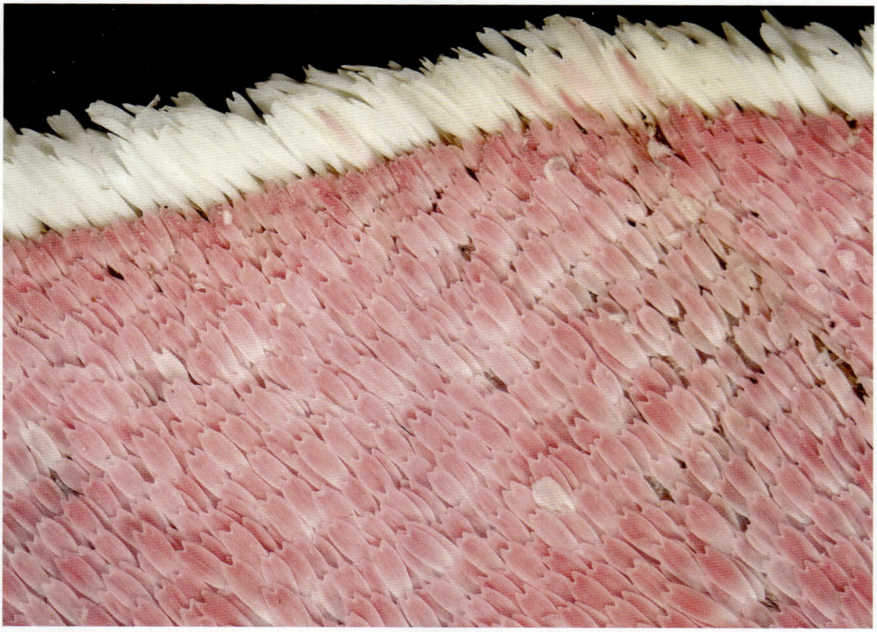

Vergrößerter Ausschnitt eines Schmetterlingsflügels

Den Farbeindruck kannst du mit den Farben einer Seifenblase verstehen lernen. Puste einige Seifenblasen in die Luft und betrachte diese von verschiedenen Seiten. Siehst du, wie die Farben auf der Oberfläche der Seifenblase wechseln, wenn du deine Position veränderst?

Wissensfrage

Wodurch unterscheiden sich Spinnentiere äußerlich von Insekten?

Nutzung und Düngung

Wiesen sind ein Lebensraum, den der Mensch geschaffen hat. Schon im Mittelalter wurden in Mitteleuropa Wälder gerodet, um Wiesenflächen zu erhalten. Aber erst im 19. Jahrhundert begannen die Menschen, Grünland großflächig anzulegen und intensiver zu nutzen. Jährliches Mähen begünstigt jene Pflanzenarten, die schnell nachwachsen oder bereits vor der ersten Mahd ihre Samen zur Verbreitung ausbilden können. Daher findet man auf Wiesen sehr viele Gräser.

Weiden unterscheiden sich ein wenig von Wiesen, denn Weidevieh frisst nicht alle Pflanzen gleich gern. Es können sich daher auf Weiden Arten halten, die auf einer Wiese durch das häufige Abschneiden nicht zu finden sind. Ein Beispiel dafür sind Disteln.

Hört der Mensch auf, seine Kulturwiesen regelmäßig zu mähen, beginnen sie zu verbuschen und werden mit den Jahren wieder zu Wald.

Finde heraus, welches der beiden Fotos eine Wiese zeigt und welches eine Weide. Beschrifte die Abbildungen!

___________________ ___________________

Futtersorten

Der Mensch produziert durch die Mahd von Wiesen Futter für seine Nutztiere. Je nachdem, wann Bauern und Bäuerinnen ihre Wiesen mähen und wie das Gras verarbeitet wird, unterscheidet man verschiedene Futtersorten: Frühheu (1. Mahd), Spätheu (2. oder 3. Mahd), Silage (im Siloturm vergärtes Grünfutter) und Frischfutter (Gras).

Geruchsspiel Futtersorten

Diese Futtervarianten haben nicht nur für die Tiere einen unterschiedlichen Geschmack, sie riechen auch anders. Das könnt ihr bei einem Geruchstest ausprobieren. Gibt es ein paar Schüler oder Schülerinnen in eurer Klasse, die jeweils eine der vier Futtersorten von Zuhause oder einem benachbarten Bauernhof mit in die Schule bringen können? Füllt diese dann in vier leere, undurchsichtige Gefäße oder Säcke. Anschließend riecht einer nach dem anderen blind daran und versucht, nur mithilfe seiner Nase zu erkennen, um welches Futter es sich handelt.

Betrachte die vier Futtersorten und halte die Unterschiede fest:

Frühheu: langstielig, getrocknet,

Spätheu:

Silage:

Frischfutter:

Silotürme

Heuwagen

Um mehr Futter zu bekommen, werden Wiesen häufig gedüngt. Denn je mehr Nährstoffe einer Wiese hinzugefügt werden, desto kräftiger legen die Pflanzen an Biomasse zu. Dabei werden jedoch hauptsächlich schnellwüchsige Arten gefördert, welche in Folge die langsamwüchsigen unterdrücken. Der Grasanteil steigt und die Wiesenkräuter – bis auf wenige Arten wie den Löwenzahn und den Kriechenden Hahnenfuß – verschwinden.

Interview mit einem Heubauern oder einer Heubäuerin

Jeder Schüler/jede Schülerin soll ein kurzes Interview mit einem Heubauern oder einer Heubäuerin führen. Erhebt, wie diese ihre Wiesen im Laufe des Sommers bewirtschaften. Im Anschluss präsentiert und vergleicht ihr eure Ergebnisse.

Fragebogen: Heubauer/Heubäuerin

Wie oft mähen Sie Ihre Wiesen?

Wie oft düngen Sie im Jahr? Womit düngen Sie?

Produzieren Sie Heu oder Silage für Ihre Nutztiere?

Besitzen Sie auch nährstoffarme, sehr trockene oder feuchte Wiesen?

Wenn ja, wie bewirtschaften Sie diese?

Trickkiste

Ein Düngeexperiment

Mit Kresse kannst du in kleinem Maßstab nachstellen, was mit den Pflanzen passiert, wenn ein Bauer oder eine Bäuerin die Wiesen düngt. Dazu verwendest du die Samen von Kresse, streust sie auf ein feuchtes Taschentuch und legst dieses in einen Blumentopfuntersatz oder einen anderen flachen Plastikbecher. Einmal tränkst du das Taschentuch nur in Wasser, beim zweiten Mal mischst du ein wenig künstlichen Pflanzendünger in das Wasser, in dem du dein Taschentuch einweichst. Nun musst du die Kressesamen immer wieder gießen und dabei das Ganze beobachten. Was passiert? Siehst du Unterschiede im Wachstum?

Wissensfrage

Schätze, wie viele Pflanzenarten durchschnittlich auf wenig, mäßig und viel genutzten Mähwiesen vorkommen!

Auflösung

Seite 4: Magerwiese: 1, Fettwiese: 3, Trockenrasen: 4, Feuchtwiese: 2

Seiten 10, 11 und 24:

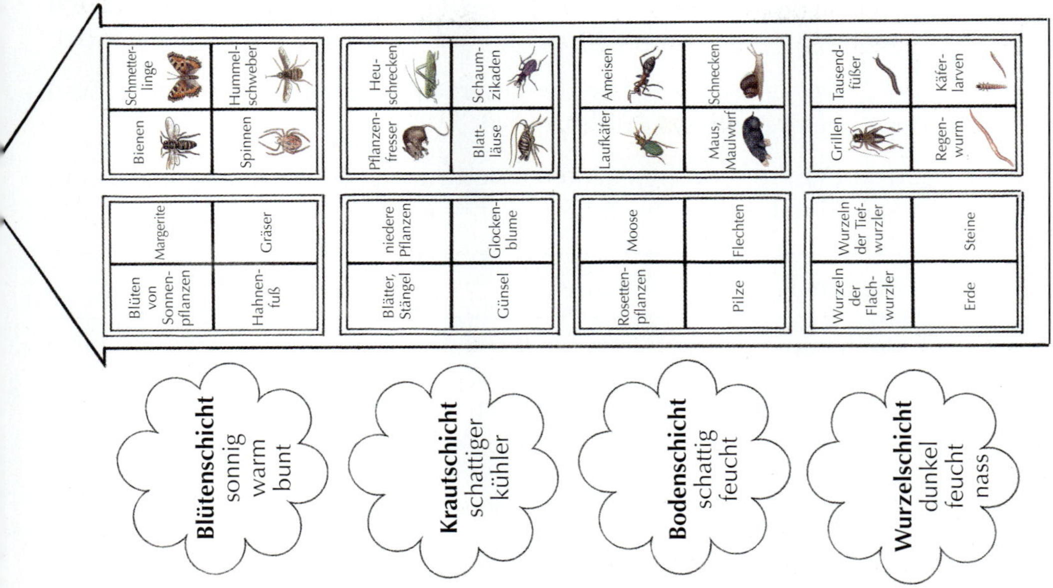

Seite 18:

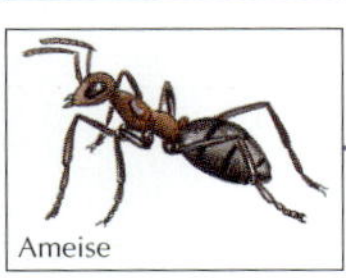

Wenn es draußen kalt wird, machen sie sich auf den Weg in ihr Winternest, das mehrere Meter unter der Erde liegt. Dort unten ist es wärmer als in den oberirdischen Gängen aus Fichtennadeln, Zapfen- und Holzstückchen.

Die jungen Königinnen werden begattet und überdauern als Einzige des Staates den Winter. Sie verstecken sich in morschem Holz oder unter Rinden und halten eine Winterstarre.

Sie verbringen die kalte Jahreszeit im Stock, in der sogenannten Wintertraube. Sie rücken dabei eng zusammen und bleiben immer in Bewegung. Dadurch wird Wärme erzeugt und die Temperatur fällt nicht unter 14 °C ab.

Auch hier überwintert nur die begattete Jungkönigin als einziges Wesen des Staates. Sie bevorzugt bei ihrer Überwinterung allerdings Verstecke in Erdhöhlen.

Seite 20:

1 SCHNELLKAEFER
2 RUESSELKAEFER
3 GOLDLAUFKAEFER
4 MARIENKAEFER
5 GARTENLAUBKAEFER

Seite 21:

Krabbenspinnen: Blütenschicht,
Wolfsspinnen: Bodenschicht,
Baldachinspinnen: Krautschicht

Seite 26: Bild links: Wiese,
Bild rechts: Weide

Auflösung der Wissensfragen

ad 1) In Österreich gibt es 61 verschiedene Grünlandtypen. Die Bandbreite reicht von artenreichen Feuchtwiesen wie der Pfeifengraswiese bis hin zu Fels-Trockenrasen. Heutzutage sind jedoch bereits mehr als 90 Prozent dieser Typen in Österreich gefährdet.

ad 2) Der Gräser-Anteil an der gesamten Pflanzenmenge einer Wiese beträgt in etwa 70 Prozent.

ad 3) Die äußerlichen Unterschiede zwischen Spinnentieren und Insekten sind folgende:

Merkmal	**Insekten**	**Spinnentiere**
Beinpaare	3	4
Körpersegmente	Kopf, Brust, Hinterleib	Kopf-Bruststück, Hinterleib
Augen	Komplexaugen (zwei)	Punktaugen (oft acht)
Fühler	vorhanden	keine
Flügel	meist 2 Paar	keine

ad 4) Die pflanzliche Artenvielfalt auf …
… wenig genutzten Mähwiesen beträgt etwa 40 Arten pro Ar (= 100 m^2).
… mäßig genutzten Mähwiesen beträgt zwischen 20 und 30 Arten pro Ar.
… viel genutzten Mähwiesen beträgt etwa 15 Arten pro Ar.

Arteninventar: Als Arteninventar bezeichnet man alle in einem Lebensraum vorkommenden Lebewesen.

Baumgrenze: In Österreich markiert die Baumgrenze jenen Höhenbereich in den Bergen, bis zu dem Bäume wachsen können. Darüber ist es für Bäume aufgrund der klimatischen Bedingungen nicht möglich, sich anzusiedeln und erfolgreich zu wachsen.

Bestand: In der Natur bezeichnet man die Tier- und Pflanzenarten in einem Lebensraum als dessen Bestand.

Bodenfalle: Eine Bodenfalle ist ein in den Boden ebenerdig eingegrabener, leerer Becher, mit dem man über den Boden laufende Kleintiere fangen kann.

Charakterart: Eine Charakterart ist eine Pflanzenart, die hauptsächlich nur in einer bestimmten Pflanzengesellschaft (auf Feuchtwiesen, Magerwiesen etc.) vorkommt und an die speziellen Umweltbedingungen, die dort herrschen, angepasst ist (zum Beispiel Geflecktes Knabenkraut: nährstoffarme Feuchtwiese).

Flachwurzler: Pflanzen, die Wurzeln ausbilden, welche sich tellerförmig in den oberen Bodenschichten ausbreiten, werden Flachwurzler genannt.

Grünland: Mit diesem Fachbegriff werden landwirtschaftlich genutzte Flächen bezeichnet, auf denen Gras als dauerhafte Kultur angebaut wird.

Hautflügler: Hautflügler sind eine Insektenordnung, die nach ihren durchscheinenden, hautähnlichen Flügeln benannt ist. Beispiele dafür sind Wespen, Ameisen, Bienen und Hummeln.

Lichtreflex: Als Lichtreflex bezeichnet man den Vorgang, bei dem Licht von einer Oberfläche zurückgeworfen wird.

Pfahlwurzler: Besitzt eine Pflanze eine Wurzel, bei der die Hauptwurzel besonders stark ausgeprägt ist sowie tief in den Boden hineinwächst und kaum Seitentriebe vorhanden sind, dann spricht man von einem Pfahlwurzler.

Prärie: Die große Steppenlandschaft im Mittleren Westen Nordamerikas wird als Prärie bezeichnet. Dort kommen – wie in der Puszta – nur wenige Bäume vor, und es regnet selten.

Puszta-Steppe: Dieser große Landschaftsraum in Ungarn besteht ursprünglich aus einer öden, baumarmen, trockenen Steppe. Heutzutage sind aber die größten Bereiche durch den Menschen kultiviert worden, nur wenige Bereiche sind noch als natürliche Steppenlandschaft erhalten.

Savanne: In den Tropen und Subtropen Afrikas gibt es große Savannen. Diese erkennt man an ihrem offenen Baumbestand, der von großen Grasflächen durchsetzt ist.

Tundra: Dieser Lebensraum bildet sich in den Subpolargebieten der Erde aus. Dort ist der Boden dauerhaft gefroren. Die Wachstumszeit der Pflanzen im Sommer dauert nur zwei bis vier Monate. Dadurch kommen dort nur niedrig wachsende Pflanzen wie etwa Moose, Flechten, Gräser, Kräuter und Zwergsträucher vor.

Die Autorinnen

Barbara Koch ist AHS-Biologielehrerin am Bundesrealgymnasium Reutte in Tirol. Seit Jahren ist sie auch als Natur- und Umweltpädagogin tätig. Im Zuge ihrer Tätigkeit hat sie bereits zahlreiche Naturthemen für Kinder und Jugendliche anschaulich und spannend aufbereitet.

Eva-Maria Koch ist Biologin und arbeitet als wissenschaftliche Koordinatorin an der Alpinen Forschungsstelle Obergurgl, einer Außenstelle der Universität Innsbruck. Zudem schreibt sie auch als freiberufliche Journalistin über naturwissenschaftliche Themen.